高职高专"工作过程导向"新理念教材 计算机系列

Ubuntu Linux 操作系统实用教程
（第2版）

王勇　吴捷　主编
孙亚非　高胜利　汪辉进　副主编

清华大学出版社
北京

内 容 简 介

本书以 Ubuntu Linux 系统为载体,以突出实践技能培养为特点进行编写,主要介绍 Linux 基础应用、Linux 系统管理和 Linux 网络管理。Linux 的优势在于其众多的命令和强大的网络功能,因此本书内容在命令行方式和网络管理方面有所侧重。

本书的项目 1 介绍 Linux 基础知识及典型安装过程;项目 2 介绍 Linux 桌面环境;项目 3 介绍 Linux 常用的 Shell 命令;项目 4 介绍 Linux 的用户、权限管理;项目 5 介绍网络配置与软件更新;项目 6 介绍 Shell 编程技术;项目 7~项目 10 介绍网络服务的配置和管理,包括 Samba 服务器、Apache 服务器、FTP 服务器、DHCP 服务器;项目 11 介绍手工打造 LAMP、Java Web 开发平台的实际案例。各个项目最后都给出了项目小结、自主实训任务和习题。

本书层次清楚、深入浅出、图文并茂、注重实践,可作为高职高专院校计算机相关专业的教材,也可作为广大 Linux 爱好者的参考书。

本书封面贴有清华大学出版社防伪标签,无标签者不得销售。
版权所有,侵权必究。举报: 010-62782989,beiqinquan@tup.tsinghua.edu.cn。

图书在版编目(CIP)数据

Ubuntu Linux 操作系统实用教程/王勇,吴捷主编.—2 版.—北京: 清华大学出版社,2022.12
高职高专"工作过程导向"新理念教材. 计算机系列
ISBN 978-7-302-61742-6

Ⅰ. ①U… Ⅱ. ①王… ②吴… Ⅲ. ①Linux 操作系统—高等职业教育—教材 Ⅳ. ①TP316.89

中国版本图书馆 CIP 数据核字(2022)第 157361 号

责任编辑: 孟毅新
封面设计: 傅瑞学
责任校对: 刘 静
责任印制: 曹婉颖

出版发行: 清华大学出版社
网　　址: http://www.tup.com.cn, http://www.wqbook.com
地　　址: 北京清华大学学研大厦 A 座　　邮　编: 100084
社 总 机: 010-83470000　　邮　购: 010-62786544
投稿与读者服务: 010-62776969, c-service@tup.tsinghua.edu.cn
质量反馈: 010-62772015, zhiliang@tup.tsinghua.edu.cn
课件下载: http://www.tup.com.cn, 010-83470410

印 装 者: 三河市龙大印装有限公司
经　　销: 全国新华书店
开　　本: 185mm×260mm　　印　张: 18.75　　字　数: 452 千字
版　　次: 2017 年 9 月第 1 版　2022 年 12 月第 2 版　　印　次: 2022 年 12 月第 1 次印刷
定　　价: 66.00 元

产品编号: 092003-01

第 2 版前言

Linux 操作系统作为一个免费的开放源代码的网络操作系统,经过多年的发展,以其很好的稳定性赢得了广大用户的喜爱,并迅速发展成网络操作系统的主流。目前,各行业对 Linux 的人才需求旺盛,主要集中在 IT 相关行业,如软件行业、互联网、电子技术及计算机服务相关领域。作为职业教育计算机相关专业的学生,除了要学会使用 Windows,更要学会使用 Linux,才能使将来的就业有更好的适应性。

大多数 Linux 学习者具有 Windows 使用经验,初学时会感觉离开了图形界面、鼠标操作很不方便,虽然 Linux 也提供了相应的图形用户界面,但大部分的任务仍必须以命令的方式来完成。如果在学习时跨过了命令行接口这个重要内容,会导致基础不扎实,长期徘徊在 Linux 系统大门之外,长此以往甚至会对 Linux 的学习失去信心和兴趣。

鉴于此,编者在对软件人才培养模式、项目教学的培养思想和相关教材编写特点等研究的基础上,结合多年教学经验,在内容安排、编写方式等方面都进行了精心组织。

本书在内容安排上,以 IT 运营与维护人员所进行的 Linux 操作系统与应用服务器的配置与管理作为主线,以 Linux 操作系统的使用和应用,服务器的安装、使用、配置管理与维护为主要教学内容,以项目为引导,将项目分解为多个任务,将学习内容与工作职场环境相结合。例如,把图形化的操作集中到项目 2 进行介绍,希望能充分利用学习者已有的 Windows 使用经验,快速打消他们的畏难心理;再如,全书采用项目来组织内容,并将每个项目分解为若干个小的任务,每个任务中既有理论知识的介绍,又有实践操作案例。各项目最后都提供了项目小结,方便读者抓住要领,巩固提高。为了使读者理解所学,每个项目均附有项目小结、自主实训任务和思考与练习供学习者检查学习效果。

在编写方式上,本书去繁存简,由浅入深,以命令行为中心展开 Linux 内容的讲述。项目中模拟了在网络服务公司中刚参加工作的人员小张(root),针对在企业中可能遇到的工作任务,如公司开发平台转移时需要开发人员尽快熟悉 Linux 操作,以及为公司和其他客户提供网络配置管理服务的模拟职场环境。通过应用 Linux 的项目案例引入概念,语言简洁明了,清晰易懂。

全书精心设计了 11 个项目。前 6 个项目侧重介绍 Linux 的操作与使用,后 4 个项目侧重介绍 Linux 操作系统的使用及各种应用服务器的安装与配置。最后的项目实战介绍了一个 Linux 实际应用案例。

本书的内容结构如下。

项目 1 介绍 Linux 基础知识以及典型安装过程。

项目 2 介绍 Linux 桌面环境,包括图形桌面的基本应用和图形化的系统管理等。

项目 3 介绍 Linux 常用的 Shell 命令,如系统信息查看、文件和目录的操作、设备管理、文件归档和压缩命令、作业和进程控制命令等。

项目 4 介绍 Linux 的用户与权限管理。

项目 5 介绍网络配置与软件更新，包括常用的网络类命令、网络配置与上网设置、APT 命令等。

项目 6 介绍 vi 编辑器的使用和 Shell 编程技术。

项目 7～项目 10 介绍网络服务的配置和管理，其中包括 Samba 服务器、Web 服务器、FTP 服务器、DHCP 服务器。

项目 11 介绍手工打造 LAMP、Java Web 开发环境的实际案例。

本书选用了广泛流行、易学易用的 Linux 发行版 Ubuntu 作为讲述载体，从简单实用的角度，以适应高职高专教学改革的需要为目标进行编写。Ubuntu 的不同版本之间的差异有限，相信读者有了 Linux 的学习经验以后，可以很快适应不同的版本。本书要求读者具有基本的 Windows 系统使用经验，适用于高职高专计算机相关专业的学生以及广大的 Linux 爱好者。

本书自第 1 版出版以来，深受广大读者好评，有不少读者来信指出了书中的一些不足之处，并给出了改进意见，在此特别表示感谢！本次改版，编者对系统版本及相关软件的版本进行了全面升级，对操作过程进行了细化，纠正了第 1 版中存在的问题，弥补了一些不足之处。希望本版教材能够给读者带来更好的阅读体验，对读者的学习起到更好的促进作用。

由于编者的水平有限，书中难免有不足之处，敬请读者批评、指正。

编　者

2022 年 7 月

目 录

项目 1 系统概述——Linux 基础 ... 1

任务 1.1 认识 Linux 操作系统 ... 2
1.1.1 开源之旅 ... 2
1.1.2 Linux 的产生与发展 ... 2
1.1.3 Linux 的特性 ... 3
1.1.4 Linux 的发行版本 ... 4
1.1.5 Ubuntu ... 5

任务 1.2 快速安装 Ubuntu 系统 ... 7
1.2.1 安装前的准备 ... 7
1.2.2 开始安装 Ubuntu 系统 ... 7

任务 1.3 手动硬盘分区解析 ... 10
1.3.1 Linux 系统的硬盘分区 ... 10
1.3.2 Linux 系统硬盘分区的表示方法 ... 11
1.3.3 创建分区时的主要参数 ... 11
1.3.4 可能出现的情况 ... 12
1.3.5 开始手动硬盘分区 ... 13

任务 1.4 启动、登录与注销 ... 15
1.4.1 启动 ... 15
1.4.2 登录与注销 ... 16
1.4.3 创建新账户 ... 19

任务 1.5 切换超级用户 root ... 19
1.5.1 root 简介 ... 19
1.5.2 启用 root 用户登录图形界面 ... 19

任务 1.6 使用虚拟机软件 VMware ... 22

任务 1.7 总结项目解决方案的要点 ... 24

项目 2 图形界面操作——Linux 桌面环境 ... 27

任务 2.1 X Windows 与 GNOME ... 28
2.1.1 X Windows ... 28
2.1.2 GNOME 的安装 ... 28
2.1.3 使用 GNOME ... 29

2.1.4　配置 GNOME …………………………………………………… 32
　　2.1.5　退出 GNOME …………………………………………………… 33
任务 2.2　系统管理 ……………………………………………………………… 34
　　2.2.1　"系统"菜单 ……………………………………………………… 34
　　2.2.2　配置网络 ………………………………………………………… 36
　　2.2.3　网络工具 ………………………………………………………… 36
　　2.2.4　用户和组 ………………………………………………………… 39
　　2.2.5　可移动的驱动器和介质 ………………………………………… 41
　　2.2.6　服务 ……………………………………………………………… 41
　　2.2.7　系统监视器 ……………………………………………………… 41
任务 2.3　安装应用程序 ………………………………………………………… 43
　　2.3.1　新立得安装包管理器 …………………………………………… 43
　　2.3.2　更新软件源 ……………………………………………………… 44
　　2.3.3　直接安装 DEB 包 ………………………………………………… 47
任务 2.4　办公套件 OpenOffice.org …………………………………………… 48
　　2.4.1　OpenOffice.org 简介 …………………………………………… 48
　　2.4.2　OpenOffice.org 的使用 ………………………………………… 48
任务 2.5　总结项目解决方案的要点 …………………………………………… 51

项目 3　命令行操作——使用 Shell 命令 …………………………………… 54

任务 3.1　认识 Shell …………………………………………………………… 55
　　3.1.1　认识 Shell 命令 ………………………………………………… 55
　　3.1.2　显示系统信息的命令 …………………………………………… 55
　　3.1.3　Shell 使用技巧 ………………………………………………… 57
任务 3.2　浏览文件系统 ………………………………………………………… 58
　　3.2.1　Linux 文件及目录结构 ………………………………………… 58
　　3.2.2　Linux 文件及目录查看类命令 ………………………………… 60
　　3.2.3　文本内容的显示和处理 ………………………………………… 63
　　3.2.4　文件查找类命令 ………………………………………………… 65
任务 3.3　管理普通文件 ………………………………………………………… 67
　　3.3.1　使用通配符 ……………………………………………………… 67
　　3.3.2　文件及目录的创建 ……………………………………………… 68
　　3.3.3　文件及目录的删除 ……………………………………………… 70
　　3.3.4　文件及目录的复制 ……………………………………………… 71
　　3.3.5　文件及目录的移动 ……………………………………………… 72
　　3.3.6　文件及目录的归档、打包 ……………………………………… 72
任务 3.4　管理特殊文件——设备 ……………………………………………… 74

3.4.1　设备文件 …………………………………………………………… 74
　　　3.4.2　设备挂载与卸载 ……………………………………………………… 75
　任务 3.5　文件管理进阶 ……………………………………………………………… 76
　　　3.5.1　硬链接与软链接 ……………………………………………………… 76
　　　3.5.2　文件重定向 …………………………………………………………… 77
　　　3.5.3　管道和过滤器 ………………………………………………………… 79
　任务 3.6　进程和作业管理 …………………………………………………………… 81
　　　3.6.1　进程和作业 …………………………………………………………… 81
　　　3.6.2　进程的启动 …………………………………………………………… 81
　　　3.6.3　查看系统的进程 ……………………………………………………… 82
　　　3.6.4　进程的控制 …………………………………………………………… 83
　　　3.6.5　作业及管理 …………………………………………………………… 84
　任务 3.7　总结项目解决方案的要点 ………………………………………………… 87

项目 4　系统安全操作——Linux 用户与权限管理 …………………………………… 90

　任务 4.1　用户类型管理 ……………………………………………………………… 91
　　　4.1.1　用户分类 ……………………………………………………………… 91
　　　4.1.2　用户账户文件——/etc/passwd ……………………………………… 92
　　　4.1.3　用户密码文件——/etc/shadow ……………………………………… 93
　　　4.1.4　用户管理 ……………………………………………………………… 94
　　　4.1.5　修改用户默认设置 …………………………………………………… 98
　　　4.1.6　用户的分组及管理 …………………………………………………… 99
　任务 4.2　文件权限管理 …………………………………………………………… 102
　　　4.2.1　文件和目录的访问权限 …………………………………………… 102
　　　4.2.2　修改文件的权限 …………………………………………………… 104
　　　4.2.3　默认访问权限 ……………………………………………………… 107
　　　4.2.4　修改文件拥有者 …………………………………………………… 107
　任务 4.3　su、sudo 工具的使用 …………………………………………………… 109
　　　4.3.1　su——变更用户 ID ………………………………………………… 109
　　　4.3.2　sudo 工具的使用 …………………………………………………… 109
　任务 4.4　总结项目解决方案的要点 ……………………………………………… 111

项目 5　网络类操作——网络配置与软件更新 ……………………………………… 116

　任务 5.1　网络管理命令 …………………………………………………………… 117
　　　5.1.1　网络配置文件 ……………………………………………………… 117
　　　5.1.2　在文件/etc/network/interfaces 中配置网络 ……………………… 119
　　　5.1.3　网络参数配置命令 ifconfig、route ………………………………… 121

　　　　5.1.4　其他网络命令 ……………………………………………………………… 123
　　任务 5.2　上网设置 ……………………………………………………………………… 127
　　　　5.2.1　PPPoE 宽带拨号上网设置 ………………………………………………… 127
　　　　5.2.2　网卡切换功能 ………………………………………………………………… 128
　　　　5.2.3　校园网使用 Dr.com 上网验证的方法 ……………………………………… 128
　　任务 5.3　使用 APT ……………………………………………………………………… 129
　　任务 5.4　软件源的设置 ………………………………………………………………… 131
　　　　5.4.1　软件源简介 …………………………………………………………………… 131
　　　　5.4.2　设置本地软件源 ……………………………………………………………… 133
　　任务 5.5　设置包过滤 …………………………………………………………………… 135
　　　　5.5.1　包过滤的工作原理 …………………………………………………………… 135
　　　　5.5.2　iptables 命令 ………………………………………………………………… 136
　　任务 5.6　总结项目解决方案的要点 …………………………………………………… 139

项目 6　编辑器与脚本——Shell 编程 …………………………………………… 143

　　任务 6.1　了解 Shell ……………………………………………………………………… 144
　　　　6.1.1　为什么要学习 Shell …………………………………………………………… 144
　　　　6.1.2　Shell 简介 ……………………………………………………………………… 144
　　任务 6.2　学会使用 vi 编辑器 …………………………………………………………… 145
　　　　6.2.1　为什么要使用 vi 编辑器 ……………………………………………………… 145
　　　　6.2.2　vi 的基本使用 ………………………………………………………………… 145
　　　　6.2.3　vi 的进阶使用 ………………………………………………………………… 147
　　　　6.2.4　gedit 编辑器 …………………………………………………………………… 148
　　任务 6.3　创建和执行第一个 Shell 脚本 ……………………………………………… 148
　　　　6.3.1　创建 Shell 脚本 ……………………………………………………………… 148
　　　　6.3.2　执行 Shell 脚本 ……………………………………………………………… 149
　　任务 6.4　学习 Shell 变量和表达式 …………………………………………………… 150
　　　　6.4.1　创建用户变量 ………………………………………………………………… 151
　　　　6.4.2　读入与输出变量 ……………………………………………………………… 152
　　　　6.4.3　系统环境变量 ………………………………………………………………… 153
　　　　6.4.4　特殊变量 ……………………………………………………………………… 154
　　　　6.4.5　表达式 ………………………………………………………………………… 155
　　任务 6.5　Shell 流程控制 ………………………………………………………………… 159
　　　　6.5.1　分支结构 ……………………………………………………………………… 159
　　　　6.5.2　循环结构 ……………………………………………………………………… 162
　　任务 6.6　总结项目解决方案的要点 …………………………………………………… 166

项目 7　与 Windows 共享——Samba 服务器 · 170

任务 7.1　了解 Samba 服务器及相关软件 · 171
- 7.1.1　Samba 简介 · 171
- 7.1.2　Samba 的功能 · 171

任务 7.2　Samba 的安装与运行管理 · 172
- 7.2.1　Samba 服务器的安装 · 172
- 7.2.2　Samba 服务器的运行管理 · 172

任务 7.3　解析 smb.conf 主配置文件 · 173
- 7.3.1　Samba 主配置文件的格式 · 174
- 7.3.2　global 全局配置域 · 175
- 7.3.3　homes 域 · 176
- 7.3.4　public 域 · 176
- 7.3.5　printers 域 · 176

任务 7.4　配置 Samba 服务器 · 176
- 7.4.1　添加 Samba 用户 · 177
- 7.4.2　配置 share 访问级别的 Samba 服务器 · 178
- 7.4.3　配置 user 访问级别的 Samba 服务器 · 179
- 7.4.4　Samba 服务器配置的检测 · 182

任务 7.5　访问 Samba 服务器的共享资源 · 182
- 7.5.1　Windows 客户机访问 Samba 的共享资源 · 182
- 7.5.2　Linux 客户机访问 Samba 的共享资源 · 183

任务 7.6　总结项目解决方案的要点 · 187

项目 8　构建网站——Web 服务器 · 191

任务 8.1　了解 Web 服务器及相关软件 · 192
- 8.1.1　Web 服务器简介 · 192
- 8.1.2　Apache 的特点 · 192

任务 8.2　安装 Apache 服务器 · 193
- 8.2.1　Apache 的安装 · 193
- 8.2.2　Apache 的基本管理 · 193
- 8.2.3　Apache 服务器的运行 · 194

任务 8.3　熟悉 Apache 配置文件 · 194
- 8.3.1　Apache 的配置文件及目录 · 194
- 8.3.2　主配置文件 apache2.conf · 195
- 8.3.3　/etc/apache2/ports.conf 文件 · 197
- 8.3.4　/etc/apache2/sites-available/default 文件 · 197

任务 8.4　Apache 虚拟主机 …………………………………………………………… 198
　　8.4.1　Apache 虚拟主机简介 ……………………………………………………… 199
　　8.4.2　Apache 虚拟主机的工作方式 ……………………………………………… 199
　　8.4.3　Apache 虚拟主机的创建步骤 ……………………………………………… 199
任务 8.5　创建 Web 网站 ………………………………………………………………… 200
　　8.5.1　创建基于 IP 地址的虚拟主机 ……………………………………………… 200
　　8.5.2　创建基于主机名的虚拟主机 ……………………………………………… 206
任务 8.6　Web 网站的安全性 …………………………………………………………… 210
　　8.6.1　Apache 的安全访问机制 …………………………………………………… 210
　　8.6.2　配置基于主机的访问控制 ………………………………………………… 211
　　8.6.3　配置基于用户名的访问控制 ……………………………………………… 212
任务 8.7　总结项目解决方案的要点 ……………………………………………………… 215

项目 9　文件传送服务——FTP 服务器 …………………………………………… **219**

任务 9.1　了解 FTP 服务器 ……………………………………………………………… 220
　　9.1.1　FTP 简介 ……………………………………………………………………… 220
　　9.1.2　FTP 的两种连接模式 ……………………………………………………… 220
　　9.1.3　FTP 的应用 ………………………………………………………………… 221
　　9.1.4　FTP 服务器软件 vsftpd …………………………………………………… 222
任务 9.2　vsftpd 的安装与启动 ………………………………………………………… 222
　　9.2.1　安装 vsftpd …………………………………………………………………… 222
　　9.2.2　vsftpd 的运行管理 ………………………………………………………… 224
任务 9.3　解析 vsftpd.conf 主配置文件 ………………………………………………… 224
　　9.3.1　配置 vsftpd.conf 文件 ……………………………………………………… 224
　　9.3.2　本地用户登录的设置 ……………………………………………………… 226
　　9.3.3　匿名用户登录的设置 ……………………………………………………… 227
　　9.3.4　系统安全的设置 …………………………………………………………… 228
任务 9.4　创建 FTP 服务器 ……………………………………………………………… 229
　　9.4.1　创建匿名用户访问的 FTP 服务器 ………………………………………… 229
　　9.4.2　创建基于本地用户访问的 FTP 服务器 …………………………………… 231
　　9.4.3　创建基于维护 Web 网站的 FTP 服务器 ………………………………… 233
任务 9.5　FTP 客户端的常见操作 ……………………………………………………… 236
　　9.5.1　访问 FTP 服务器 …………………………………………………………… 236
　　9.5.2　ftp 命令 ……………………………………………………………………… 237
　　9.5.3　ftp 命令的返回值及含义 …………………………………………………… 238
任务 9.6　总结项目解决方案的要点 ……………………………………………………… 238

项目 10 自动管理 IP 地址——DHCP 服务器 ………………………………………… **241**

任务 10.1 了解 DHCP 服务器 ………………………………………………………… 242
  10.1.1 DHCP 概述 …………………………………………………………… 242
  10.1.2 DHCP 的工作过程 …………………………………………………… 242

任务 10.2 DHCP 服务器安装与运行管理 …………………………………………… 244
  10.2.1 安装 DHCP 服务器软件 ……………………………………………… 244
  10.2.2 DHCP 服务器运行管理 ……………………………………………… 246

任务 10.3 准备 DHCP 运行环境 ……………………………………………………… 247
  10.3.1 完成项目前的准备 …………………………………………………… 247
  10.3.2 建立网络虚拟环境 …………………………………………………… 247
  10.3.3 网络虚拟环境配置 …………………………………………………… 247
  10.3.4 观察实验环境运行情况 ……………………………………………… 249

任务 10.4 配置 DHCP 服务器 ………………………………………………………… 250
  10.4.1 配置/etc/default/dhcp3-server 文件 ………………………………… 250
  10.4.2 配置/etc/dhcp3/dhcpd.conf 文件 …………………………………… 250

任务 10.5 测试 DHCP 服务器 ………………………………………………………… 253

任务 10.6 配置 DHCP 转接代理 ……………………………………………………… 254
  10.6.1 DHCP 转接代理简介 ………………………………………………… 254
  10.6.2 安装 DHCP 转接代理软件 …………………………………………… 255
  10.6.3 DHCP 转接代理运行控制 …………………………………………… 256

任务 10.7 总结项目解决方案的要点 ………………………………………………… 256

项目 11 项目实战——构建 LAMP、Java Web 开发环境 …………………………… **259**

任务 11.1 了解 LAMP ………………………………………………………………… 260

任务 11.2 安装 LAMP ………………………………………………………………… 260
  11.2.1 安装 LAMP 前的准备 ………………………………………………… 260
  11.2.2 在图形界面中安装 …………………………………………………… 261
  11.2.3 命令方式安装 ………………………………………………………… 262
  11.2.4 疑难解决 ……………………………………………………………… 265

任务 11.3 配置 LAMP ………………………………………………………………… 268
  11.3.1 LAMP 默认安装的位置 ……………………………………………… 268
  11.3.2 配置 Apache …………………………………………………………… 268
  11.3.3 配置 PHP ……………………………………………………………… 270
  11.3.4 配置 MySQL …………………………………………………………… 271
  11.3.5 配置 phpMyAdmin …………………………………………………… 272

任务 11.4 构建 Java Web 开发环境 …………………………………………………… 273

11.4.1　Java Web 开发环境简介 ………………………………………… 273
11.4.2　安装 Java 环境支持 …………………………………………… 273
11.4.3　安装配置 Eclipse ……………………………………………… 275
11.4.4　安装并配置 Eclipse 的汉化包 ………………………………… 276
11.4.5　安装并配置 Tomcat …………………………………………… 276
11.4.6　安装配置 Java Web 开发环境疑难解答 ……………………… 278

任务 11.5　测试开发环境 …………………………………………………… 279
11.5.1　用 Eclipse 编写 Java Web 程序 ……………………………… 279
11.5.2　测试 Tomcat 及浏览 JSP 示例程序 …………………………… 281
11.5.3　用 phpMyAdmin 管理 MySQL 数据库 ……………………… 282
11.5.4　用 PHP 程序连接数据库 ……………………………………… 282

任务 11.6　总结项目解决方案的要点 ……………………………………… 283

参考文献 …………………………………………………………………………… 286

项目 1 系统概述——Linux 基础

教学目标

通过本项目的学习,了解什么是 Linux,掌握 Ubuntu Linux 系统的安装、登录、启动与退出,以及远程登录系统的方法。

教学要求

本项目的教学要求见表 1-1。

表 1-1 项目 1 教学要求

知识要点	能力要求	关联知识
Ubuntu Linux 简介	(1) 了解什么是 Linux (2) 了解 Linux 系统的特点及版本选用	UNIX 操作系统 GNU 计划 Linux 的版本含义
安装 Ubuntu Linux 系统	(1) 掌握快速安装 Ubuntu 系统的方法 (2) 掌握手动对 Linux 硬盘分区的方法	VMware 的安装及使用 WinISO 的安装及使用
Ubuntu Linux 系统的登录与注销	(1) 掌握 Linux 图形界面的登录与注销方法 (2) 掌握 Linux 文本模式界面的登录与注销方法 (3) 掌握 OpenSSH 远程登录 Linux 的方法 (4) 掌握虚拟机 VMware 的基本使用	图形模式下创建用户 虚拟机知识
自主实训	自主完成实训所列任务	Ubuntu Linux 的安装及使用

重点与难点

(1) Ubuntu Linux 系统的安装方法和步骤。
(2) Linux 图形界面的登录与注销方法。
(3) Linux 文本模式界面的登录与注销方法。
(4) 用 OpenSSH 远程登录 Linux 的方法。
(5) 手动对 Linux 硬盘分区的方法。

项目概述

某软件公司有几十位开发人员,以往大多在 Windows 平台上工作,现在要将 Linux 系统作为日常开发采用的系统平台,需要对 Linux 的基本内容如 Linux 系统的特点以及如何进行安装有些了解。Linux 系统发行版本比较多,但内核相同,一种版本的使用经验一般可以移植到其他版本上。Ubuntu 版本有诸多优点,结合软件公司实际情况,作为公司负责本次平台转移的技术负责人小张(root),建议选用 Ubuntu 系统。

项目设计

利用虚拟机软件 VMware 安装 Ubuntu 系统,在虚拟机中安装系统时,设定登录用户名为 root,密码为 123456,并在系统安装好以后,分别尝试从 Windows 系统、Linux 系统登录到 Ubuntu 系统，然后熟悉一下系统的基本功能，并学会如何退出系统。

任务 1.1 认识 Linux 操作系统

本任务介绍 Linux 系统的概况，并开始接触 Ubuntu 系统。

1.1.1 开源之旅

软件按照它提供方式的不同和是否赢利可以划分为 3 种模式，即商业软件（commercial software）、共享软件（shareware）和自由软件（freeware 或 free software）。

商业软件由开发者出售备份并提供软件技术服务，用户只有使用权，但不得非法复制、扩散和修改。

共享软件由开发者提供软件试用、复制授权，用户在使用该程序一段时间后，必须向开发者缴纳使用费用，开发者则提供相应的升级和技术服务。

自由软件由开发者提供全部源代码，任何用户都有权使用、复制、扩散、修改该软件，同时也有义务将自己修改过的程序代码公开。自由软件的"自由"有两个含义：①可免费提供给用户使用；②它的源代码公开和可自由修改。

自由软件有很多好处：首先免费的软件可以给使用者节省相当一笔费用，其次自由软件开放源代码，可以吸引尽可能多的开发者参与软件的查错与改进，如 Linux 的指导思想是："Bug 就像影子一样只会出现在阳光照不到的角落中。"

Richard M Stallman 是 GNU（gnu's not UNIX 的首字母递归缩写，gnu 的英文原意为非洲牛羚，发音与 new 相同）计划和自由软件基金会（Free Software Foundation，FSF）的创始人。他于 1984 年起开发自由开放的操作系统 GNU，以此向计算机用户提供自由开放的选择。GNU 项目的目标是建立可自由发布的、可移植的 UNIX 类操作系统。GNU 是自由软件，任何用户都可以免费复制和重新分发以及修改。

为保证 GNU 软件可以自由地"使用、复制、修改和发布"，所有 GNU 软件都有一份在禁止其他人添加任何限制的情况下授权所有权利给任何人的协议条款——GNU 通用公共许可证（GNU general public license，GPL），这就是"反版权"（或称 copyleft）的概念。GPL 保证任何人有使用、复制和修改该软件的自由，任何人有权取得、修改和重新发布自由软件的源代码，并且规定在不增加费用的条件下得到自由软件的源代码。同时还规定自由软件的衍生作品必须以 GPL 作为它重新发布的许可协议。反版权软件的组成更加透明化，这样当出现问题时就可以准确地查明故障原因，及时采取对策，同时用户不再担心有"后门"的威胁。Linux 操作系统就是反版权的代表。

1.1.2 Linux 的产生与发展

Linux 是一个免费的多用户、多任务的操作系统，其运行方式、功能和 UNIX 系统很相似。Linux 系统最大的特点是源代码完全公开，在符合 GPL 的原则下，任何人都可以自由取得、发布甚至修改源代码。

越来越多的大中型企业的服务器选择 Linux 作为其操作系统。近几年来，Linux 系统以其友好的图形界面、丰富的应用程序以及低廉的价格，在桌面领域得到了较好的发展，受到了普通用户的欢迎。在 Linux 操作系统的诞生、成长和发展过程中，以下几个方面起到了重要的作用：UNIX 操作系统、GNU 计划和 Internet。

1.1.3 Linux 的特性

1. 开放性

开放性是指系统遵守国际标准，特别是遵循 OSI 国际标准。凡遵循国际标准所开发的硬件和软件，都能彼此兼容，可方便地实现互联。另外，源代码开放的 Linux 是免费的，使 Linux 的获得非常方便，而且使用 Linux 可节省费用。Linux 开放源代码，使用者能控制源代码，按照需求对部件混合搭配，建立自定义扩展。

2. 多用户

多用户是指系统资源可以被不同用户各自拥有并使用，即每个用户对自己的资源（如文件、设备）有特定的权限，互不影响。Linux 和 UNIX 都具有多用户的特性。

3. 多任务

多任务是现代计算机最主要的一个特点，是指计算机同时执行多个程序，而且各个程序的运行互相独立。Linux 系统调度每一个进程平等地访问 CPU。

4. 出色的速度性能

Linux 继承了 UNIX 的核心设计思想，具有执行效率高、安全性高和稳定性好的特点。Linux 系统的连续运行时间通常以年为单位，能连续运行 3 年以上的 Linux 服务器并不少见，无须重新启动。Linux 不大在意 CPU 的速度，它可以把处理器的性能发挥到极致，用户会发现影响系统性能提高的限制因素主要是其总线和磁盘 I/O 方面的性能。

5. 良好的用户界面

Linux 向用户提供了 3 种界面：用户命令界面、系统调用界面和图形用户界面。用户命令界面是基于文本的命令行界面，即 Shell，它可以联机使用，也可存储在文件上脱机使用。图形用户界面利用鼠标、菜单、窗口、滚动条等组件，给用户呈现一个直观、易操作的图形界面。系统调用给用户提供编程时使用的界面。用户可以在编程时直接使用系统提供的系统调用命令。

6. 丰富的网络功能

Linux 是基于 Internet 产生并发展起来的，因此，内置的网络功能是 Linux 的一大特点，它具有可紧密地同内核结合在一起的连接网络的能力。

7. 可靠的安全性系统

Linux 采取了许多安全技术措施，包括对读/写进行权限控制、带保护的子系统、审计跟踪、核心授权等。这些措施为网络多用户环境的用户提供了必要的安全保障。

8. 良好的可移植性

可移植性是指操作系统从一个硬件平台转移到另一个硬件平台时它仍然能按其自身方式运行的能力。Linux 是一种可移植的操作系统，能够在从微型计算机到大型计算机的任何环境中和任何平台上运行。可移植性为运行 Linux 的不同计算机平台与其他任何计算机进行准确而有效的通信提供了手段，不需要额外增加特殊和高昂的通信接口。

9. 具有标准兼容性

Linux 是一个与 POSIX（portable operating system interface of UNIX）兼容的操作系统，它所构成的子系统支持所有相关的 ANSI、ISO、IETF 和 W3C 业界标准。

为了使 UNIX System V 和 BSD 上的程序能直接在 Linux 上运行，Linux 还增加了部分 System V 和 BSD 的系统接口，使 Linux 成为一个完善的 UNIX 程序开发系统。

Linux 也符合 X/OPEN 标准，具有完全自由的 X-Window 实现。

10. 设备独立性

设备独立性是指操作系统把所有外围设备统一当作文件来看待，只要安装它们的驱动程序，任何用户都可以像使用文件一样操纵、使用这些设备，而不必知道它们的具体存在形式。

具有设备独立性的操作系统通过把每一个外围设备看作一个独立文件来简化增加新设备的工作。当增加新设备时，系统管理员在内核中增加必要的连接。这种连接（也称作设备驱动程序）保证每次调用设备时，内核以相同的方式来处理它们。当新的或更好的外设被开发并交付给用户时，只要这些设备连接到内核，就能不受限制地立即访问它们。设备独立性的关键在于内核的适应能力。

Linux 是具有设备独立性的操作系统，它的内核具有高度适应能力。随着更多的程序员在 Linux 上编程，会有更多的硬件加入各种 Linux 内核和发行版本中。另外，由于用户可以免费得到 Linux 的内核源代码，因此，用户也可以修改内核源代码，以便适应新增加的外部设备。

1.1.4 Linux 的发行版本

Linux 的版本可分为两部分：内核（kernel）和发行套件（distribution）。内核版本是指由 Linus 领导下的开发小组开发出的系统内核的版本号，而发行套件则是由其他组织或者厂家将 Linux 内核与应用软件和文档包装起来，并提供了安装界面和系统设置或管理工具的完整软件包，发行套件版本由这些组织或厂家自行规范和维护。

1. Linux 操作系统内核

在 Linux 中，它的核心部分被称为"内核"，负责控制硬件设备、文件系统、进程调度及其他工作。Linux 内核一直都是由 Linus 领导下的开发小组负责开发和规范的，其第一个公开版本就是 1991 年 10 月 5 日由 Linus 发布的 0.0.2 版本。1991 年 12 月，Linus 发布了第一个可以不用依赖 Minix 就能使用的独立内核——0.11 版本。其后内核继续不断地发展和完善，陆续发行了 0.12 版本和 0.95 版本，并在 1994 年 3 月完成了具有里程碑意义的 1.0.0

版本内核。从此，Linux 内核的发展进入了新的篇章。

从 1.0.0 版本开始，Linux 内核开始使用两种方式来标准化其版本号，即测试版本和稳定版本。其版本格式由主版本号、次版本号、修正版本号 3 部分组成。其中，主版本号表示有重大的改动，次版本号表示有功能性的改动，修正版本号表示有 Bug 的改动，从次版本号可以区分内核是测试版本还是稳定版本。

如果次版本号是偶数，则表示系统是稳定版本，用户可以放心使用；如果次版本号是奇数，则表示系统是测试版本，这些版本的内核通常被加入了一些新的功能，而这些功能可能是不稳定的。例如，2.6.24 是一个稳定版本，2.5.64 则是一个测试版本。用户可以在 Linux 内核的官方网站 http://www.kernel.org 上下载最新的内核代码。

2. Linux 操作系统发行套件版本

Linux 内核只负责控制硬件设备、文件系统、进程调度等工作，并不包括应用程序，如文件编辑软件、网络工具、系统管理工具或多媒体软件等。然而一个完整的操作系统，除了具有强大的内核功能外，还应该提供丰富的应用程序，以方便用户使用。

由于 Linux 内核是完全开放源代码以及免费的，因此很多公司和组织将 Linux 内核与应用软件和文档包装起来，并提供了安装界面、系统设置以及管理工具等，这就构成了一个发行套件。每种 Linux 发行套件都有自己的特点，其版本号也随着发行者的不同而不同，与 Linux 内核的版本号是相互独立的。目前全世界有上百种 Linux 发行套件，其中比较知名的有 Red Hat/Fedora Core、Slackware、Debian、SuSE、红旗、Mandarke 等。

1.1.5 Ubuntu

Ubuntu 是基于 Debian 发行版和 GNOME 桌面环境的，与 Debian 的不同在于它每 6 个月会发布一个新版本。Ubuntu 的目标是为一般用户提供一个最新的，同时又相当稳定的主要由自由软件构建而成的操作系统。Ubuntu 具有庞大的社区力量，用户可以方便地从社区获得帮助。与其他流行的 Linux 发行版相比，Ubuntu 版本丰富，支持广泛，根据 Ubuntu 功能来划分，Ubuntu 可分为桌面版、服务器版和专用版，如 UbuntuStudio、Edubuntu 和 nUbuntu 等。

Ubuntu 是一个由论坛社区开发的适用于笔记本电脑、台式计算机和网络服务器的系统。其功能更加完美，提供了新的认证系统，并完善了对 Windows 操作系统下打印机共享的支持。桌面版将更好地整合新的 CompizFusion，服务器版本及其功能也会更加精简高效。

1. GNOME 桌面环境

Ubuntu 搭载了 GNOME 的 3D 桌面效果，在启动系统时 CompizFusion 会自动启动，从而改善用户体验和视觉样式。但是效果只在硬件有能力运行 CompizFusion 时才会打开，否则将会使用普通的窗口管理器——Metacity。Ubuntu 的桌面效果如图 1-1 所示。

2. 集成桌面搜索

采用 Tracker 索引技术的桌面搜索功能被集成到 Ubuntu 中，配以面板小程序（Deskbar Applet），用户可以方便地搜索文件、网络甚至应用程序。

图 1-1　Ubuntu 的桌面效果

3．快速用户切换

Ubuntu 在切换用户方面更为快捷方便,只要通过面板小程序,切换用户任务在瞬时便可完成,同时省去了输入用户名和密码的烦琐。

4．便捷安装 Firefox

Ubuntu 的"添加/删除"应用程序功能也具备安装 Firefox 插件的功能,真正把浏览器和系统紧密地结合成一个整体。

5．动态屏幕配置和图形化配置工具

在支持多种驱动的情况下(如 ATi、nVIDIA 和 Intel 等),用户可以方便地设置屏幕的大小、旋转甚至多屏显示。另外,动态屏幕选项将带来视频输出方面的巨大改进,对于普通用户甚至是图形工作者来说是一项重大的革新。

6．全自动安装打印机

在 Ubuntu 中安装打印机非常快捷方便,用户仅需要进行连接和打开打印机;同时,对打印机的设置也十分简单。

7．受限驱动管理性能增强

Ubuntu 中的受限驱动管理器不仅可以方便安装受限驱动,也可以安装本身是自由的但需要不自由的固定组件或其他软件包的驱动。这样便简化了驱动程序在安装过程中的步骤。

8．支持 NTFS 写入

NTFS 是 Windows 操作系统使用的文件系统,由于之前的 Ubuntu 发行版只支持 NTFS 的读取功能,在文件管理方面显得不足,所以自 Ubuntu 7.10 开始全面支持 NTFS 的读写。

9. 电源系统管理完善

Ubuntu 加强了对 CPU 功耗和热量的控制。对于笔记本电脑用户,Hardy Heron 能提供更长的电池使用时间并减少使用时的发热量,具有高效节能的优点。

任务 1.2 快速安装 Ubuntu 系统

本任务介绍如何将 Ubuntu 系统安装到计算机中。

1.2.1 安装前的准备

由于设计 Linux 时的初衷之一是用较低的硬件配置提供高效率的系统服务,所以安装 Linux 并没有严格的系统配置要求,如果只在字符文本模式下运行,在 Intel x86 下只要 Pentium 以上的 CPU、64MB 以上的内存、1GB 左右的硬盘空间,就能安装基本的 Linux 系统并且能运行各种系统服务。但要顺畅地运行图形桌面系统,建议使用 128MB 以上内存。对于初学者而言,建议安装前最好为 Linux 做好硬盘规划,空出一个 2GB 左右的磁盘分区安装 Linux 系统。

将 Ubuntu 操作系统安装在目前通用的计算机上基本没有什么问题。表 1-2 是 Ubuntu 系统推荐的最低配置。

表 1-2 Ubuntu 系统推荐的最低配置

安装类型	内存	硬盘空间
不含图形桌面环境	256MB	1GB
桌面型系统	512MB	5GB
服务器	128MB	1GB

1.2.2 开始安装 Ubuntu 系统

Ubuntu 操作系统有多种安装方法,如光盘安装、硬盘安装、U 盘安装及网络安装等。

Ubuntu 有 3 个版本,分别是桌面版(desktop edition)、服务器版(server edition)、上网本版(netbook remix),普通台式计算机使用桌面版即可。如果要在安装系统之前先预览 Ubuntu 系统的效果,可以选择"桌面版",这是一种 Live CD,无须把系统安装到硬盘上,直接在 CD 上即可感受 Ubuntu 系统,如果感觉满意,再把 Ubuntu 系统安装到硬盘上即可。

安装 Ubuntu 到硬盘的步骤如下。

如果要把 Ubuntu 安装到硬盘上,双击 Ubuntu Live 试用系统桌面上的 Install 图标或者在开机界面中选择"安装 Ubuntu 系统"(Install Ubuntu)选项就可以启动安装程序。

把桌面版光盘放入光驱,启动后可以看到 Ubuntu 的语言选择界面,如图 1-2 所示。

将光标移动到"中文(简体)",按 Enter 键,即可看到"安装模式选项"界面,如图 1-3 所示。

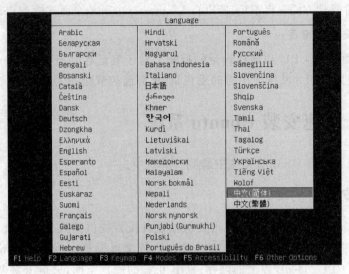

图 1-2 语言选择界面

图 1-3 Ubuntu 中文安装界面

(1) 安装模式。在 Ubuntu 的图标下，有 5 个选择项目，这里选择第二项"安装 Ubuntu"，将会直接启动安装程序，将 Ubuntu 安装到硬盘中。

(2) 选择安装语言。安装进入的第一个界面是"选择语言"界面，在此选择的语言会成为安装后 Ubuntu 的默认语言。这里选择"中文（简体）"。

(3) 选择时区。为方便日常操作，需要配置所在地区的时区，如安装语言时选择"中文（简体）"，那么这里的时区默认为 CST(GMT+8.00)。时区的设定不仅会影响系统时区，而且会影响安装后的系统语言、系统升级与软件的下载点。

(4) 选择键盘布局。在出现的"键盘布局"界面中，选择 China。

(5) 预备磁盘空间。选中"向导-使用整个磁盘"单选按钮，单击"前进"按钮，如图 1-4 所示。

图 1-4 预备磁盘空间

提示：手动安装方式对初学者来说，比较容易出错。本项目任务 1.3 将对手动方式进行详细解析。

（6）创建登录用户。这里输入 ubuntu，密码为 123456，计算机名称自动填充为 ubuntu-desktop，用户可以更改，例如 user01，也可以在完成以后再改。单击"前进"按钮，如图 1-5 所示。

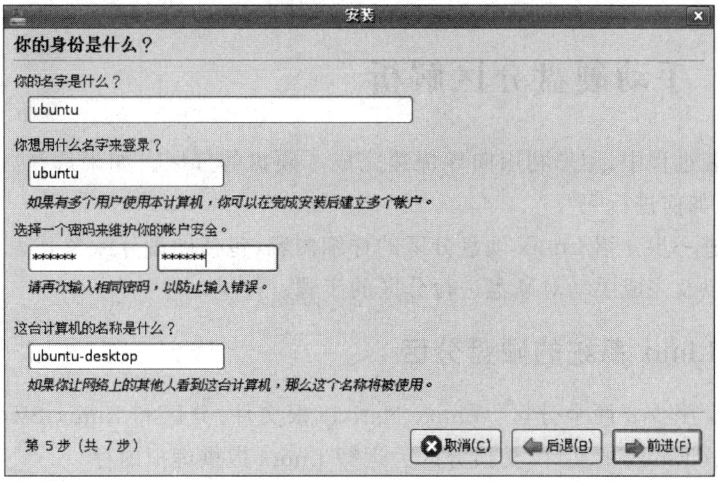

图 1-5 创建用户

（7）完成安装。用户创建完成后单击"前进"按钮会进入安装信息界面，这时会出现一个安装配置的综述。此时系统所做的任何修改还没有真正地应用到系统，所以如果发现任何问题还可以后退进行修改。单击"安装"按钮，如图 1-6 所示。安装时会有进度提示，完成后系统会提示重新启动，如图 1-7 和图 1-8 所示。

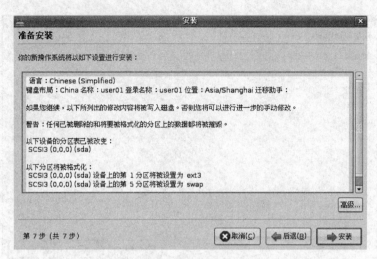

图 1-6 安装确认

图 1-7 安装进度

图 1-8 安装完成

任务 1.3　手动硬盘分区解析

在快速安装过程中，用户利用向导快速完成了硬盘的分区。如果选择"手动"方式进行硬盘分区，又该如何进行呢？

本任务将进一步介绍 Linux 硬盘分区的详细内容，包括硬盘分区及其表示方法、分区有哪些重要参数以及完成手动对硬盘进行分区的步骤。

1.3.1　Linux 系统的硬盘分区

安装 Linux 至少要两个分区：Linux Native（根文件）分区和 Linux Swap（交换）分区。根分区用于存放 Linux 的文件，交换分区为运行 Linux 提供虚拟内存。

(1) 根分区。根分区是 Ubuntu 的根文件系统，用于存储系统文件，其挂载点为"/"，通常根分区采用的文件系统是 ext3。事实上，Ubuntu 支持很多种不同类型的文件系统，除了 ext3 外，还有 ext2、ReiserFS、XFS、JFS 等。另外 Ubuntu 还能够对 FAT16/32 和 NTFS 分区进行读写。Ubuntu 默认采用的是 ext3 文件系统。

(2) 交换分区。交换分区用作 Linux 的虚拟内存。在 Windows 下，虚拟内存是一个文件——pagefile.sys；而 Linux 下，虚拟内存需要使用独立分区，这样做是为了提高虚拟内存的性能。交换分区具体可根据内存的多少来决定。一般来说,建一个交换分区就可以了。

文件分区则根据需要和硬盘大小来决定,一般来说不应少于 200MB。

1.3.2 Linux 系统硬盘分区的表示方法

由于用户接触最多的是 Windows 操作系统,所以大多数人都习惯使用类似于 C:的符号来标识硬盘分区,在 Linux 中却不是这样。Linux 的命名设计比其他操作系统更灵活,能表达更多的信息。Linux 通过字母和数字的组合来标识硬盘分区,如 hda1。分区名的前两个字母表明分区所在设备的类型,例如,hd 指 IDE 硬盘,sd 指 SCSI 硬盘;第三个字母表示分区在哪个设备,按 a、b、c、d 的顺序排列,如 hda 是第一个 IDE 接口的主硬盘,则第二个 IDE 接口的主硬盘就应该是 hdc;最后的数字表示在该设备上的分区顺序,前 4 个分区(主分区或扩展分区)用数字 1~4 表示,逻辑分区从 5 开始。

例如,hda3 表示第一个 IDE 硬盘上的第三个主分区或扩展分区。hda5 并不表示这是该硬盘中的第五个分区,而是第一个逻辑分区。

主板上通常有两个 IDE 接口,每个接口都可以通过电缆连接两个 IDE 设备,如硬盘或光驱,两个接口可以通过电缆连接 4 个 IDE 设备。主板上的两个接口分别称为主要的(primary)与次要的(secondary)IDE 接口,这就决定了硬盘的编号顺序。若有多个 IDE 设备,需要设置主盘(master)从(slave)盘(主从盘的设置可以通过硬盘跳线手动设置或者通过其自动选择来实现)。Linux 在对 IDE 接口硬盘进行映射时,先从 IDE1 接口算起,第一个硬盘定义为 hda;第二个硬盘就定义为 hdb,以此类推。表 1-3 列出了它们在 Linux 中对应的名称。

表 1-3 IDE 硬盘在 Linux 中对应的名称

IDE 号	主盘(master)对应的名称	从盘(slave)对应的名称
IDE1(主,primary)	/dev/hda	/dev/hdb
IDE2(从,secondary)	/dev/hdc	/dev/hdd

如果只有一个硬盘,而且接在 IDE2 接口,那么它在 Linux 中对应的名称应是/dev/hdc。

拓展:在 Ubuntu 系统中,每个硬件设备都被当成一个文件来对待,例如,IDE 接口中的整块硬盘在 Linux 系统中表示为/dev/hd[a-d]。其中,方括号中的字母表示 a~d 中的任何一个,每一个表示一个硬件,即/dev/hda、/dev/hdb 及/dev/hdc 等,而光驱对应的文件表示为/dev/cdrom。

1.3.3 创建分区时的主要参数

在创建分区时,有 5 个参数需要设定:新分区的容量、新分区的类型、文件系统类型、挂载点、新分区的位置。

(1)新分区的容量:分区的大小,以 MB 为单位。

(2)新分区的类型:可以选择把这个分区定为"主分区"或"逻辑分区"。单独安装 Ubuntu 到全新磁盘,根分区需要选择 Primary,其他分区选择 Logical 就可以;如果是安装双系统且已安装 Windows 系统,根分区的类型选择 Primary 或者 Logical 都可以,其他分区选择 Logical。

(3) 文件系统类型(use as):该分区的文件系统类型,可以选择 ext2、ReiserFS、XFS、JFS、FAT16、FAT32、Swap 等。

(4) 挂载点(mount point):在安装 Windows 时,可以选择把系统安装在哪一个分区,把系统挂载到分区上。而在 Ubuntu 中则相反,用户应把分区挂载到系统分区中。

Ubuntu 将系统中的一切都作为文件来管理。在 Windows 中常见的硬件设备、磁盘分区等,在 Linux、UNIX 中都被视作文件,对设备、分区的访问就是读/写对应的文件。文件层次结构中出现的文件系统位置就称为挂载点。

(5) 新分区的位置。Linux 的目录结构是单个的树状结构。最顶部的为根目录,即"/"。在根目录下,分为多个子目录,包括/bin、/boot、/dev、/etc、/home、/lib、/media、/mnt、/opt、/proc、/root、/sbin、/tmp、/usr 和/var 等。磁盘分区都必须挂载到目录树中的某个具体的目录上才能进行读/写操作,该目录即为挂载点。显然,根目录"/"是所有 Linux 的文件和目录所依附的地方,需要挂载一个磁盘分区。

1.3.4 可能出现的情况

以下情况可能会遇到,这不是问题,只是说明磁盘上已经有了其他操作系统。

Ubuntu 安装程序设计得非常智能化,如果在已有其他操作系统(如 Windows 系统)的磁盘里进行安装,当进入分区界面后,分区工具会智能地进行分区推荐操作,磁盘分区窗口将会有 4 个选项,可以使用分区中间的滑块对推荐的分区方案进行修改,界面如图 1-9 所示。

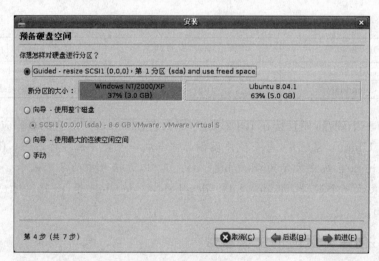

图 1-9 选择分区方法

说明:

(1) resize *partition* and use freed space(重新调整分区并使用空闲分区)。如果整个磁盘已被一个分区(通常情况下是 Windows 系统的 NTFS 或 FAT)占用,将会看到这个方案。

在这个方案中,可以使用分区中间的滑块对推荐的分区方案进行修改,分区工具会无损地从 Windows 分区中划分出空闲分区用于安装 Ubuntu,而 Windows 分区中的原有内容一般不会受到影响。尽管如此,建议用户还是要在进行操作前,备份所有的重要数据。

(2) 使用整个磁盘(use entire disk)。这个方案会删除磁盘中的所有分区,对磁盘进行清空,然后重新对磁盘进行分区。

(3) 使用最大的连续空闲空间(use the largest continuous free space)。如果磁盘有足够未被使用的空间,将对该空间进行分区,并在该空间上安装 Ubuntu。若没有足够的空闲空间,该项将变得不可用。

(4) 手动(manual)。如果想进行比较细化的分区操作,那么可选择该项,该方案不会自动进行分区。

1.3.5　开始手动硬盘分区

在磁盘分区向导中选择"手动"后,单击"前进"按钮便进入了手动分区界面,如图 1-10 所示。

图 1-10　手动分区界面

在这个界面中,上部有一个信息窗口,显示了硬盘设备的名称、文件系统的类型、是否已格式化、分区的大小、已使用或未使用的空间大小。如果有多个硬盘设备,将可以在这里选择要处理哪个硬盘。下部有几个按钮,可以建立新的分区表、创建新的分区、对已有的分区进行编辑和删除等操作。

1. 新建分区表

如果要对整个硬盘进行重新规划,可以选择"新建分区表"。分区工具将为磁盘建立分区表,只有为硬盘建立了分区表才可以继续下一步操作。新的分区表建立后的界面如图 1-11 所示。在这个界面中看到有"空闲的空间"了,可以在此空闲空间上建立分区。

2. 建立交换分区

交换分区可以简单地看作虚拟内存。在内存比较小的情况下,通常交换分区的大小设

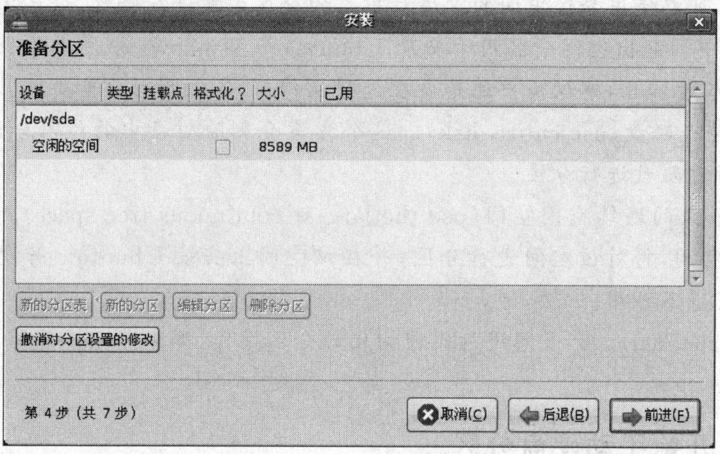

图 1-11 分区表建立后

置为真实内存的两倍,一般不超过 2GB。建立交换分区可以选择空闲空间,然后单击"新的分区"按钮,弹出如图 1-12 所示的对话框。在该对话框中填写分区参数,交换分区不需要挂载点。

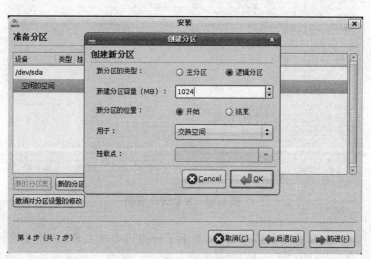

图 1-12 创建交换分区

3. 建立根分区

为建立根分区,选中空闲空间,然后单击"新的分区"按钮。在此处拟把剩余的所有空闲空间分配给根分区,容量大小按默认就可以。分区类型选择"主分区",文件类型选择"ext3 日志文件系统",挂载点选择"/",然后单击 OK 按钮。

4. 分区后的结果信息

在按上述方法分区后,分区信息如图 1-13 所示。分区完成后回到"手动分区"界面,其中,"编辑分区"和"删除分区"两项变得可用。如果对分区的结果不满意,可以选择相应的命令进行修改操作。如果没有问题则单击"前进"按钮进入下一步操作。

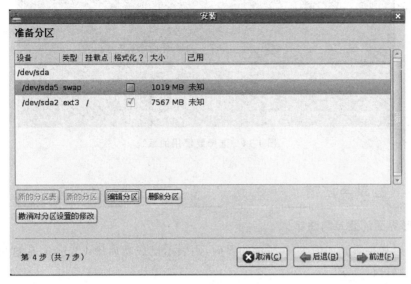

图 1-13　硬盘分区结果

手动分区创建完成后,下一步进入"创建用户"界面,按任务 1.2 中的步骤即可继续完成系统的安装。

任务 1.4　启动、登录与注销

本任务介绍 Linux 如何启动、登录与注销的基本操作。

1.4.1　启动

打开系统,在系统自检完成之后,会出现如图 1-14 所示的 GRUB 系统引导界面。

GRUB(grand unified bootloader)是一个功能强大的多重启动管理器,不仅可以对各种发行版本的 Linux 进行引导,也可以引导其他操作系统,如 Windows。它通过载入操作系统的内核,并对系统进行初始化,或者交给操作系统来完成引导过程。

在 GRUB 系统引导界面上,可以通过↑、↓键来选择需要引导的操作系统。

开机后,计算机首先会加载 GRUB 程序,若只有一个 Ubuntu 系统,在加载 GRUB 程序之初,按 Esc 键可看到系统选择菜单,如不按,将默认进入登录界面。如果装有多个操作系统,会直接进入系统选择菜单,选择想要使用的操作系统,如图 1-14 所示。

如果想使用刚安装好的 Ubuntu 系统,请选第一项。

启动成功以后,需要登录才可以使用。有两种登录界面,一种是图形界面;另一种是文本模式界面。

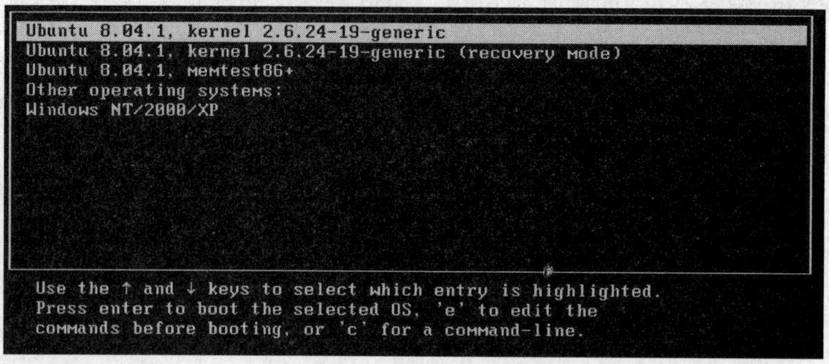

图 1-14 选择要使用的系统

1.4.2 登录与注销

1. 图形界面的登录与注销

在启动后如果看到如图 1-15 所示的界面,则表示已成功启动 Ubuntu,在这里可以输入用户名和密码进行登录。

图 1-15 登录界面

成功登录后,就可以进入 Ubuntu 系统的桌面开始工作了。

用户可以试用一下 Ubuntu。桌面左上角的 Examples 目录中有多媒体及文件档,供用户作测试之用,如图 1-16 所示。

如果要在图形界面下退出系统,单击"系统"按钮,将会出现关机界面,如图 1-17 所示。

在这里可以选择注销、锁定屏幕、更换用户、休眠、重启、关机等选项。

2. 文本模式界面的登录与注销

Linux 是一个多用户操作系统,默认情况下,Linux 会提供 6 个终端来让用户登录,切换时可以使用 Ctrl+Alt+F1~F6 组合键。同时,系统会将 F1~F6 定义为 tty1~tty6,如当按 Ctrl+Alt+F1 组合键时,就会进入 tty1 的终端界面。其他以此类推。

如果系统安装了图形界面,想进入文本模式界面,可以按以上组合键切换。那么如何从文本模式界面进入图形界面呢?很简单,按 Ctrl+Alt+F7 组合键即可。登录到文本模式界面再输入用户名和密码,如图 1-18 所示。

项目 1 系统概述——Linux 基础

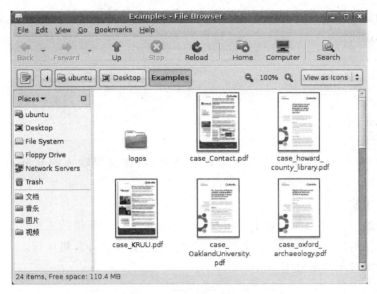

图 1-16　Examples 目录

图 1-17　关机界面

图 1-18　文本模式界面

用户看到的这些内容表示计算机已准备就绪,正在等待用户输入操作指令。对如下提示信息做简单说明。

```
ubuntu login:user01
password:
...
root@ubuntu:~ $
```

第 1 行中,login 后面需要输入登录者的用户名,在这里输入的是 user01,输入后按 Enter 键。

第 2 行要求输入密码。

第 4 行中的 root 是当前所登录的用户,ubuntu 是这台计算机的主机名,~表示当前目录。此时输入任何命令并按 Enter 键之后,该命令将会提交到计算机运行。

从文本模式进入桌面可用 startx 命令。

```
root@ubuntu:~ $ sudo startx
```

3. 虚拟终端

图形界面环境还提供了一种仿真"终端",在"终端"下的命令操作与文本模式界面的命令操作完全一样,如图 1-19 所示。打开方式是选择"应用程序"|"附件"|"终端"命令。

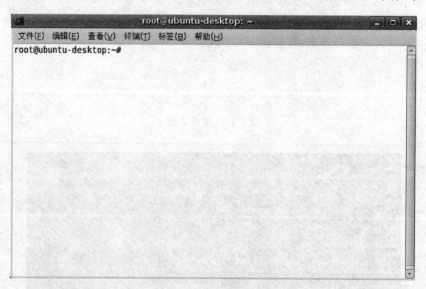

图 1-19　虚拟终端窗口

4. 退出、关闭系统

退出 Linux:exit 或 logout。

关闭 Linux：shutdown [-r|-h][now|minute]。
例如，执行以下命令后将立刻关机。

```
root@ubuntu:~ $ shutdown -h now
```

1.4.3 创建新账户

选择"系统"|"系统管理"|"用户和组"|"增加用户"命令，可打开"新建用户账户"对话框，如图 1-20 所示。

图 1-20 新建用户账号

输入想创建的用户账户的信息后，可再切换到"用户权限"选项卡，选中所有的权限，最后保存即可。

任务 1.5 切换超级用户 root

本任务介绍如何使用 root 用户登录 Ubuntu 系统。

1.5.1 root 简介

root 存在于 Linux 系统、UNIX 系统（如 AIX、BSD 等）和类 UNIX 系统（如 Debian、Redhat、Ubuntu 等版本的 Linux 系统以及 Android 系统）中，是系统中唯一的超级用户，相当于 Windows 系统中的 Administrator 用户。其具有系统中所有的权限，如启动或停止一个进程，删除或增加用户，增加或者禁用硬件等。

1.5.2 启用 root 用户登录图形界面

（1）默认安装完成 Ubuntu 以后，系统拥有了以 ubuntu 命名的用户，超级用户 root 还处于未配置状态。首先为 root 设置密码，密码为 123456，如图 1-21 所示。

```
ubuntu@ubuntu:~ $ sudo passwd root
```

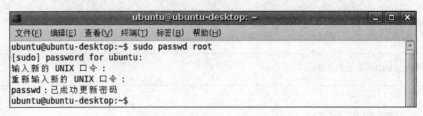

图 1-21 设置 root 密码界面

修改 root 的密码首先要输入用户 ubuntu 的密码,再输入 root 超级用户的密码,密码需要两次输入确认。

(2) 修改 gdm.conf 配置文件,将 AllowRoot = false 修改为 AllowRoot = true,如图 1-22 所示。

```
ubuntu@ubuntu:~ $ sudo gedit /etc/gdm/gdm.conf
```

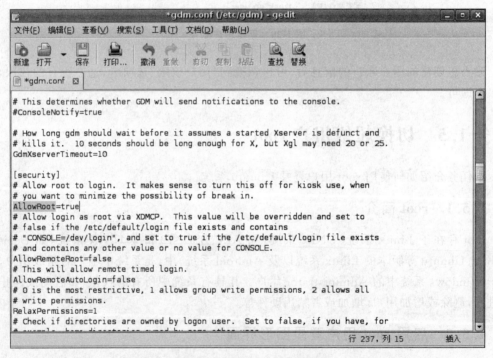

图 1-22 gdm.conf 配置界面

(3) 选择"系统"|"系统管理"|"登录窗口"命令,并切换到"安全"选项卡,然后选中"允许本地系统管理员登录"复选框,如图 1-23 和图 1-24 所示。

项目1 系统概述——Linux基础

图1-23 "登录窗口"命令

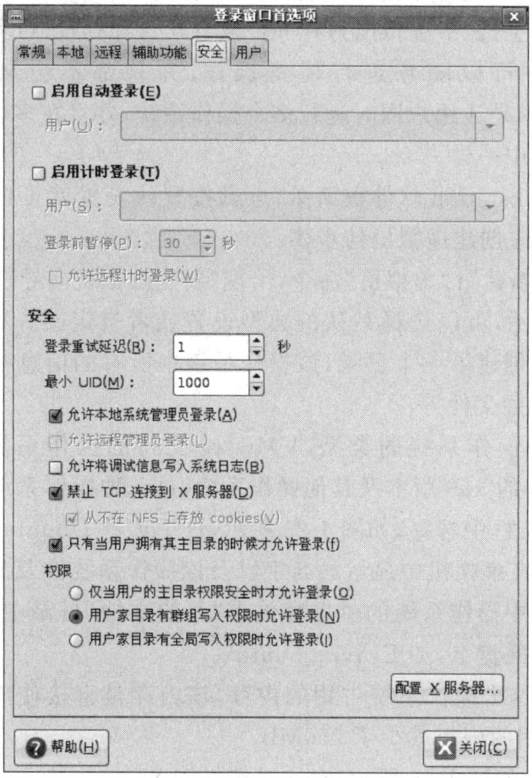

图1-24 "安全"选项卡

(4) 在终端打开 profile 文件，配置如下。

```
ubuntu@ubuntu:~ $ sudo gedit .profile
# ~/.profile: executed by Bourne.compatible login shells.

If   [ "$BASH" ]; then
    If  [  .f  ~/.bashrc  ];  then
    Fi
Fi

Mesg n
#   installed by debian installer:
#   no localization for root because zh_cn.utf-8
#   cannot be properly displayed at the Linux console
LANG=C         # 修改此行为：LANG="zh_CN.UTF-8"
LANGUAGE=C     # 修改此行为：LANGUAGE="zh_CN:zh"
```

配置完成以后重新启动计算机，使用 root 登录即可。

任务 1.6 使用虚拟机软件 VMware

VMware Workstation 是一个虚拟软件（以下简称 VMware），本质上就是利用软件技术，在计算机（可称为宿主机）中虚拟出另外一台或者几台计算机（可称为虚拟机）。

在虚拟机中，用户可以随意进行任意操作，并且都不会影响宿主机。VMware Workstation 采用的技术是让用户同时运行多个操作系统，并且在多个操作系统之间的通信就像在真实的物理环境中一样。

安装 VMware Workstation 软件很简单，全部按默认设置就可以完成。下面简单介绍在 VMware Workstation 创建虚拟机的步骤。

(1) 选择"文件"|"新建"|"虚拟机"命令，出现"新建虚拟机向导"对话框。

(2) 按照向导的提示，可以选择默认的典型设置或者自定义。VMware 中创建的操作系统实际上是在硬盘上创建了一个目录，该操作系统中所有的信息都保存在此目录的文件中，比如 BIOS、硬盘、配置文件等。

(3) 选择要安装的操作系统的类型，VMware 支持的操作系统类型包括 Windows、Linux、Netware、Solaris 的 x86 版本及其他操作系统，每一种操作系统分类下又可以选择具体的版本，在下面的下拉框中选择，如图 1-25 所示，这里选择 Ubuntu。

(4) 选择操作系统在虚拟机中显示的名字以及该操作系统涉及的所有文件在主机中存放的位置。默认虚拟机中操作系统的位置存放在"我的文档"目录中，可以修改这个目录在其他剩余空间比较多的磁盘上，如 E:\vmubuntu\。

(5) 选择虚拟机中这个操作系统占用的内存，该内存是直接使用的主机内存。若选择 256MB，则主机可以使用的内存就少了 256MB。

(6) 选择网络类型，如图 1-26 所示，在这里选择 NAT。

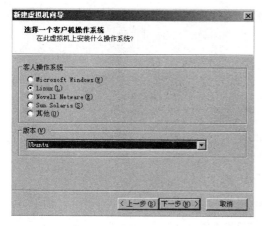 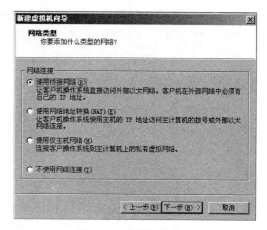

图 1-25 选择在虚拟机中要安装的操作系统　　　　图 1-26 选择网络类型

说明：

① 使用桥接网络。相当于虚拟机和主机连接在同一台交换机上，别人看到的网上邻居多了一个，就是用户的虚拟机。

② 使用网络地址转换(NAT)。相当于用户的主机做了 NAT，虚拟机通过用户的主机做的地址转换连接到主机的网络中，虚拟机可以和用户的主机通信，但是和用户的主机不在同一网络。

③ 使用仅主机网络。虚拟机只和用户的主机通信，和主机所在网段的机器不能通信。

④ 不使用网络。在②和③两种情况下，相当于用户的主机有两个网卡，一个连接到主机所在的网络，一个连接到用户的虚拟机上。

(7) 选择硬盘的类型，第一项是 IDE 硬盘，第二项是 SCSI 硬盘，这里选择的是 SCSI 硬盘。

(8) 创建一个新的硬盘。如果是新安装虚拟机中的操作系统，就选此项。

(9) 选择虚拟机硬盘对应在主机上的文件名字和位置，可以修改这个名字，并且存放在剩余空间多的分区上，单击"完成"按钮，则虚拟机安装完成，如图 1-27 所示。接下来就是在该虚拟机中安装操作系统。

提示：选择"编辑虚拟机配置"命令可以对虚拟机进行修改，如修改虚拟机的内存大小、增加一块网卡等。

VMware Workstation 安装好以后，用户就相当于多了一台机器可以使用。当然，这些机器目前只是硬件系统，需要在虚拟机中安装相应的操作系统才可以像真正的机器一样使用。在虚拟机下学习操作系统是一个不错的选择。

【例 1-1】 解决 Windows 环境中利用 VMware 安装的虚拟机 Ubuntu，鼠标滚轮功能不能使用的问题。

```
root@ubuntu:~ $    gedit /etc/X11/xorg.conf
```

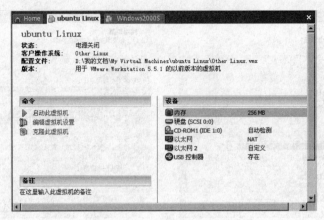

图 1-27　VM 虚拟机主界面

找到 Input Device 这个 Section，将其修改为以下内容。

```
Section "Input Device"
    Identifier "Configured Mouse"
    Driver "vmmouse"
    Option "Protocol" "ImPS/2"
    Option "CorePointer"
    Option "Device" "/dev/input/mice"
    Option "ZAxisMapping" "4 5"
    Option "Emulate3Buttons" "yes"
EndSection
```

重新启动后，鼠标滚轮功能在虚拟机中就可以正常使用了。

在本书中，用户可以安装两台虚拟机，一台安装 Ubuntu 系统，一台安装 Windows 系统，从而可以完成几乎所有的操作任务。

任务 1.7　总结项目解决方案的要点

项目具体实现要点如下。

（1）Ubuntu 提供了多种安装方式，最常见的是用光盘方式进行安装。

（2）安装 Ubuntu 至少需要两个分区：文件分区（根分区）和交换分区。

（3）启动成功以后，需要登录才可以使用。有两种登录界面：一种是图形界面；另一种是文本模式界面。

（4）从文本模式界面进入桌面可用 startx 命令。

```
root@ubuntu:~ $ sudo startx
```

（5）VMware Workstation 安装好以后，用户就相当于多了几台机器可以使用。在虚拟机下学习操作系统是一个不错的选择。

项目小结

本项目对 Linux 的起源和发展进行了简单介绍，重点是 Ubuntu 的安装和登录方法。本项目详细介绍了最常见的光盘安装方式，在安装过程中比较重要的是有关硬盘分区的知识，本项目也进行了较为详细的说明。

启动成功以后，需要登录才可以使用。有两种登录界面：一种是图形界面；另一种是文本模式界面。OpenSSH 是远程管理服务器中比较安全和常用的工具。并简要说明利用虚拟机学习操作系统的方法。

自主实训任务

1. 实训目的

（1）掌握 Ubuntu 系统的典型安装方法。
（2）掌握 Ubuntu 系统的登录与退出以及在图形界面中创建用户账户的方法。

2. 实训任务

（1）用户的物理计算机称为宿主机，用 VMware 虚拟出来的计算机称虚拟机。在物理机上安装的系统称为宿主操作系统，虚拟机中的操作系统称为客户系统，练习在宿主机与虚拟机之间的切换方法。

说明：默认的快捷键为 Ctrl+Alt。可以在 VMware 的菜单中选择"编辑"|"偏好"|"热键"命令进行更改，如果用 Linux 虚拟机，建议更改热键为 Ctrl+Shift+Alt。

（2）在 VMware 中建立一个虚拟机，并安装 Ubuntu 系统，起始用户名为 user01，并设置密码为 123456。

（3）利用创建好的用户名登录系统。

（4）在已安装好的 Ubuntu Linux 中的图形环境下执行"系统"|"系统管理"|"用户和组"菜单命令来创建一用户名为 stu××1（××为用户学号的后 6 位）的账户，并设置密码。

（5）在已安装好的 Ubuntu 中打开"终端"，配置 SSH 并登录。

思考与练习

1. 选择题

（1）Linux 最早是由计算机爱好者（　）开发的。
　　A. Linus Torvalds　　　　　　　　B. Andrew S Tanenbaum
　　C. K. Thompson　　　　　　　　　D. Linus Sarwar

(2) 下列（　）是自由软件。
　　A. Windows　　　B. Linux　　　C. Solaris　　　D. Mac
(3) 下列（　）不是 Linux 的特点。
　　A. 单任务　　　B. 多用户　　　C. 设备独立性　　　D. 开放性
(4) Linux 的内核版本 2.4.16 是（　）版本。
　　A. 测试　　　B. 稳定　　　C. 第四次修订　　　D. 第二次修订
(5) U 盘在 Linux 中可以表示为（　）。
　　A. /dev/hd　　　B. /dev/sd　　　C. /dev/cdrom　　　D. /dev/sda
(6)（　）是所有 Linux 的文件和目录所依附的地方。
　　A. /bin　　　B. /boot　　　C. /home　　　D. /

2. 填空题

(1) GNU 的含义是＿＿＿＿。
(2) 在 Ubuntu 系统中，每个硬件设备都被当成＿＿＿＿来对待。
(3) Ubuntu 安装至少要两个分区：＿＿＿＿分区和＿＿＿＿分区。
(4) 安装 Windows 时，可以选择把系统挂载到分区上。而在 Linux 中要把＿＿＿＿挂载到＿＿＿＿。
(5) 在 Linux 下的用户可以分为 3 类：＿＿＿＿、系统用户和＿＿＿＿，要想创建用户必须要拥有＿＿＿＿权限。

3. 简答题

(1) 怎样安装 Ubuntu 系统？
(2) 如何理解 Linux 中挂载点与分区的关系？
(3) 什么是 Linux 的交换分区，其作用是什么？
(4) 简要描述 Ubuntu 的分区方法。
(5) 如何在图形界面中添加一个 Ubuntu 用户？

项目 2　图形界面操作——Linux 桌面环境

教学目标

通过本项目的学习，掌握 Linux 桌面环境的安装、组成及使用，掌握在图形界面中进行系统配置、更新软件源的方法以及常用办公软件 OpenOffice 的使用。

教学要求

本项目的教学要求见表 2-1。

表 2-1　项目 2 教学要求

知识要点	能力要求	关联知识
X Windows 与 GNOME	（1）掌握 GNOME 的安装方法 （2）掌握 GNOME 的组成和配置 （3）掌握 Nautilus 文件管理器的使用	Linux 系统结构及系统内核 文件管理器
Linux 桌面环境中的系统常用管理	（1）掌握桌面个性化设置的方法 （2）掌握应用程序等菜单的使用方法 （3）掌握网络及网络工具在图形界面中的使用方法 （4）掌握用户和组的图形化管理方法 （5）掌握软件源图形化更新与设置的方法 （6）掌握服务等其他常用管理工具的使用	计算机基本操作相关 网络 IP 地址相关 用户与文件权限 网络管理工具
OpenOffice 办公软件	掌握 OpenOffice 的基本使用	Office 相关操作
自主实训	自主完成实训所列任务	Linux 基本管理和操作相关

重点与难点

（1）网络及网络工具在图形界面中的使用。

（2）在图形界面中管理用户和组。

（3）在图形界面中更新与设置软件源的方法。

项目概述

某软件开发公司在使用 Linux 系统作为开发平台之前，开发人员以及网络管理维护人员都具有使用 Windows 操作系统的经验，那么 Linux 的桌面系统组成是怎样的？它和 Windows 系统有哪些区别？在图形界面中能否实现诸如用户和组的管理、系统管理等功能？在 Linux 系统中有哪些实用程序？

项目设计

安装 GNOME 桌面，并了解其组成和使用，在图形环境下进行用户个性化的桌面环境配置，使用网络及网络工具、用户和组、软件安装与更新等各种管理工具进行管理工作，熟悉办公软件的使用方法，快速适应操作系统转移到 Linux 上的工作需要。

任务 2.1　X Windows 与 GNOME

本任务介绍基于 X Windows 的 GNOME 桌面和应用。

2.1.1　X Windows

当谈到 Linux 和其他 UNIX 类型的操作系统时，从技术角度上讲，不应该包括图形界面，这是因为操作系统和应用软件是不同的概念。图形界面实际上只是运行于操作系统上的一个应用程序。在理论上，用户可以使用多种不同的图形界面，但实际上用得最多的就是 X Windows 系统。

X Windows 系统（也称 X11 或 X）是一种以位图方式显示的软件窗口系统。它最初是 1984 年麻省理工学院的研究项目，之后变成 UNIX、类 UNIX 以及 Open VMS 等操作系统所一致适用的标准化软件工具包及显示架构的运作协议。X Windows 系统通过软件工具及架构协议来建立操作系统所用的图形用户界面，此后则逐渐扩展适用到各形各色的其他操作系统上。现在几乎所有的操作系统都能支持与使用 X Windows。更重要的是，如今知名的桌面环境——GNOME 和 KDE 也都是以 X Windows 系统为基础建构的。

从外观上看，X Windows 与 Microsoft Windows 非常相似，但实际上两者有本质区别。Microsoft Windows 是完整的操作系统，具有从内核到窗口环境的一切，而 X Windows 只是操作系统的一部分，是众多软件程序的组合体，是一个程序库，或者说是一个定义了图形操作环境的标准。

X Windows 系统只是工具套件及体系结构规范，它的体系结构包括客户/服务器模型和 X 协议两部分。

2.1.2　GNOME 的安装

如果安装时就选择了安装图形界面，桌面环境就已经安装好了。Ubuntu 默认采用 GNOME 桌面环境，也可以在 Ubuntu 中安装 KDE 桌面环境，从而实现两个桌面环境并存，根据自己的喜好，可随意在 GNOME 和 KDE 桌面环境之间选择和切换。

拓展：Linux 用作服务器系统时实际上不需要配置 GUI（图形用户界面）。如果初装者对 Ubuntu 和 Linux 都不熟悉，可以安装 GNOME 来协助管理。使用 GUI 可以更方便地进行很多操作，尤其是文件、目录、文本编辑等操作，这些在终端下都是烦琐的工作。

1．安装 GNOME 桌面环境

安装 GNOME 桌面环境非常简单。在安装桌面环境的过程中，除桌面管理程序外，Ubuntu 还将安装一些非常有用的应用程序。

安装 GNOME 桌面环境的命令如下。

```
root@ubuntu:~$ apt-get install ubuntu-desktop
```

上述命令虽只是安装 GNOME 桌面环境,但如果 Ubuntu 的 X 服务程序没有安装,使用这个命令,Ubuntu 会自动首先安装 X.org 服务软件包。也可以先安装 Ubuntu 服务包再安装桌面环境。安装服务包的命令如下。

```
root@ubuntu:~$ apt-get install xserver-xog
```

2. 安装 KDE 桌面环境

安装 KDE 桌面环境需使用如下命令。

```
root@ubuntu:~$ apt-get install kubuntu-desktop
```

安装过程中回答 Y(即按 Y 键)后就可以安装 KDE 桌面环境了,但前提是要保证主机已联网。安装过程中会弹出"管理器选择"对话框,其中 GDM 是 GNOME 提供的显示管理程序,KDM 是 KDE 提供的显示管理程序,这里选择 GDM 即可。

显示管理程序可以使系统能够像 Windows 那样从图形环境直接启动,而不用先进入文本环境,再使用 startx 命令启动图形环境。

2.1.3 使用 GNOME

GNOME 桌面环境包括桌面、面板、面板上的部件如程序菜单、状态显示等部分,如图 2-1 所示。

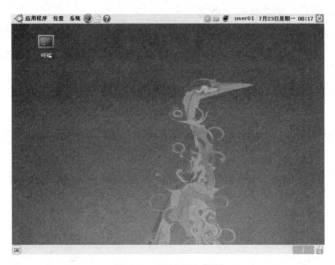

图 2-1 GNOME 桌面

1. 桌面

屏幕中间区域最大的部分称为桌面。可以把经常使用的程序、文件或目录放在桌面上,通过双击图标进入相应的应用程序,在桌面上的数据文件也可以使用这种方式进行浏览。

例如，双击可打开一个文件文本，双击目录，将显示这个目录的内容。用户可以把经常使用的"终端"放在桌面上，方法是选择"应用"|"附件"|"终端"命令。

与 Windows 系统不同，Linux 系统中如果要安装 GNOME 或 KDE，可以设置多个桌面，因而可以显示多个应用程序而不必把它们都堆放到一个桌面上。图 2-1 中右下角即是两个桌面的切换按钮。

2．面板

桌面顶端和底端的两个长条都叫作面板（panel）。GNOME 的面板类似于容器，可以存放各种对象。例如，在 Ubuntu 中，这两个面板中包含 Ubuntu 风格的四角功能按钮，左上角的应用程序菜单按钮、右上角的"退出"按钮、左下角的"清空桌面"按钮和右下角的"回收站"按钮等。

为了方便使用，可以在面板上添加更多小程序和启动器图标。要在面板上添加小程序，右击面板上的空白区域，在"添加到面板"子菜单中选择所需的小程序后，它就会出现在面板上。

3．程序菜单

程序菜单是启动应用程序最常见的方法，很多应用程序都可以通过程序菜单来启动。单击"应用程序""位置"或者"系统"菜单项时，会分别弹出一个应用程序或快捷方式列表的下拉菜单，如图 2-2 所示。菜单的使用方法和含义与 Windows 系统中的一致。

4．位置

图形化桌面包括一个名为 Nautilus 的文件管理器，它提供了系统和个人文件的图形化显示。Nautilus 不仅能显示文件列表，它还允许用户用一个综合界面来配置桌面，配置 Ubuntu 系统、浏览影集、访问网络资源等。

要启动 Nautilus 文件管理器，选择"位置"|"计算机"命令，如图 2-3 所示。出现文件夹管理窗口，界面与 Windows 资源管理器类似，在文件夹管理窗口中选择文件系统，可以打开和查看系统的整个文件与目录组织结构。

图 2-2　"应用程序"菜单

图 2-3　"位置"菜单

【例 2-1】 练习文件及目录的创建、删除、复制、归档等操作,如图 2-4 所示。

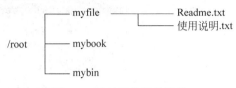

图 2-4 要创建的目录结构

要求:

(1) 在/root 中,创建子目录 myfile、mybook、mybackup。

(2) 在 myfile 目录中创建两个新文件 Readme.txt、"使用说明.txt"。

(3) 将/root/examples 目录中所有的.pdf 文件复制到 mybook 目录中。

(4) 将/bin 目录中的文件全部复制到/root/mybin 目录下。

(5) 将/root/mybin 目录归档,归档文件名为 mybinbak.tar.gz。

(6) 删除/root/mybin 下的目录 bin。

(7) 将归档文件 mybinbak.tar.gz 解压到/root/myfile 目录中。

操作方法要点如下。

(1) 与 Windows 系统下操作类似。

(2) 大多数的操作均可使用右键菜单。

【例 2-2】 练习文件及目录(文件夹)的权限设置。

要求:

(1) 将目录/root/myfiel 的权限修改为以下设置。

所有者:目录访问设置为"可以创建和删除文件";文件访问设置为"读写"。

群组:目录访问设置为"访问文件";文件访问设置为"只读"。

其他:目录访问设置为"访问文件";文件访问设置为"只读"。

设置该目录的执行权限为"所有者""群组""其他"都禁止"以程序执行文件"。

(2) 将/etc/hostname 文件复制到/root 目录中,并修改/root/hostname 文件的权限为以下设置。

所有者:设置文件访问权限为"读写"。

群组:设置文件访问权限为"读写"。

其他:设置文件访问权限为"读写"。

设置该文件的执行权限为"所有者""群组""其他"都允许"以程序执行文件"。

操作方法和步骤如下。

(1) 在文件或目录上右击,可打开该文件或目录的属性,如图 2-5 所示。切换到"权限"选项卡,可修改其权限,如图 2-6 所示。

(2) 当对目录进行权限设定时,会同时显示对目录中包含的文件的访问设定,如果有修改,应单击"对包含的文件应用权限"按钮。

关于文件或目录的权限的说明如下。

图 2-5 文件夹的快捷菜单

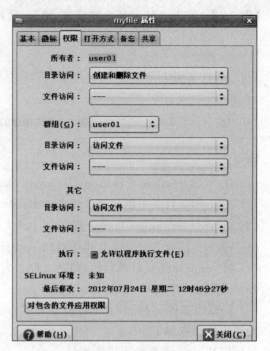

图 2-6 设置目录权限

Linux 系统的用户有 3 种：所有者（可用字母 u 表示）、群组（用字母 g 表示）、其他（用字母 o 表示）。在图形界面下，文件或目录的权限标识与文本模式下的略有不同。

目录的权限可标识为创建和删除文件、只能列出文件、访问文件、执行。

文件访问的权限可标识为只读、读写、执行。

注意：在图形模式下，对文件和目录的"执行"权限只能全部赋予或取消，不能做到对"所有者"用户有执行权限，而对"群组"用户和"其他"用户没有执行权限，要想更精确地进行设定，还需要在命令行模式下进行。与权限有关的问题是初学者容易疑惑的地方，本书将在项目 4 中专门讲解。

5. 系统

在系统菜单中，提供了"首选项""系统管理"等菜单，如图 2-7 所示。"首选项"子菜单的功能类似于 Windows 中的控制面板，将在任务 2.2 中详细介绍。

图 2-7 系统菜单

2.1.4 配置 GNOME

用户可以根据自己的使用习惯来对 GNOME 桌面做一些个性化的设置。

【例 2-3】 配置 GNOME 操作界面，使桌面符合用户个性化的使用习惯。

GNOME 功能十分强大，用户可以根据自己的需要，定制出个性化的设置，例如将面板

放在屏幕底部,调整桌面属性、背景,添加各种应用程序或其他小工具,把不需要的小图标删除等,详细的操作以及使用方法等可通过"系统"|"关于 GNOME"命令获得。

操作方法如下。

(1) 添加:在面板上的空白处右击,弹出如图 2-8 所示的快捷菜单,选择"添加到面板"命令,打开"添加到面板"对话框,如图 2-9 所示,再从中选择所需要的程序即可。

图 2-8 右击面板空白处弹出的快捷菜单　　　　图 2-9 添加到面板

(2) 移动:取消选中"锁定到面板",再选择"移动"命令,可拖动图标至所需的位置。

(3) 删除:右击面板上要删除的图标,选择"从面板删除"命令。如果在面板的空白处右击,则选择"删除该面板"命令,该面板以及其中的图标都将被删除。

2.1.5 退出 GNOME

在 GNOME 环境中,按 Ctrl+Alt+Backspace 组合键即可退出 GNOME 环境。如果系统默认启动到图形界面,退出后重新启动则会启动 GNOME。

启动时可以选择到文本模式界面或图形界面。

Linux 有 7 种运行级别,如果要登录到文本模式界面,就更改运行级别为 3,这是命令行模式,也是 Linux 的标准运行级,如果希望启动后登录到图形界面,就设定为 5 级(X Windows)。用 telinit(或 init)命令可更改运行级别,例如:

```
root@ubuntu:~$    telinit 3      //重启后,将进入文本模式
root@ubuntu:~$    telinit 5      //重启后,将进入图形模式
```

任务 2.2　系统管理

本任务介绍桌面环境中的两个主要菜单,即"首选项"和"系统管理"。内容比较多,因此分别找出一些常用的系统管理,如网络配置、网络管理工具、用户和组管理、软件源的使用等进行介绍。

2.2.1　"系统"菜单

"系统"菜单类似于 Windows 系统中的"控制面板",主要有两个子菜单,一个是"首选项",如图 2-10 所示,另一个是"系统管理",如图 2-11 所示。

图 2-10　"首选项"菜单

图 2-11　"系统管理"菜单

【例 2-4】　更改桌面背景、字体、屏幕分辨率以及系统登录界面。

选择"系统"|"首选项"命令来配置桌面。在"外观"中有"主题""背景""字体""界面""视觉效果"等选项;在"屏幕分辨率"中可以设置显示器分辨率、刷新频率等;在"系统管理"|"登录窗口"中有"常规""本地""远程""辅助功能""安全"和"用户"选项卡,可供操作的内容很多,这里就不一一列举了,用户可以根据需要进行修改,如图 2-12 和图 2-13 所示。

图 2-12 "登录窗口首选项"对话框

图 2-13 登录窗口更改

在"外观"|"视觉效果"中,选择"扩展"可以试用 3D 桌面系统。需要注意的是,该功能需要更快的显卡,并进行正确的驱动,最后才可以启动。

如图 2-14 和图 2-15 所示,是两张开启了"扩展"以后的 3D 桌面特效图片。

图 2-14 3D 桌面效果图 1

图 2-15 3D 桌面效果图 2

2.2.2 配置网络

在 Ubuntu 系统的图形界面中,可以使用网络配置工具来配置网络,包括设定网卡的 IP 地址、DNS 等。选择"系统"|"系统管理"|"网络"命令,出现如图 2-16 所示的对话框。eth1、eth2 分别代表主机中的两块网卡。

从图 2-16 中可以看到,有"连接""常规"、DNS、"主机"4 个选项卡。"连接"选项卡主要用于选择具体的物理设备,如有线连接(eth2)、有线连接(eth1)及点对点连接。选中设备前的复选框进行激活。

选择有线连接(eth1),单击"属性"按钮,打开"eth1 属性"对话框,如图 2-17 所示。在配置下拉列表框中可以选择静态 IP 地址、自动配置(DHCP)和本地 Zenoconf 网络 3 种 IP 地址配置方式。如果选择"静态 IP 地址"选项则可以接着配置 IP 地址、子网掩码、网关地址;如果选择"自动配置(DHCP)"则其他配置项无效。

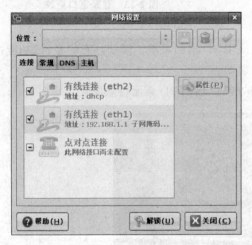
图 2-16 网络配置

图 2-17 配置 IP

这里选择"静态 IP 地址",输入内部网分配的 IP 地址 192.168.1.1,子网掩码是 255.255.255.0,网关为 192.168.1.1。只有配置了 IP 地址,计算机在网络中才可以通信。然后单击"确定"按钮返回到"网络设置"对话框。

选择 DNS 选项卡,单击"添加"按钮可以添加具体的 DNS 地址,双击已经配置的 DNS 地址可以进行修改。

选择"常规"选项卡可以设置计算机名、域名。选择"主机"选项卡可以配置 IP 地址对应的别名。

2.2.3 网络工具

选择"系统"|"系统管理"|"网络工具"命令,打开"网络工具"配置窗口,其中包括"设备"、Ping、"网络统计"、Traceroute、"端口扫描""查阅"、Finger、Whois 选项卡,如图 2-18 所示,可非常方便地在图形界面中进行网络管理工作。

项目 2　图形界面操作——Linux 桌面环境

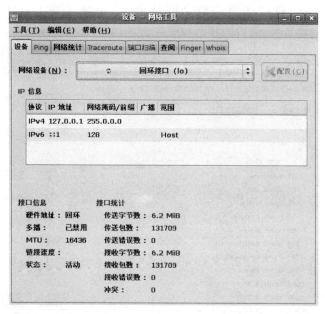

图 2-18　"网络工具"窗口

【例 2-5】　在 Ping 选项卡中检查主机的 IP 配置情况,扫描主机查看端口开启的情况、查看用户 root 登录过哪些主机等。

(1) 切换到 Ping 选项卡,在"网址地址"中输入要 Ping 的主机地址,例如 192.168.1.1,单击最下边的"细节"按钮可看到更详细的信息,如图 2-19 所示。

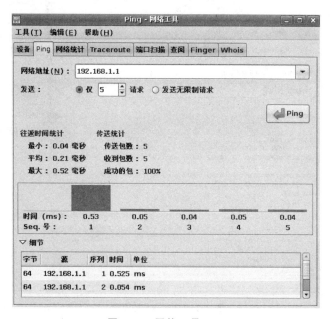

图 2-19　网络工具 Ping

（2）切换到"端口扫描"选项卡，在"网址地址"中输入要 Ping 的主机地址，例如 192.168.1.1，可看到端口号、端口的状态和服务信息，如图 2-20 所示。

图 2-20　端口扫描

（3）切换到 Finger 选项卡，在"用户名"中输入 root，可显示用户登录情况等信息，如图 2-21 所示。

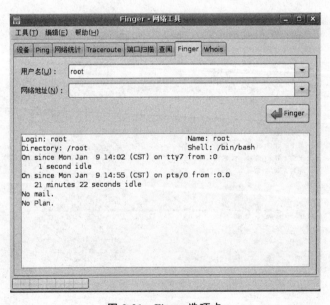

图 2-21　Finger 选项卡

2.2.4 用户和组

在对用户进行管理时,Ubuntu 提供了在图形界面中进行管理的工具——用户管理器。利用用户管理器可以方便地对用户和用户组进行管理。利用安装系统时的账户登录系统,然后选择"系统"|"系统管理"|"用户和组"命令,打开"用户设置"对话框,如图 2-22 所示,可以分别对用户和组进行添加、删除以及属性设置等各种管理操作。

图 2-22 "用户设置"对话框

验证结束后,"用户设置"对话框中各选项成为可用状态。单击"添加用户"按钮,打开"新建用户账户"对话框。"新建用户账户"对话框中有"账户""用户权限"和"高级"3 个选项卡。

(1) 在"账户"选项卡中,可以添加基本信息、联系信息和密码信息等。

(2) 在"用户权限"选项卡中,可以设定该用户对打印机、软盘驱动器、音频等设备是否具有使用权,另外是否可以管理用户。

(3) 在"高级"选项卡中,可以设定主目录、主组、用户 ID 和 Shell 等。

若要修改用户属性,首先在"用户设置"对话框中选择一个已存在的账户,单击"属性"按钮,出现"账户××的属性"对话框,各设置项与"新建用户账户"对话框相类似,可以选择相应的选项卡修改相关属性,如图 2-23 和图 2-24 所示。

若想要删除一个用户,选中要删除的用户,单击"删除"按钮即可,但是不会删除该用户的主目录。

以上介绍了用户的管理,使用类似的操作可以实现对用户组的管理。

提示:在 Linux 系统中,创建新用户的同时会创建一个同名的组,而该用户自然属于这个同名的组。有关 Linux 用户的更详细内容,可参考项目 4。

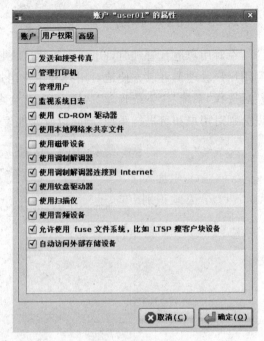

图 2-23 设置账户属性　　　　　图 2-24 设置用户权限

【例 2-6】 创建用户 user02，并将它加到 root 组。

操作步骤如下。

选择"系统"|"系统管理"|"用户和组"命令，打开"用户设置"对话框。单击"解锁"按钮，然后单击"添加用户"按钮，输入用户 user02 的相关信息。再回到"用户设置"对话框，选择 root，单击"管理组"按钮，即可设置 root 组的属性，如图 2-25 所示。选中组成员 user02 复选框，如图 2-26 所示，单击"确定"按钮完成操作。

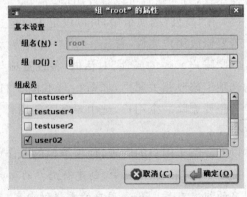

图 2-25 "组设置"对话框　　　　　图 2-26 root 组的属性设置

2.2.5 可移动的驱动器和介质

在图形界面中,Ubuntu 提供了对可移动驱动器与介质的图形管理工具。选择"系统"|"首选项"|"可移动驱动器和介质"命令,出现如图 2-27 所示的对话框。

在"可移动驱动器和介质的首选项"对话框中有 4 个选项卡,包括"相机"、PDA、"打印机和扫描仪""输入设备"(鼠标、键盘、扫描仪)。操作非常简单,单击"浏览"按钮就可以对移动设备和介质选择具体的命令或程序,这样当移动设备连接到 Ubuntu 系统时,系统将自动进行相关操作。

在 Linux 中加入了对于常见的 USB 设备如 U 盘的支持,不需要另外安装专门的驱动程序就可以正常地识别出来,直接读取。Linux 中的 USB 存储设备被看作 SCSI 设备。

2.2.6 服务

选择"系统"|"系统管理"|"服务"命令,出现如图 2-28 所示的对话框。

图 2-27 "可移动驱动器和介质的首选项"对话框

图 2-28 "服务设置"对话框

在该对话框中可以进行各类服务的管理和配置,在后面的服务器管理中会经常使用。在"选择您想要激活的服务"列表中,列出了系统提供的所有服务,前边打"√"的表示系统启动时自动运行的服务。

例如,想要设置下次启动时不直接进入桌面系统,或停用 FTP 服务,可以在解锁后,首先选中想要停用的服务,如"图形登录管理器(gdm)"或"FTP 服务(vsftpd)",再将该服务前边的"√"去掉即可。

2.2.7 系统监视器

选择"系统"|"系统管理"|"系统监视器"命令,打开"系统监视器"窗口。切换选项卡可

查看系统资源,如硬件配置、操作系统、CPU 和内存工作状态以及文件系统等信息,如图 2-29 和图 2-30 所示。

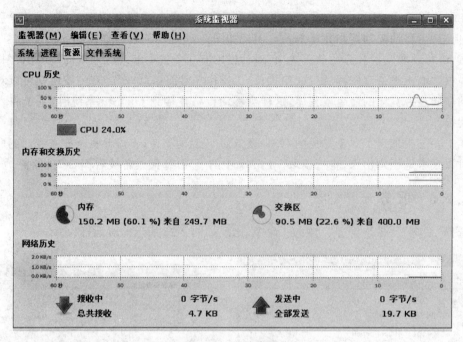

图 2-29 系统资源

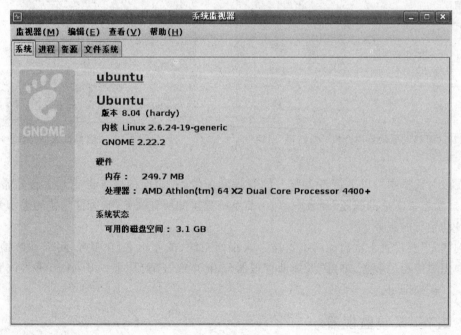

图 2-30 系统信息

任务 2.3　安装应用程序

本任务介绍在 Ubuntu 系统中安装软件的方法、使用功能强大的"新立得安装包管理器"和软件源,以及在图形界面中安装 DEB 包的方法。

2.3.1　新立得安装包管理器

在 Ubuntu 系统中,利用图形界面安装各类软件比较简单。主要步骤是:更新软件源,然后选择"系统"|"系统管理"|"新立得软件包管理器"命令;利用"搜索"命令查找相应的软件包,系统会自动选中有依赖关系的包,一起选中后单击"应用"按钮,确认选择并开始安装。

说明:其主界面如图 2-31 所示。上方显示了软件包名,前面的小方块显示其安装状态,实心表示该软件包已安装,空心的表示未完成,带箭头的表示该软件包将要安装。在软件包名上右击,可选择想要的各种操作。

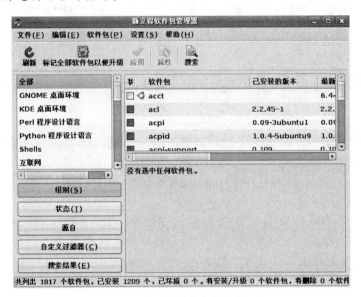

图 2-31　"新立得软件包管理器"窗口

【例 2-7】　利用新立得软件包管理器,安装 Apache 服务器软件包。

操作步骤如下。

(1) 选择"系统"|"系统管理"|"新立得软件包管理器"命令,输入管理员用户密码,单击"搜索"按钮,输入 Apache,结果如图 2-32 所示。

(2) 图中显示该服务已安装过,可以将其删除后,再重新练习安装的过程。

(3) 安装完成以后,启动服务,启动后对其配置文件不做任何改动,采用默认值 Apache 就可以很好地工作。用户也可以对 Apache 服务器做一简单的测试,在地址栏中输入 http://127.0.0.1 或 http://localhost,显示结果如图 2-33 所示,表示 Apache 服务器安装成功。

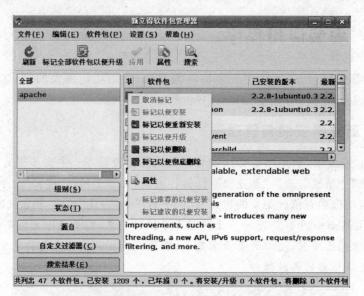

图 2-32　利用新立得安装 Apache 服务器

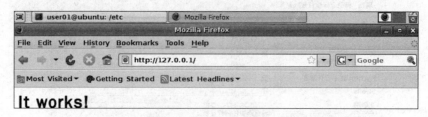

图 2-33　安装 Apache 后默认虚拟主机浏览结果

本书其他项目所需的各种服务器软件包，如 Samba、Apache、Vsftpd、BIND9、dhcp3-server、PostFix 等，都可以在图形模式下用"新立得软件包管理器"进行。

说明：在后续各种服务器的安装过程中，为了叙述的方便，主要以文本模式界面中的安装方式来进行。这里仅以安装 Apache 为例介绍图形化安装的步骤，其他不再一一介绍。

2.3.2　更新软件源

软件源是指通过一定的方式组织、集中放置软件包的地方，很多应用软件都可以在软件源中找到。软件源可以是网络服务器、光盘，甚至是硬盘上的一个目录。利用 Ubuntu 系统中的 APT 工具，只要设定好软件源，就能很方便地安装软件。

世界各地都有 Ubuntu 的软件源服务器。Ubuntu 安装时，系统会根据选择的时区来指定默认的软件源服务器，以加快用户的下载速度。例如，在安装时如果选择的时区为上海，则系统就会指定使用中国的 Ubuntu 软件源。

这里先介绍使用图形界面的软件源设置程序 synaptic。

打开 synaptic 程序,选择"系统"|"系统管理"|"新立得软件包管理器"命令。输入密码后,在"新立得软件包管理器"窗口上方选择"设置"|"软件库"命令,打开"软件源"窗口。在"下载自"列表中选择"其他",弹出如图 2-34 所示的"选择下载服务器"对话框,选择最佳服务器选项后,会测试所选的下载服务器,如图 2-35 所示。

图 2-34 "软件源"页面

图 2-35 测试下载服务器

"软件源"窗口中有 5 个选项卡,如图 2-36 所示。在"Ubuntu 软件"选项卡中除了可以选择软件源服务器外,还可以决定更新时包含的软件包类型。可供选择的软件包类型如下。

(1) main(主要):Ubuntu 官方维护的开源软件。
(2) universe(公共):Ubuntu 官方未进行维护,但社区在维护的软件。
(3) restricted(受限):官方维护的非开源软件,通常是与硬件相关的驱动程序软件包。
(4) multiverse(多元化):非 Ubuntu 官方维护的非开源软件(具有版权或使用限制)。
(5) 源代码:如果想下载源代码编译安装软件,则要选中该复选框。

有不少软件为 Ubuntu 设置了专门的安装/更新源,还有不少第三方的非官方源,都可以通过"第三方软件"选项卡来设置,如图 2-37 所示。单击"添加"按钮可以加入新的第三方软件源。如果想添加本地光盘源,直接单击"添加光驱"按钮,依照提示插入光盘并完成操作。

【例 2-8】 重新设置系统的软件源,加入本地源及其他一些专有软件源,设置系统为中文环境,使其具有 FCITX 中文输入法。

首先确认已联网并完成了更新软件源的设置,然后再继续下面的操作。
(1) 设置中文环境。选择"系统"|"系统管理"|"语言支持"命令,弹出"语言支持"窗口,如图 2-38 所示。在"支持的语言"列表中找到"汉语",并在它的右边打上"√",同时将"默认语言"修改为"汉语",并选中"启用复杂字符输入支持"复选框,单击"确定"按钮。Ubuntu 这时会下载并安装语言包。安装完毕,当用户注销后重新登录,界面就变成中文了。

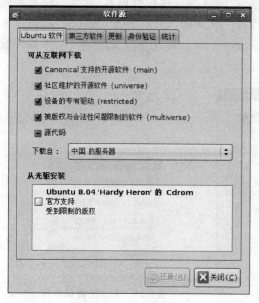
图 2-36 "软件源"窗口

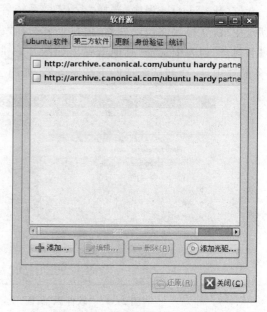
图 2-37 "第三方软件"选项卡

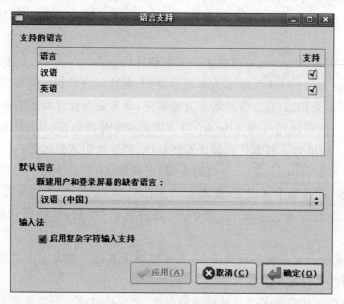
图 2-38 语言支持设置

(2) 安装输入法。小企鹅中文输入法(free Chinese input toy for X,FCITX)是一个以 GPL 方式发布的、在 Linux OS 中使用包括五笔、拼音、区位的输入法。

打开"新立得软件包管理器"窗口,搜索软件 fcitx,如图 2-39 所示,右击该软件并标记后安装即可。

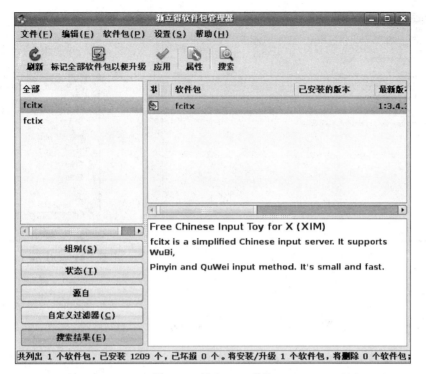

图 2-39 搜索 fcitx 软件

2.3.3 直接安装 DEB 包

这里以下载得到的 DEB 包 linuxqq_v1.0.2-beta1_i386.deb 为例来说明。

QQ for Linux 是腾讯公司发布的基于 Linux 平台的即时通信软件,共有.rpm、.deb 和.tar.gz 三种打包模式提供下载。QQ for Linux 与 Windows 版本的 QQ 2009 界面风格一致。它基于 GTK 编写,支持 KDE 和 Gnome 桌面系统。用户可以在 http://im.qq.com/qq/linux/download.shtml 下载 QQ for Linux 的安装包。

QQ for Linux 的安装过程很简单。如果下载的是 DEB 包,则可以直接双击打开"软件包安装-linuxqq"窗口,如图 2-40 所示,单击"安装软件包"按钮,输入管理员密码后开始安装。

选择"应用程序"|"网络"命令,在"腾讯 QQ"图标上右击,选择"将此启动器添加到桌面"命令,可在桌面创建快捷方式。登录 QQ for Linux 后,显示如图 2-41 所示的界面。

技巧:如果没有上网环境,可以利用光盘制作软件例如 WinISO 等,将下载得到的包做成光盘镜像文件,加载到系统中后再进行安装。

图 2-40 安装 DEB 软件包

图 2-41 QQ for Linux 界面

任务 2.4 办公套件 OpenOffice.org

2.4.1 OpenOffice.org 简介

OpenOffice 办公套件的官方名称是 OpenOffice.org，是 Linux 系统下的专业办公软件，它同时也是开源、自由、免费的。在 2006 年 5 月，它的文档格式被 ISO 国际标准化组织接纳为国际标准，1999 年被美国 SUN 公司购得，2000 年其源码通过两种授权协议，GNU 宽通用公共许可证（LGPL）与 SUN 工业标准源许可证（Sun industry standards source license，SISSL）公开发布，可以平稳地运行于 Windows、Linux 等平台下，并有多国语言版本，可以从其主页 http://www.openoffice.org 中下载。

OpenOffcie.org 套件与 Windows 系统中的 Office 办公软件类似，功能非常强大，运行稳定，主要包括电子表格、数据库、文字处理和演示文稿等常用的办公所需要的功能模块，文件可以保存为多种格式，用户可以把 OpenOffice.org 创建的文件保存为其默认的格式，也可以保存为与 Microsoft Office 兼容的格式，甚至可以将它保存为 PDF 格式的文件。

2.4.2 OpenOffice.org 的使用

选择"应用程序"|"办公"命令，可以看出 OpenOffice.org 包括 Evolution 邮件和日历、电子表格、数据库、文字处理和演示文稿等多个常用的办公模块。

1. OpenOffice.org Writer

OpenOffice.org Writer 用来编写文档，功能与 Microsoft Word 类似，可以把文档保存为想使用的格式，默认保存类型为 .odt，也可以保存为其他格式的文件如 PDF。OpenOffice.org Writer 的主界面如图 2-42 所示，包含格式、导航等常用窗口，具备丰富的文字处理功能、文档排版功能、灵活多样的样式、强大的绘图功能、专业表格的计算功能等。

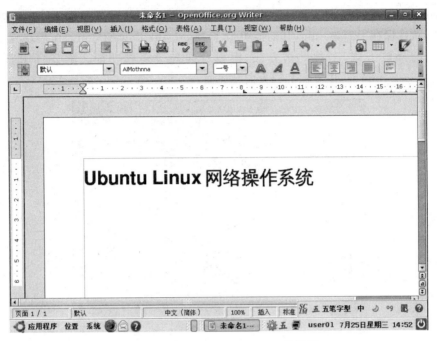

图 2-42　OpenOffice.org Writer 主界面

2．OpenOffice.org Calc

OpenOffice.org Calc 是一个电子表格应用程序，如图 2-43 所示，类似于 Microsoft Excel 电子表格处理程序，默认保存类型为.ods，能够创建电子表格并加以处理，能够完成数据录入、对一组单元格进行统计计算、根据包含在一组单元格中的数值来创建图表、打印输出等一系列电子表格处理功能，具备数据计算、直观图表显示、专业数据统计的功能。

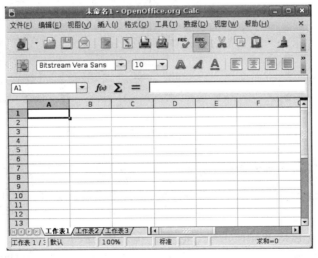

图 2-43　OpenOffice.org Calc 主界面

3. OpenOffice.org Impress

OpenOffice.org Impress 是一个能够制作幻灯片的工具，可以制作出精美而富有个性的幻灯片，默认保存类型为.odp，其功能类似于 Microsoft PowerPoint。该模块具备创建幻灯片、灵活的播放方式、多种导出方式、模板及向导等多种功能。图 2-44 和图 2-45 是 OpenOffice.org Impress 主界面和模板向导界面。

图 2-44　OpenOffice.org Impress 主界面

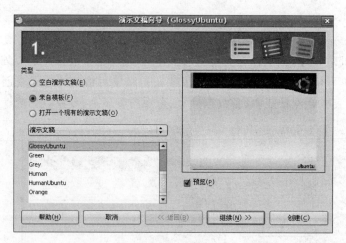

图 2-45　OpenOffice.org Impress 中的模板

4. OpenOffice.org 的基本操作

OpenOffice.org 的主界面是文件编辑区域，在其中可输入文本。工具栏上有"打开""保存""另存为"等命令，这里不再一一说明。

OpenOffice.org 包括 Writer、Calc、Impress 等模块，这与 Microsoft Office 由多个不同的软件组合在一起形成的办公套件完全不同。它实际上只有一个主程序，可以在任何一个

程序中创建所有类型的文档，操作也很简单，只须在"文件"|"新建"子菜单中选择所需的文件类型就可打开相应的程序和工具。例如，如果运行了 OpenOffice.org Writer，呈现在用户眼前的是 Writer 的界面、菜单和工具栏，但事实上这样就已经开启了所有的 OpenOffice.org 组件。因此在任意一个已有的 OpenOffice.org 窗口中都可以直接新建 OpenOffice.org 其他程序文件。

最后，用户可以制作一张介绍 Ubuntu 系统下 GNOME 特点的小报，并配以图片和图表丰富报纸的内容来实际体验一下 OpenOffice.org 办公套件的强大功能。

任务 2.5　总结项目解决方案的要点

（1）安装 GNOME 桌面环境。

```
root@ubuntu:~$ apt-get install ubuntu-desktop
```

（2）使用 GNOME。GNOME 桌面环境包括桌面、面板、面板上的部件如程序菜单、状态显示等部分。

（3）菜单是启动应用程序最常见的方法，很多应用程序都可以通过程序菜单来启动，菜单的使用方法和含义与 Windows 系统中的一致。

（4）"位置"包括一个名为 Nautilus 的文件管理器，它提供了系统和个人文件管理的图形界面。Nautilus 不仅能显示文件列表，它还允许用户用一个综合界面来配置桌面，配置 Ubuntu 系统、浏览影集、访问网络资源等。在文件夹管理窗口中可以打开和查看系统的整个文件与目录组织结构。

（5）退出 GNOME。如果想退出 X Windows，按 Ctrl+Alt+Backspace 组合键即可退出 GNOME 环境。

（6）启动时可以选择进入文本模式界面或图形界面。

```
root@ubuntu:~$ telinit 3        //重启后，将进入文本模式界面
root@ubuntu:~$ telinit 5        //重启后，将进入图形界面
```

（7）"系统"菜单类似于 Windows 系统中的控制面板，主要有两个子菜单，一个是"首选项"，另一个是"系统管理"。

（8）配置网络包括设定网卡的 IP 地址、DNS 地址等。

（9）网络工具包括设备、Ping、网络统计、Traceroute、端口扫描、查阅、Finger、Whois。

（10）用户和组可以在图形界面中进行直观方便的管理。

（11）图形化安装应用程序。①更新软件源；②打开"新立得软件包管理器"窗口；③利用"搜索"命令查找并选定软件包后单击"应用"按钮。

（12）软件源是集中放置软件包的地方，利用 Ubuntu 系统中的 APT 工具，只要设置好软件源，就能很方便地安装软件。

(13) 对 DEB 包可以直接双击进行安装。

(14) OpenOffcie.org 办公套件与 Windows 系统中的 Office 办公套件类似,功能非常强大,主要包括电子表格、数据库、文字处理和演示文稿等常用的办公所需要的功能模块,文件可以保存为多种格式。

项目小结

在转移到 Linux 系统之前,需要对系统有所了解。X Windows 系统是一种以位图方式显示的软件窗口系统,桌面环境 GNOME 和 KDE 是以 X Windows 系统为基础建构成的套件。有 Windows 使用经验的用户,可以快速熟悉 Linux 图形模式下的常用管理和基本操作。

本项目介绍了 GNOME 软件包的安装和组成、文件管理器的使用,以及如何在图形模式下对用户和组、网络以及安装和更新应用程序,最后简要说明了 OpenOffice 办公软件的基本使用。

自主实训任务

1. 实训目的

(1) 通过本次实训,掌握在桌面环境中管理用户和组、设置 IP 地址的方法。

(2) 通过本次实训,掌握在图形界面中安装软件的方法。

(3) 通过本次实训,掌握 OpenOffice.org 办公套件的使用方法。

2. 实训任务

(1) 在已装有 GNOME 桌面的 Ubuntu 系统中安装 KDE 桌面系统。

(2) 配置本机 IP 地址,并使用网络工具检查配置情况。

(3) 新添加一个用户 user03,并根据需要设置其相应的权限。

(4) 使用 Nautilus 创建、复制、删除文件或文件夹。

(5) 使用 OpenOffice 软件制作本班课程表或自己的个性化简历。

思考与练习

1. 选择题

(1) Ubuntu 系统默认安装的是( )桌面环境。

    A. KDE   B. GNOME   C. Xface   D. Fluxbox

(2) 以下( )不是 OpenOffice.org 办公套件中的模块。

    A. Writer   B. Impress   C. GIMP   D. Draw

(3)"用户与组"在(　　)菜单中。
　　A. 位置　　　　　B. 开始　　　　　C. 系统　　　　　D. 控制面板
(4)下列(　　)不是"系统管理"菜单中的选项。
　　A. 服务　　　　　B. 软件源　　　　C. 电源管理　　　D. 网络工具
(5)下列(　　)不是"首选项"菜单中的选项。
　　A. 默认打印机　　B. 蓝牙　　　　　C. 屏幕分辨率　　D. 时间和日期

2. 填空题

(1) Ubuntu 系统主要提供_____与_____等桌面环境。
(2) GNOME 桌面环境包括_____、_____、_____和_____等部分。
(3) 配置网络包括设定网卡的_____、_____等。
(4) 图形化安装应用程序的两个步骤是：①_____；②_____。
(5) _____是集中放置软件包的地方，利用 Ubuntu 系统中的_____工具，能很方便地安装软件。

3. 简答题

(1) 如何理解 X Windows 系统中客户/服务器模型？
(2) 说出 X 协议与其他协议如 TCP/IP 之间的不同。
(3) Ubuntu 系统下常用的软件有哪些？

项目 3 命令行操作——使用 Shell 命令

教学目标

通过本项目的学习,掌握 Linux 的 Shell 命令,了解 Linux 的文件系统,能对文件和目录进行各种管理操作,了解进程和作业管理的基本内容。

教学要求

本项目的教学要求见表 3-1。

表 3-1 项目 3 教学要求

知识要点	能力要求	关联知识
Shell 基本命令	(1) 掌握 Shell 命令格式 (2) 掌握基本的 Shell 命令	Shell 命令格式
浏览文件系统	(1) 掌握 Linux 操作系统的目录结构 (2) 掌握 Linux 文件系统类型、结构及路径 (3) 掌握文件及文件夹的查看方法 (4) 掌握文本内容的显示和处理方法 (5) 掌握文件查找类命令的使用方法	pwd、cd、ls、cat、more、less、head、tail、file、grep、stat、who、whoami、hostname、dmesg、whereis、locate、find 等命令的基本用法
管理普通文件	(1) 掌握使用通配符的方法 (2) 掌握文件及文件夹的创建与删除方法 (3) 掌握文件及文件夹的复制与移动方法 (4) 掌握文件及文件夹的归档、打包方法	*、?、[ ]、mkdir、rm、cp、rm tar、gzip 等命令的基本用法
管理特殊文件—设备	(1) 掌握设备文件 (2) 掌握设备挂载与卸载的方法	标准文件、fstab 文件 mount 命令
文件管理进阶	(1) 掌握硬链接与软链接的用法 (2) 掌握文件重定向的用法 (3) 掌握管道和过滤	ln、>、>>、|、gerp 等命令的基本用法
进程和作业管理	(1) 掌握进程管理的方法 (2) 掌握作业管理的方法	kill、killall、at、crontab 等命令的基本用法
自主实训	自主完成实训所列任务	各种 Shell 命令及用法

重点与难点

(1) Ubuntu 的文件系统。
(2) 文件和目录的创建、复制、移动、删除等操作。
(3) 文件和目录的归档、打包,以及管道和过滤等命令的用法。
(4) 设备文件、进程和作业的基本管理。

项目概述

Linux 操作系统的一个重要特点是提供了丰富的命令。对用户来说,如何在文本模式下实现对 Linux 的各种管理,是衡量用户 Linux 应用水平的一个重要方面。

项目设计

掌握在终端中利用 Shell 命令查阅系统信息、了解 Linux 系统文件及结构,掌握对文件和目录进行诸如查看、复制、移动、删除、压缩备份、磁盘挂载、管道、重定向以及进程和作业控制等命令,可根据需要完成各种管理操作任务。

任务 3.1　认识 Shell

在项目 1 中介绍了各种启动 Shell 程序的方法,本项目的内容都可以通过选择"应用程序"|"系统工具"|"终端"命令来打开虚拟终端,这时就启动了 Shell。在终端下输入的命令就是靠 Shell 来解释执行完成的。一般的 Linux 系统不仅有图形界面,还有文本模式界面,在没有安装图形桌面的 Linux 系统中,开机就自动进入文本模式界面,这时就启动了 Shell,在该界面下可以输入命令与系统进行交互。

3.1.1　认识 Shell 命令

1. Shell 命令的一般格式

在前面的项目中看到的 Linux 命令,其实就是 Shell 命令,其一般形式如下。

```
command [-options] [parameter1 parameter2...]
```

说明:

(1) command 为命令的名称,例如,查看当前文件夹下文件或文件夹的命令是 ls。

(2) [-options]是可选项,是对命令的特别定义,以连字符(-)开始,多个选项可以用一个连字符(-)连起来,如 ls -l -a 与 ls -la 相同。

(3) [parameter1 parameter2...]为跟在可选项后面的参数,或者是 command 的参数。参数可以是文件,也可以是目录,可以是 0 个也可以是多个,有些命令必须使用多个操作参数,如 cp(copy 的缩写)命令必须指定源操作对象和目标对象。

(4) command、-options、parameter1 等项目之间以空格隔开,不论几个空格,Shell 都视为一个。

2. 输入命令时键盘操作的一般规律

(1) 命令、文件名、选项、参数等都要区分大小写,如 cd 与 CD 是不同的。
(2) 命令、选项、参数之间必须有一个空格或多个空格。
(3) 命令太长时,可以使用"\"符号来转义换行符,可以实现一条命令跨多行。
(4) 按 Enter 键后,该条命令才会被执行。

3.1.2　显示系统信息的命令

1. who——查看用户登录

who 命令主要用来查看当前有哪些用户登录到本台机器上。

格式：

```
who [-a]
```

选项：-a，显示所有用户的所有信息。

【例 3-1】 显示当前系统中登录的用户。

```
root@ubuntu:~ $ who
root    tty7         2022-01-09 10:43 (:0)
root    pts/0        2022-01-09 10:43 (:0.0)
```

提示：在 Ubuntu 文本模式界面下，在命令前的 root@ubuntu:~ $ 中，root 表示登录用户名；ubuntu 表示计算机名；而":"后边表示的是用户当前目录，最后的字符为命令提示符。Ubuntu 系统默认使用普通用户账户登录，默认的命令提示符为"$"。如果使用 root（即超级用户）登录系统，则默认的命令提示符为"#"。

2. whoami——显示当前操作用户

例如，显示当前的操作用户的用户名的命令如下。

```
root@ubuntu:~ $ whoami
root
```

3. hostname——显示或设置系统的主机名

例如，显示当前系统的主机名的命令如下。

```
root@ubuntu:~ $ hostname
ubuntu-desktop
```

4. dmesg——显示开机信息

如果开机时来不及查看信息，可利用 dmesg 来查看。开机信息保存在 /var/log 目录中名为 dmesg 的文件里。

例如，查看本机的开机信息的命令如图 3-1 所示。

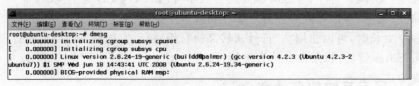

图 3-1 执行命令 dmesg 后显示的部分内容

5. clear——清除屏幕

该命令相当于 DOS 下的 cls 命令。

6. date——显示日期命令

如果想在文本界面下查看当前时间,那么可以执行 date 命令来查看时间。

```
root@ubuntu:~ $  date
2022 年 01 月 09 日 星期一 14:13:32 CST
```

7. cal——显示日历命令

如果想要查看当前月份的日历,可以执行 cal 命令查看。

```
root@ubuntu:~ $ cal
```

8. finger——显示主机系统中用户的信息

格式:

```
finger [用户名@主机]
```

例如,显示用户当前登录的主机上的所有登录用户信息的命令如下。

```
root@ubuntu:~ $ finger
Login      Name    Tty      Idle    Login   Time      Office   Office Phone
root       root    tty1             Aug 4   10:21(:0)
test               pts/0            Mar 4   11:05(:0.0)
```

注意:finger 命令要求主机要提供 finger 服务,否则会连接失败。

3.1.3 Shell 使用技巧

1. 命令历史

若要查看最近使用过的命令,可以在终端中执行 history 命令。

更简单的方法是利用↑和↓键,可以把最近执行过的命令找回来,减少输入命令的次数,在需要使用重复执行的命令时非常方便。例如,每按一次↑键,就会把上一次执行的命令显示出来。

2. 命令自动补全

输入命令的前半部分,然后按 Tab 键,Shell 将自动补齐该命令的剩余部分。如果输入的命令部分比较少,不足以被 Shell 识别为单一的命令,将会给出与输入部分相匹配的文件或路径名的列表。

3. 命令别名

格式：

```
alias 别名＝"命令"
```

例如，alias l="ls -l"的含义是用字母 l 代替命令 ls -l。

取消别名用 unalias 命令，如 unalias l。单独无参数的命令 alias 将显示所有已定义的别名。

4. 波浪线

"～"表示当前用户的主目录（home 目录），例如用户是 user01，那么"～"代表目录/home/user01。

5. 帮助命令

Linux 中的命令很多，每个命令的参数也不止一个，不可能也没有必要全部记下来，可以充分利用 Shell 提供的命令 man，或--help 选项来了解每条命令特别是其参数的详细用法。

例如，如果不知道怎么使用 history 命令，可以执行 man 命令。

```
root@ubuntu:~ $ man history
root@ubuntu:~ $ history  -- help        //help 前边是两个连字符
```

执行命令后就可以查看 history 命令的使用说明及参数等选项，查阅完毕后按 Q 键可退出。充分利用互联网和社区 www.ubuntu.com 可获得更多的帮助。

任务 3.2 浏览文件系统

文件系统是 Linux 操作系统的重要组成部分。文件系统中的文件是数据的集合，文件系统不仅包含文件中的数据而且还有文件系统的结构，还包含所有 Linux 用户和程序用到的文件、目录、软链接及文件保护信息等内容。

3.2.1 Linux 文件及目录结构

1. Linux 操作系统的目录结构

Linux 在安装完成以后，会自动建立起一套完整的目录结构。虽然各个 Linux 发行版本之间有些差异，但是基本上都会遵循传统 Linux 操作系统建立目录的方法，即最底层的目录叫根目录，用"/"表示，在根目录下主要有如图 3-2 所示的目录。

Linux 的文件系统结构不同于 Windows 系统，只有一个文件树，整个文件系统是以一个树根"/"为起点，所有的文件和外

图 3-2 Linux 系统的部分主要目录结构

部设备都以文件的形式挂在这个文件树上，包括各种外设如硬盘、光驱、打印机等。Linux 发行版本的根目录大都含有/bin、/etc、/lost＋found、/sbin、/var、/boot、/root、/home、/mnt、/tmp、/dev、/lib、/proc、/usr 等子目录。对于 Ubuntu 来说，在进入系统后，选择"位置"|"计算机"|"文件系统"命令，即可查看 Ubuntu 系统的默认的目录，其结构如图 3-2 所示。

主要目录说明如下。

/boot：boot 目录存放启动 Linux 时用到的一些核心文件，包括一些链接文件以及镜像文件。

/bin：bin 目录存放系统基本的用户命令，也是最小系统所需要的命令，如 ls、cp、mkdir 等。其功能和/usr/bin 类似，这个目录中的文件都是可执行的，普通用户都可以使用。

/home：home 目录是普通用户的主目录。在 Linux 中，每个用户都有一个自己的目录，一般该目录名是用户的用户名。每建一个用户，就会在这里新建一个与用户账户同名的目录，为该用户分配一个空间。例如有个用户叫 user01，则其主目录就是/home/user01，这个目录主要存放与个人用户有关的私人文件。

/etc：etc 目录用来存放系统管理所需要的配置文件和子目录。该目录的内容一般只能由管理员进行修改，如密码文件、网卡配置文件、服务器配置文件等都在此目录中。

/dev：dev 目录用来存放 Linux 的外部设备文件。

/var：var 目录用来存放系统中经常要变化的文件，例如，/var/log 用来存放系统日志，var/www 目录用来存放 Apache 服务器站点。

/media：media 目录主要用于挂载多媒体设备。通常有 cdrom 与 floppy 两个子目录。

/root：root 目录是系统管理员（也叫超级用户）的主目录。

/mnt：mnt 目录是空的，系统提供这个目录的目的是让用户临时挂载别的文件系统。

/tmp：tmp 目录用来存放一些临时文件。

/lost＋found：这个目录平时是空的，当系统不正常关机再开机后进行系统修复时恢复的文件存放于此目录中。

/sbin：sbin 目录用于存放系统基本的管理命令，拥有管理员用户权限才可以执行。

/usr：usr 目录是系统存放程序的目录，用户要用到的应用程序和文件几乎都存放在这个目录下，如命令、帮助文件等。安装 Linux 发行版官方提供的软件包时，系统文件大多安装在这里。例如，该目录下包含的主要子目录有：/usr/X11R6，存放 X Windows 的目录；/usr/bin，存放应用程序；/usr/sbin，给超级用户使用的一些管理程序就放在这里；/usr/doc，Linux 文档的存放目录；/usr/lib，存放一些常用的动态链接库和静态档案库；/usr/local，提供给一般用户的/usr 目录，在这里安装软件最适合；/usr/man，这里就是帮助文档的存放目录；/usr/src，Linux 开放的源代码就存在这个目录中。

2．路径与目录

路径是目录或文件在系统中的存放位置。比如想要编辑 host.conf 文件，首先要知道它存放在哪里，即所在的位置，这时就需要用路径来表示。

路径是由目录或目录和文件名组合构成的。例如,/etc 就是一个路径,而/etc/host.conf 也是一个路径。

路径的分类如下。

(1) 绝对路径:从"/"(根目录)开始的路径,例如,/usr/local/bin 就是绝对路径,它指向系统中一个绝对的位置。

(2) 相对路径:路径的写法不是由"/"开头,如果当前位于/usr 目录,那么相对路径 local/bin 所指示的位置为/usr/local/bin,也就是说,相对路径所指示的位置,除了相对路径本身,还受到当前位置的影响。

例如,Linux 系统中常见的目录/bin、/usr/bin、/usr/local/bin,如果只有一个相对路径 bin,那么它指示的位置可能是上面 3 个目录中的任意一个,也可能是其他目录。一些特殊符号所表示的含义如表 3-2 所示。

表 3-2　特殊符号表示的目录

符　号	表示的目录含义
.	表示用户所处的当前目录
..	表示上级目录
~	表示当前用户的 home 目录

3.2.2　Linux 文件及目录查看类命令

在 Linux 中,有关文件和目录的查看命令有 cat、more、less、pwd、ls、cd 等。

1. pwd——显示工作目录

pwd 是 print working directory(显示工作目录)的缩写,就是显示当前所在的目录,以绝对路径的形式显示。

每次打开终端时,都会处在某个工作目录中,一般开启终端后默认的"当前工作目录"是用户的主目录。例如:

```
root@ubuntu:~ $ pwd
/root
root@ubuntu:~ $ cd /etc/network        //切换工作目录
root@ubuntu:/etc/network $ pwd
/etc/network                           //当前工作目录已改变
```

2. cd——切换目录

cd 是 change directory(切换目录)的缩写,它用来切换当前工作目录。

格式:

```
cd [相对路径或绝对路径]
```

如果只输入 cd,未指定目标目录名,则返回当前用户的主目录,等同于 cd ~。一般用户的主目录默认在/root 下,如 root 用户默认的主目录为/root。为了能够进入指定的目录,用户必须拥有对指定目录的执行和读权限。

【例 3-2】 以 root 身份登录到系统中,进行以下目录切换等操作。

(1) 切换到 user01 的主目录,执行以下命令。

```
root@ubuntu:~ $   cd        //或 cd ~
root@ubuntu:~ $   pwd
/root
```

cd 后的"~"符号表示登录用户的主目录。返回到用户主目录也可以直接执行 cd 命令。

(2) 切换到/etc/init.d 目录,执行以下命令。

```
root@ubuntu:~ $   cd /etc/init.d
root@ubuntu:/etc/init.d $   pwd    //注意提示符中的变化,已显示当前路径
/etc/init.d                        //用 pwd 命令再次查看当前工作目录
```

(3) 返回上层目录,执行以下命令。

```
root@ubuntu:/etc/init.d $   cd ..    //注意 cd 后边至少要有一个空格
root@ubuntu:/etc $   pwd
/etc
```

"."表示当前所在的目录;".."表示当前目录的上层目录。另外,这是绝对路径的写法,即路径都要从"/"根目录开始。

(4) 使用相对路径访问目录,执行以下命令。

```
root@ubuntu:/etc $   cd init.d    //从当前目录开始的相对路径
root@ubuntu:/etc/init.d $   pwd
/etc/init.d
```

这是相对路径的写法,实现由目录/etc 切换到目录/etc/init.d。

3. ls——显示指定目录的清单

ls 命令是 list 的缩写,不加选项时 ls 用来显示当前目录清单,是 Linux 下最常用的命令之一。通过 ls 命令不仅可以查看 Linux 文件夹包含的文件,还可以查看文件、目录的权限信息等。

格式:

```
ls [选项] [目录或文件名]
```

选项：
(1) -a，显示所有文件，包含隐藏文件；包括"."和".."。
(2) -d，仅可查看目录的属性参数及信息。
(3) -l，长格式输出，包含文件属性。
(4) -h，显示文件或目录的大小。
(5) -L，递归显示，即列出某个目录及其子目录下的所有文件和目录。
例如，列出当前目录下的文件及目录名：

```
root@ubuntu:~ $ ls
```

例如，输出目录/etc下的文件或目录的详细信息，用长格式输出：

```
root@ubuntu:~ $   ls -l  /etc
```

在输出的结果中有许多细节信息，共8栏，各栏之间用空格分开，如图3-3所示。

图3-3　命令 ls -l

第1栏是文件的权限标志，将在本书项目4进行详细的介绍。这些标志通常表明了某个文件的类型以及其他用户是否能够对这个文件进行读、写(修改或者删除)或运行等操作。

提示：在文本模式下，Linux的文件类型由第1栏第1列表示。其中，d表示目录；-表示文件；l表示链接文件，类似于Windows中的快捷方式；b表示块设备文件；c表示字符设备文件。

第2栏是这个文件的链接个数。
第3栏是文件所有者的用户名。
第4栏是这个用户所在的用户组组名。所有者和用户组的概念将在后面的项目中讨论。
第5栏给出文件的长度。
第6、第7栏两栏是这个文件或者子目录创建或者最后一次被修改时的日期和时间。
第8栏是这个文件的文件名。
Linux系统在文件模式下可用颜色来区分文件类别。默认情况下，蓝色代表目录，绿色代表可执行文件，红色代表压缩文件或档案文件，浅蓝色代表链接文件，灰色代表其他文件。

4. stat——显示文件或文件系统状态信息

stat 命令用来显示文件或文件系统状态信息。

例如,显示/etc/passwd 的文件系统信息:

```
root@ubuntu:~ $  stat  /etc/passwd
```

stat 命令的执行结果如图 3-4 所示。

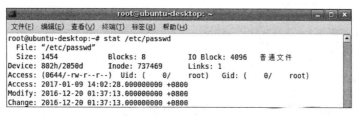

图 3-4　命令 stat

通过该命令可以查看文件的大小、类型、结点、访问权限、访问和修改时间等相关信息。

3.2.3　文本内容的显示和处理

如果要查看文件的具体内容,有许多命令可以做到,如 cat、more、less、head、tail 等。

1. cat——显示文件的内容

cat 是 concatenate(连续)的缩写,主要功能是将一个文件的内容连续地输出在屏幕上,或者是将多个文件合并成一个文件。

格式:

```
cat [-n]　文件名
```

选项:-n,显示行号。

例如,查看/etc/passwd 文件内容:

```
root@ubuntu:~ $   cat  /etc/passwd
```

运行结果如图 3-5 所示。

图 3-5　命令 cat

以上命令将会以连续方式显示 passwd 文件的内容。

2. more——逐屏显示文件中的内容(仅向前翻页)

用户在查看文件内容时,如果文件内容很多,看起来非常不方便,more 和 less 命令可以让用户逐屏翻动查看,一次阅读一屏,这在阅读大量使用手册页时特别有帮助。

例如,用 more 命令查看/etc/passwd 文件:

```
root@ubuntu:~ $   more   /etc/passwd
root:x:0:0:root:/root:/bin/bash
daemon:x:1:1:daemon:/usr/sbin:/bin/sh
…
--more--(61%)
```

如果 more 后面接的文件长度大于屏幕输出的行数,就会出现类似上面的内容,在上面的例子中最后一行显示出当前已显示内容所占的百分比。

3. less——逐屏显示文件中的内容(可前后翻页)

less 命令的功能比 more 命令更强大,用法比 more 更灵活,可以往前和往后翻屏。less 实际上是 more 的改进版,其命令的直接含义是 more 的反义。less 的功能比 more 更灵活。

以下几个键的使用同样适用于 less 和 more。例如,使用 PgUp 键可以向前移动一屏,使用 PgDn 键可以向后移动一屏,使用 ↑ 键可以向前移动一行,使用 ↓ 键可以向后移动一行。Q 键、Enter 键、Space 键的功能和 more 类似。

4. head——查看具体文件的前几行

head 命令用来查看具体文件的前面几行的内容,默认显示前 10 行。

格式:

```
head [-n number]   文件名
```

选项:-n,后面接数字,表示显示几行。

例如,显示文件/etc/passwd 的前 15 行:

```
root@ubuntu:~ $   head    /etc/passwd
root@ubuntu:~ $   head   -n 15    /etc/passwd
```

5. tail——查看文件的最后几行

tail 命令用来查看文件的最后几行的内容,默认显示最后 10 行,通常使用 tail 来观察日志文件被更新的过程。

格式:

```
tail [-n number]   文件名
```

选项：-n，后面接数字，表示显示几行。
例如，显示日志文件/var/log/messages 的最后 5 行：

```
root@ubuntu:~ $   tail   /var/log/messages /messages
root@ubuntu:~ $   tail   -n 5   /var/log/messages/messages
```

6. file ——显示文件或目录的类型

如果想知道某个文件的基本信息，例如，文件及 ASCII 文件、数据文件、二进制文件，都可以利用 file 命令来查看。

格式：

```
file 文件或目录名
```

例如，查看/var/log 目录下 messages 文件类型：

```
root@ubuntu:~ $   file   /var/log messages
messages: ASCII text
```

通过这个命令可以判断文件的格式。
例如，查看 interfaces 文件的类型（该文件在目录/etc/network 下）：

```
root@ubuntu:~ $   file  /etc/network/interfaces
/etc/network/interfaces: ASCII text
```

结果显示 interfaces 是一个 ASCII 纯文本文件。

3.2.4 文件查找类命令

系统配置文件一般分门别类地存放在目录/etc 下以及该目录的各级子目录下，但具体的存放位置会因为发行版本的不同而有些差异。用户在使用系统时，经常要对文件进行查找或搜索，在 Linux 中提供了如 whereis、locate 和 find 等命令来实现查找功能。whereis 与 locate 使用了数据库来搜索数据，所以速度较 find 更快一些。

1. whereis——查找文件位置

whereis 用于查找可执行文件、源代码文件、帮助文件在文件系统中的位置。
格式：

```
whereis [选项]   文件或目录名
```

选项：
（1）-b，只查找二进制文件。

（2）-m，只查找说明文件。
（3）-s，只查找源文件。

例如，搜索名为 passwd 的文件，执行的命令及结果如图 3-6 所示。

图 3-6　命令 whereis

可以看到，与 passwd 有关的文件名都会被列出来。

2．locate——查找绝对路径中包含指定字符串的文件

locate 使用比较简单，直接在后面输入"文件的部分名称"后就能够得到结果。例如，输入 locate passwd，那么在完整文件名（包含路径名称）中只要有 passwd，就会显示出来。如果忘记某个文件的完整文件名时，这也是一个很好用的查找命令。

格式：

```
locate 字符串
```

例如，列出所有名字中包含"passwd"的文件，执行的命令及结果如图 3-7 所示。

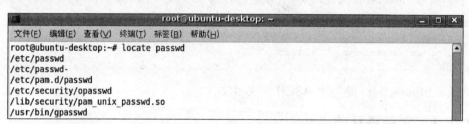

图 3-7　命令 locate

只要在完整文件名中包含"passwd"的都会被显示出来。

3．find——查找命令

在某一目录及其所有的子目录中快速搜索具有某些特征的目录或文件，可以使用 find 命令。

格式：

```
find [目录名] [选项] [ - exec command]
```

说明：

（1）目录名使用绝对路径或相对路径都有效。如果省略，则默认是当前工作目录。

（2）常用的选项有 -name 和 -type 等。

（3）-exec 表示把搜索结果的目录或文件名传送给命令 command 作为参数，并逐一运行带参数的命令 command。

命令中可用通配符，如"＊""？"等。

例如，查找在 /etc 目录下文件名为 hosts 的文件：

```
root@ubuntu:~$ find  /etc   -name  hosts
```

4．which 命令——确定程序的具体位置

例如，执行以下命令后，以绝对路径形式显示 find 命令所处的位置。

```
root@ubuntu:~$ which  find/
/usr/bin/find
```

任务 3.3　管理普通文件

文件几乎是用户的全部资源，用户对它们的操作应该非常熟悉。本任务介绍文件和目录的创建、移动、复制、删除，以及归档、压缩和备份。

3.3.1　使用通配符

文件名是命令中最常用的参数。用户很多时候只知道文件名的一部分，或者用户想同时对具有相同扩展名或以相同字符开始的多个文件进行操作。

Shell 提供了一组称为通配符的特殊符号，用于模式匹配。常用的通配符有 ＊、？和方括号 [ ]，其作用见表 3-3。

表 3-3　通配符及其说明

通配符	说　　明
＊	匹配任何字符和任何数目的字符组合
？	匹配任何单个字符
[ ]	匹配任何包含在括号中的单个字符

【例 3-3】 通配符 ＊、？、[ ] 的使用。

打开终端，先在 user01 用户的主目录下创建一个测试用的目录如 test，在该目录中再创建几个测试用的文件如 file1、file2、file3、file11、file22、file33 等。

```
root@ubuntu:~ $ mkdir test                      //创建测试目录
root@ubuntu:~ $ cd  ~/test                      //进入目录,执行后注意提示符的变化
root@ubuntu:~/test $ touch  file1  file2  file3  file11  file22  file33  //创建文件
root@ubuntu:~/test $  ls  file*                 //显示以 file 开头的所有文件
file1 file2 file3 file11 file22 file33          //显示结果
root@ubuntu:~/test $  ls   *3*                  //显示文件名中包含 3 的所有文件
file3  file33
```

以下是通配符?的使用示例。

```
root@ubuntu:~/test $   ls  f???2*        //显示文件名以 f 开头,第 5 个字符为 2 的所有文件
file2  file22
root@ubuntu:~/test $   ls  ??????        //显示文件名为 6 个字符的所有文件
file11  file22  file33
```

以下是通配符[]的使用示例。

```
//显示文件名第 5 个字符为 1~3 的所有文件
root@ubuntu:~/test $   ls  file[1-3]
file1  file2  file3
//显示文件名第 5、第 6 个字符为 1~3 的所有文件
root@ubuntu:~/test $   ls file[1-3][123]
file11  file22  file33
```

上面的例子中,//表示注释。通配符[]用来匹配括号中给出的字符或字符范围,仅代表指定的一个字符的范围。方括号中的字符范围可以由直接给出的字符组成,也可以由表示限定范围的起始字符、终止字符及中间的连字符"-"组成。

注意:通配符 * 可匹配多个字符,?、[ ]只能匹配单个字符。连字符"-"仅在方括号内有效,表示字符范围,如果位于方括号之外就被认为是普通的字符。而 * 和 ? 仅在方括号外有效,表示它是通配符,如果出现在方括号之内,就被认为是普通的字符。

由于 *、? 和[ ]对于 Shell 来说具有比较特殊的意义,因此在给文件或目录命名时不要使用这些字符。

3.3.2 文件及目录的创建

1. touch——生成文件或修改文件的存取时间

touch 命令用来修改文件的存取时间,如果指定的文件不存在,则会生成一个空文件。
格式:

```
touch  [选项] 文件或目录名
```

选项:

(1) -d yyyymmdd,把文件的存取/修改时间格式改为 yyyymmdd。
(2) -a,只把文件的存取时间改为当前时间。
(3) -m,只把文件的修改时间改为当前时间。
例如,创建一个或多个文件:

```
root@ubuntu:~$  touch  file111.txt                    //创建一个文件
root@ubuntu:~$  touch  file111.txt file222.txt        //同时创建多个文件
```

把当前目录下的所有文件的存取和修改时间改为当前系统时间:

```
root@ubuntu:~$  touch *
root@ubuntu:~$  ls -l        //查看修改的结果
```

以下命令把目录/root/test 下的所有文件的存取和修改时间改为 2022 年 5 月 16 日。

```
root@ubuntu:~$  touch  -d  20220516  /home/user01/test/ *
root@ubuntu:~$  ls -l  /root/test                             //查看修改的结果
```

2. mkdir——创建新目录

创建新目录的命令是 mkdir,该命令创建指定的目录名,要求创建目录的用户对当前目录拥有写权限,并且指定的目录不能是当前目录中已有的目录。可以使用绝对路径表示,也可以使用相对路径表示。

格式:

```
mkdir [-m] [-p] 目录名
```

选项:
(1) -p,创建目录时,如果父目录不存在,则此时可以与子目录一起创建,也就是可以实现一次创建多个层次的目录。
(2) -m,给创建的目录设定权限,默认权限为 drwxr-wr-x。
例如,在/tmp 下创建 dir1 和 dir2 目录,然后在 dir1 下再创建目录 dir11。
方法 1:依次创建目录。

```
root@ubuntu:~$   mkdir  /tmp/dir1  /tmp/dir2
root@ubuntu:~$   mkdir  /tmp/dir1/dir11
```

方法 2:利用-p 选项一次完成。为了对比,再创建目录 dir3、dir4、dir3/dir33。

```
root@ubuntu:~$   mkdir  -p  /tmp/dir3/dir33  /tmp/dir4
```

在 dir3 目录下创建 dir33 目录时,如果 dir3 目录不存在,那么同时创建 dir3 目录。

创建目录时,既可以用绝对路径,也可以用相对路径,当然也可以直接进入/tmp 目录,再利用相对路径创建以上的目录。

3.3.3 文件及目录的删除

1. rmdir——删除目录

格式:

```
rmdir [-p] 目录名
```

选项:-p,如果删除一个目录后,其父目录为空,则将其父目录一同删除,也可以说删除父目录时,父目录下应无其他文件或目录。目录名可以使用绝对路径表示,也可以使用相对路径表示。

例如,删除/tmp/dir1 目录:

```
root@ubuntu:~$  rmdir  /tmp/dir1
```

如果/tmp/dir1 目录下还有 dir11 目录,则无法删除。如果一定要删除,必须先删除 dir11。

```
root@ubuntu:~$  rmdir  /tmp/dir1/dir11
root@ubuntu:~$  rmdir  /tmp/dir1
```

所以,如果一个目录不为空,则无法删除该目录。rmdir 命令不能删除非空目录,这样使用起来很不方便,可以考虑用 rm 命令。

2. rm——删除文件或目录

rm 既可以删除一个目录中的一个或多个文件或目录,也可以将某个目录及其下的所有文件及子目录均删除。

格式:

```
rm [-fir] 文件或目录名
```

选项:
(1) -r,删除某个目录及其中所有的文件和子目录。
(2) -f,强制删除,删除文件或目录时不提示用户。
(3) -i,在删除前会询问用户。

例如,删除当前目录下的所有以 file 开头的文件,但子目录和以"."开头的文件(即隐含文件)不删除:

```
root@ubuntu:~ $   rm   file *
```

例如,删除/tmp 目录下所有以 dir 开头的目录,包括其下的所有文件和子目录,并且不提示用户确认:

```
root@ubuntu:~ $   rm   -r   /tmp/dir *
```

执行该命令后,不论/tmp 下的以 dir 开头的目录是否为空,也不论其下有无子目录,都将被直接删除。

3.3.4 文件及目录的复制

要将一个文件或目录复制到另一文件或目录中可以使用 cp 命令。

该命令参数很多,除了单纯的复制之外,还可以创建链接文件、复制整个目录、在复制的同时给文件改名等。在这里仅介绍几个常用的参数。

格式:

```
cp  [选项]   源文件或目录名 目标文件或目录名
```

选项:

(1) -r,递归复制目录,即包含目录下的各级子目录。

(2) -f,强制复制,不论目标文件或目录是否已存在。如果目标文件或目录已存在,就先删除它们再复制(即覆盖),并且不提示用户。

(3) -i,i 和 f 选项相反,如果目标文件或目录已存在,则提示是否覆盖已有的文件。

【例 3-4】 将/etc 目录下的文件复制到用户主目录下的 myetc 目录下。

(1) 以下命令复制/etc 目录下的单个文件 host.conf 到用户主目录下的 myetc 目录下。

```
root@ubuntu:~ $   cd ~
root@ubuntu:~ $   mkdir    ~/myetc
root@ubuntu:~ $   cp    /etc/host.conf     ~/myetc/host.conf
//或者:            cp    /etc/host.conf     ~/myetc/.
//或者:            cp    /etc/host.conf     ~/myetc/
//或者:            cp    /etc/host.conf     ~/myetc
//或者:            cp    /etc/host.conf     /home/user01/myetc
```

其中,"."用来代替要复制的文件 host.conf。指明目标目录时的不同写法要仔细体会。

(2) 复制的同时,可以对目标文件改名,一般情况下建议仅对单个文件进行操作。例如:

```
root@ubuntu:~ $   cp    /etc/host.conf     ~/myetc/host_bak.conf
```

(3) 以下命令复制/etc 目录下的所有文件(含所有子目录和文件)到用户主目录下的

myetc 目录下。

```
root@ubuntu:~$   cp   -r   /etc   ~/myetc
```

思考：试给出不同复制命令的写法。

3.3.5　文件及目录的移动

可以使用 mv 命令来为文件或目录改名或将文件由一个目录移入另一个目录中。如果在同一目录下移动文件或目录，则该操作可理解成给文件或目录改名，相当于重命名。

格式：

```
mv  [选项]  源文件或目录名   目标文件或目录名
```

选项：
（1）-f，不论目标文件或目录是否存在，均不提示是否覆盖目标文件或目录。
（2）-i，若指定目录中已有同名文件或目录，则先询问是否覆盖旧文件或目录。

【例 3-5】 目录/etc 中存放的是系统的重要文件，首先把该目录复制到用户主目录中，再进行下边的示例练习。

（1）以下命令将目录/etc 复制到用户主目录中的 myetc 目录下。

```
root@ubuntu:~$   cp   -r   /bin   ~/myetc
```

（2）以下命令使用 mv 将~/myetc 目录中的文件 fstab 改名为 fstab_bak。

```
root@ubuntu:~$   mv   ~/myetc/fstab   ~/myetc/fstab_bak
root@ubuntu:~$   ls   ~/myetc/fstab*
```

注意：cp 命令也可以改名，但是用 mv 改名，原来的文件 fstab 就没有了。

（3）以下命令将目录/usr/local 下的 games 子目录移动到用户主目录中。

```
root@ubuntu:~$   mv   /usr/local/games   ~
```

【练习】 创建如图 3-8(a)所示的目录结构，并将其变为图 3-8(b)所示的目录结构，用最少的命令完成操作，并写出所使用的命令。

3.3.6　文件及目录的归档、打包

使用 tar 命令可以把整个目录的内容归并为一个单一的文件。许多用于 Linux 操作系统的程序就打包成 tar 文件的形式。tar 命令是 Linux 环境下最常用的备份工具之一。

tar 命令可用于创建、还原、查看、管理文件，也可方便地追加新文件到备份文件中，或仅

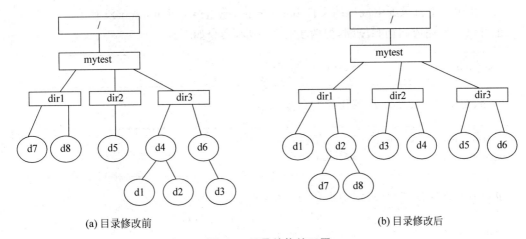

(a) 目录修改前　　　　　　　　　　　　　　(b) 目录修改后

图 3-8　目录结构练习图

更新部分备份文件，以及解压、删除指定的文件。熟悉其常用参数，能方便日常的系统管理工作。

格式：

```
tar  [选项]  文件或目录列表
```

选项：

(1) -c，创建新的档案文件。如果要备份一个目录或一些文件，就要使用这个选项。

(2) -f，使用档案文件或设备，这个选项通常是必选的，选项后面一定要跟有文件名。

(3) -z，用 gzip 来压缩/解压缩文件，加上该选项后可以将档案文件进行压缩，还原时也一定要使用该选项进行解压缩。

(4) -v，详细报告 tar 命令处理的文件信息。如无此选项，tar 不报告文件信息。

(5) -r，把要存档的文件追加到档案文件的末尾。使用该选项可将遗漏的目录或文件追加到备份文件中。

(6) -t，列出档案文件的内容，可以查看哪些文件已经备份。

(7) -x，从档案文件中释放文件。

【例 3-6】　将 /bin 目录归并为一个文件 bin.tar，然后压缩成文件 bin.tar.gz，并存放在用户主目录下作为备份。

(1) 在用户主目录下生成 bin.tar 文件，该文件没有进行压缩，仅被打包成一个文件。

```
root@ubuntu:~ $  cd  ~                       //确认当前工作目录是用户主目录
root@ubuntu:~ $  tar  -cvf  bin.tar  /bin    //归档操作
```

用命令 gzip 可对单个文件进行压缩，例如：

```
root@ubuntu:~ $  gzip  bin.tar
```

(2) 在用户主目录下生成压缩文件 bin.tar.gz，原归档文件 bin.tar 没有了。
也可以一次完成归档和压缩，把两步合为一步，命令如下。

```
root@ubuntu:~ $    tar    -zcvf    ~/bin.tar.gz    /etc
```

例如，对文件 bin.tar.gz 解压缩的命令如下。

```
root@ubuntu:~ $    gzip    -d    bin.tar.gz
root@ubuntu:~ $    tar    -xf    bin.tar
```

也可以一次完成解压缩，把两步合为一步，命令如下。

```
root@ubuntu:~ $    tar    -zxf    bin.tar.gz
```

此时可查看用户主目录下的文件列表，检查执行的结果。参数 f 之后的文件名是由用户自己定义的，通常应使用便于识别的名字，并加上相应的压缩程序名字，如××.tar.gz。在上两例中如果加 z 参数，则调用 gzip 进行压缩，通常以 .tar.gz 来代表用 gzip 压缩过的 tar 文件。

注意：压缩时的要点是自身不能处在要压缩的目录及子目录内。

任务 3.4 管理特殊文件——设备

在 Linux 系统中，所有的设备都是以文件的形式存在的，所以对那些常见设备，比如硬盘、光驱、U 盘等，可以把它们当作普通的文件来处理。因为它是设备类的文件，因此把它当作特殊的文件来描述，对设备的管理其实是对设备文件进行诸如编辑、修改等操作。

3.4.1 设备文件

Linux 中引入设备文件的目的是实现设备独立性。用户访问外部设备时就是通过设备文件进行的。Linux 将外设当作一个文件来管理，这样就避免了由于外设的增加而带来的问题。当需要增加新设备时，只要在操作系统内核中增加相应的设备文件即可。因此，设备文件在外设与操作系统之间提供了一个接口，用户使用外设就像使用普通文件一样。

Linux 操作系统本身对于如何控制硬盘、软驱、光驱和其他连接到系统的外围设备并无内建的指令。所有用于和外设通信的指令都包含在一个叫作设备驱动程序的文件中。通过设备文件实现对设备和设备驱动程序的跟踪。设备文件主要包括设备权限和设备类型的有关信息，以及两个可供系统内核识别的唯一的设备号。系统在很多情况下，可能有不止一个同种类型的设备，因此 Linux 可以对所有的设备使用同种驱动程序，但是操作系统又必须能够区分每一个设备。

例如，/dev/sda 指系统中的一个硬盘驱动器，主设备号 sd 代表硬盘驱动器；次设备号 a 代表硬盘驱动器编号，sda 的意思是系统中第一个硬盘驱动器。

例如，要查看设备信息，可执行以下命令。

```
root@ubuntu:~ $    ls - la  /dev/tty
crw- rw- rw-  1 root dialout 5, 0 2017 - 01 - 09 10:21 /dev/tty
root@ubuntu:~ $    ls - la   /dev/sda1
brw- rw----  1 root disk 8, 1 2017 - 01 - 09 10:06 /dev/sda1
```

注意：从上例中可以看到，/dev/tty 的属性是 crw-rw-rw-，注意第一个字符是 c，这表示字符设备文件，比如鼠标、键盘等设备。可以看到/dev/sda1 的属性是 brw-r-----，注意第一个字符是 b，表示这是块设备，比如硬盘、光驱等设备。

在 Ubuntu 系统中，每个硬件设备都被当成一个文件来对待。每一个设备都有一个主设备号和子或次设备号。主设备号说明设备类型，次设备号说明具体指哪一个设备。

Linux 习惯于把所有的设备文件都置于/dev 目录下，Linux 下的驱动程序的命名与其他操作系统下的命名不同，常见的设备名称与驱动程序的对应关系见表 3-4。

表 3-4 硬件设备与 Linux 内的设备名称的对应关系

硬件设备	Linux 中的设备名称
IDE 硬盘	/dev/hd[a-d]
SCSI 硬盘	/dev/sd[a-p]
光驱	/dev/cdrom
软驱	/dev/fd[0-1]
鼠标	/dev/mouse
网卡	/dev/eth$n$（n 从 0 开始）
U 盘	/dev/sd[a-p]
打印机	/dev/lp[0-2]

例如，IDE 接口中的整块硬盘在 Linux 系统中表示为/dev/hd[a-d]，其中，方括号中的字母表示 a～d 中的任何一个，每一个表示一个硬件，光驱对应的文件表示为/dev/cdrom。第 1 个 IDE 硬盘（master）设备名为/dev/hda，第 2 个 IDE 硬盘（slave）设备名为/dev/hdb，第一个 SCSI 硬盘设备名为/dev/sda 等。

3.4.2 设备挂载与卸载

系统在启动时会自动对设备进行挂载，挂载文件保存在/etc/fstab 文件中，用户可以编辑这个文件。

1. 挂载硬盘

硬盘存储空间很大，可以在不同位置存放不同的文件系统。在 Linux 系统中，通常把 Windows 系统下的硬盘空间加载到系统中，这样就可以很容易地使用 Windows 系统下的文件。

挂载以前，需要先创建挂载目录，一般创建在/mnt 目录或/media 目录下，在这里创建的挂载目录为 windows，需要将 Windows 系统的第一块 IDE 硬盘的第 3 个分区（hda4）挂载到 Linux 系统的/mnt/windows 目录下，执行的命令如下。

```
root@ubuntu:~ $    mkdir    /mnt/windows
root@ubuntu:~ $    mount  -t  vfat  /dev/hda3   /mnt/windows
```

对于 SCSI 硬盘，执行的命令如下。

```
root@ubuntu:~ $    mount  -t  vfat  /dev/sda4   /mnt/windows
```

使用-t vfat 是因为 Windows 下的文件系统是 FAT32 格式的。

2. 挂载光盘

使用 mount 命令可以把光盘中的所有目录和文件挂载到 Linux 目录中。首先插入光盘，然后执行如下命令。

```
root@ubuntu:~ $    mkdir    /media/cdrom
root@ubuntu:~ $    mount    /media/cdrom
//或者：            mount  -t  iso9660  /dev/cdrom  /media/cdrom
```

如果命令生效，光盘中的内容将出现在/mnt/cdrom 目录下。

提示：如果在终端中进行挂载，系统重启以后就失效了，如果想要系统每次启动时自动挂载，可以直接修改/etc/fstab 文件，将挂载命令加入该文件中。

挂载成功以后，可以像普通的目录一样去访问挂载的目录如/mnt/windows 或/mnt/cdrom。若不能挂载成功，可能的原因有挂载目录未创建，或/dev/cdrom 文件不存在，或当前目录本身是安装点等。例如，系统提示"设备已经安装或目录忙"的信息，可能是由于用户的当前目录是在安装点/media/cdrom 或子目录而造成的，应切换到其他目录下进行。

3. 设备卸载

卸载使用 umount 命令，例如卸载光盘的命令如下。

```
root@ubuntu:~ $    umount    /media/cdrom
```

mount 命令也可挂载共享资源如 Windows 的共享目录，可参考项目 7 的相关内容，或者使用 man mount 命令以获得更多的使用帮助。

任务 3.5 文件管理进阶

本任务介绍 Shell 的文件链接功能，以及文件重定向、管道和过滤的组合命令。

3.5.1 硬链接与软链接

Linux 中，可以为一个文件创建链接文件。链接分为软链接与硬链接两种。

格式:

```
ln [选项] 源文件或目录名 链接名
```

选项:-s,建立符号链接(即软链接),不加该项时建立的是硬链接。
例如,建立硬链接文件的命令如下。

```
root@ubuntu:~ $  touch  test01.txt
root@ubuntu:~ $  ln test01.txt  test02.txt
```

给源文件 test01.txt 建立一个硬链接 test02.txt,这时 test02.txt 可以看作 test01.txt 的别名文件,它和 telno.txt 不分主次。这两个文件都同时指向硬盘中相同位置上的同一个文件。对 test01.txt 内容进行修改,在硬链接文件 test02.txt 中会同时显示这些修改,实质上是同一个文件的两个不同的名字。只能给文件建立硬链接,而不能给目录建立硬链接。

软链接又称符号链接,很像 Windows 系统中的快捷方式,删除软链接文件如 test03.txt,源文件 test01.txt 不会受到影响,反过来源文件一旦被删除,则软链接文件也就无效了。文件或目录都可以建立软链接。

例如,创建软链接的命令如下。

```
root@ubuntu:~ $   ln   -s   test01.txt   test03.txt
```

链接文件使系统在管理和使用时非常方便,系统中有大量的链接文件,如/bin、/sbin、/usr/local 等目录下都有大量的链接文件,如图 3-9 所示。

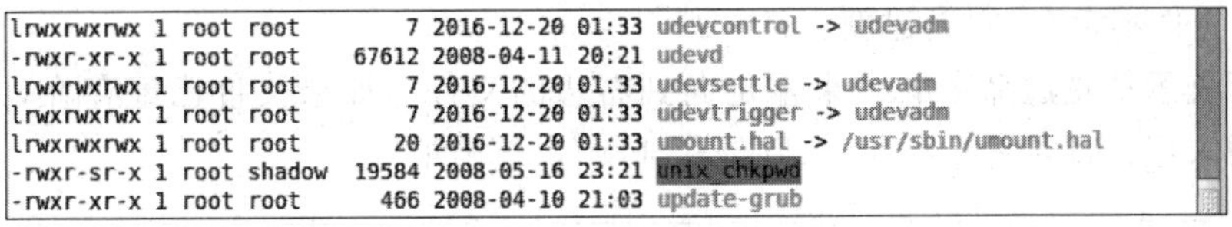

```
lrwxrwxrwx 1 root root            7 2016-12-20 01:33 udevcontrol -> udevadm
-rwxr-xr-x 1 root root        67612 2008-04-11 20:21 udevd
lrwxrwxrwx 1 root root            7 2016-12-20 01:33 udevsettle -> udevadm
lrwxrwxrwx 1 root root            7 2016-12-20 01:33 udevtrigger -> udevadm
lrwxrwxrwx 1 root root           20 2016-12-20 01:33 umount.hal -> /usr/sbin/umount.hal
-rwxr-sr-x 1 root shadow      19584 2008-05-16 23:21 unix_chkpwd
-rwxr-xr-x 1 root root          466 2008-04-10 21:03 update-grub
```

图 3-9 查看链接文件

例如,以下命令查看/sbin 目录下的链接文件。

```
root@ubuntu:~ $   ls -l  /sbin
```

可以看到大量带有"—>"并以不同颜色显示的文件即链接文件。如果是在桌面环境下,文件图标上带有向左上方向箭头的文件就是链接文件。

3.5.2 文件重定向

从终端输入资料时,用户输入的资料只能用一次。下次再想用这些资料时就得重新输入。而且在终端上输入时,若输入有误则修改起来不是很方便。输出到终端屏幕上的信息只能看,却不能修改,无法对屏幕的输出结果做更多的处理。为了解决上述问题,Linux 系统为输入、输出的传送引入了另外两种机制,即输入/输出重定向和管道。下面先来介绍 Linux 的标准文件,对文件重定向的原理做些基本了解。

1. 标准文件

Linux 把所有的设备当作文件来管理,每个设备都有相应的文件名。所有的设备都被当作文件来管理。例如:

```
root@ubuntu:~ $   ls  -l  /dev
root@ubuntu:~ $   ls  -l  /drv/studout
```

输入/输出设备也是这样,说明如下。
(1) 文件/dev/stdin:标准输入(standard input)文件。
(2) 文件/dev/stdout:标准输出(standard output)文件。
(3) 文件/dev/stderr:标准错误(standard error)文件。

如果某命令需要输出结果到屏幕,那么只需要把结果送到 stdout 即可。因为 stdout 被看作一个文件,所以用户可以通过把文件 stdout 换成另一个指定的普通文件来"欺骗"该命令,这样结果就被送到文件中保存,而不送去屏幕显示。这就是文件的重定向(redirect)原理。

2. 输出重定向

stdout 被重定向称为输出重定向。符号">>"和">"都表示输出重定向,但有区别,具体如下。

">"表示把左边命令的结果重定向到右边的文件。如果文件已经存在,则覆盖原有的文件;如果文件不存在,则创建新文件。

">>"表示把左边命令的结果重定向到右边的文件。如果文件已经存在,则添加内容到该文件的末尾;如果文件不存在,则创建新文件。例如:

```
root@ubuntu:~ $   ls -l  /sbin  >   /tmp/log.txt
root@ubuntu:~ $   ls -l  /sbin  >>  /tmp/log.txt
```

3. 输入重定向

stdin 被重定向称为输入重定向。符号"<"表示输入重定向的操作。

cat 命令不带参数时,默认是从标准输入文件(即键盘)获取内容,然后原样输出到标准输出文件(即显示器)。例如:

```
root@ubuntu:~ $   cat            //按 Enter 键后,在下一行可以输入一些测试内容
hello,this is a test.            //按 Enter 键后,会原样输出到显示器上
hello,this is a test.
    <Ctrl>+D                     //强行终止命令的执行
```

查看文件内容可用 cat 命令,而利用输入重定向也可实现类似的功能。例如:

```
root@ubuntu:~ $   cat     /etc/resolv.conf
root@ubuntu:~ $   cat <   /etc/resolv.conf
```

4. 错误重定向

stderr 被重定向称为错误重定向。错误重定向的符号是"2>"和"2>>"。

使用 2 的原因是标准错误文件的文件描述符是 2。标准输出文件可用 1,标准输入文件可用 0,都可省略,但 2 不能省略,否则会和输出重定向冲突。

例如,使用错误重定向技术,避免出错信息输出到屏幕上。

```
root@ubuntu:~ $   cat   /etc/ipconfig  2 >   log.txt      //ipconfig 是个错误的命令
root@ubuntu:~ $   cat   /etc/config    2 >>  log.txt      //追加
root@ubuntu:~ $   cat   /etc/aaabbbccc 2 >   log.txt
```

执行每条命令后,都打开 log.txt 查看一下,注意文件内容的变化。

3.5.3 管道和过滤器

Linux 系统提供了丰富的命令供用户使用,当没有一个命令能够完全满足用户的需要时,就应该考虑使用若干个命令的组合来实现。Linux 系统的设计思想正是如此,系统提供了大量短小精悍的命令,用户可以利用管道和重定向的原理来组合使用这些命令,以实现复杂的任务。

1. 管道

管道具有把多个命令从左到右"串联"起来的能力,可以通过使用管道符"|"来创建一个管道。管道的功能是把左边命令的输出重定向,传送给右边的命令作为输入;同时把右边命令的输入重定向,以左边命令的输出结果作为输入。

例如,统计本机的网络接口配置文件中含有 iface 的共有几行,可执行以下命令。

```
root@ubuntu:~ $   cat /etc/network/interfaces | grep "iface" | wc -l
1
```

说明:这个管道将 cat 命令的输出作为 grep 命令的输入。grep 命令的输出则是所有包含单词 iface 的行,这个输出又被送给 wc 命令,wc 命令统计输入中的行数,结果为 3。

管道功能本质上也是重定向功能。这些被管道符串联起来的命令都有一个共同点,就是把从左边输入重定向过来的内容经过一些"过滤"处理,然后重定向输入下一个命令作为输入。这些命令通常被称为过滤器(filter)。

2. 过滤器

常用的过滤器有 grep、wc、cut、tr 等。

grep 命令是一种文本搜索工具，它能使用复杂的匹配模式来搜索文本，并把匹配的行打印出来。grep 命令用来在给定的文件中查找包含指定字符串的行。

格式：

```
grep ［选项］ 要查找的字符串 ［文件名］
```

选项：

(1) -num，输出匹配行前后各 num 行的内容。
(2) -b，显示匹配查找条件的行离文件开头有多少个字节。
(3) -c，显示文件中包含有指定字符串的行数，内容不显示。
(4) -n，显示匹配行及行号。

例如，在文件/etc/passwd 中搜索含有字符串 root 的行，并把这些行的内容输出的命令如下：

```
root@ubuntu:~$ grep root /etc/passwd
root:x:0:0:root:/root:/bin/bash
```

搜索 passwd 文件中包含字符串 bin 的行，并显示出行号的命令如下：

```
root@ubuntu:~$ grep -n bin /etc/passwd
1:root:x:0:0:root:/root:/bin/bash
2:daemon:x:1:1:daemon:/usr/sbin:/bin/sh
3:bin:x:2:2:bin:/bin:/bin/sh
...
```

提示：grep 和 find 都是经常会用到的命令，grep 是在文件的内容中进行查找过滤，find 是根据文件名等信息进行查找，不针对文件的内容，两者不能混淆。

wc 命令具有行数统计（line count）、单词统计（word count）和字符统计（character count）的功能；cut 命令具有从指定文件中逐行提取特定列的内容输出到标准输出文件的功能；tr 命令能够把从标准输入文件读入的一个字符集合翻译成另一个字符集合，然后输出到标准输出文件。灵活地运用这些过滤器，可以实现较复杂精细的功能。

【例 3-7】 某公司的客户资料保存在文件 guest 中，按要求完成任务。

客户资料如下。

```
root@ubuntu:~$ cat guest
"0001", "Xiao Zhang", "HeNan", "ZhengZhou","XinDongArea  180"

"0002", "Xiao Wang", "HeNan", "ZhengZhou","XinDongArea  192"
"0003", "Xiao Zhao", "HeNan", "LuoYang","XinDongArea  192"
...
```

各字段之间以","分隔,字段含义依次是代码、姓名、省份、城市和地址。要求如下。
(1) 统计客户的数量(每个客户占一行,即统计文件的行数)。
(2) 只显示生活在城市 ZhengZhou 的客户的人数。
(3) 只显示生活在城市 ZhengZhou 的客户的姓名。
(4) 以大写形式显示该文件的内容,并分屏输出。
执行如下命令,可完成以上任务。

```
root@ubuntu:~$ cat guest | wc -l
root@ubuntu:~$ grep "ZhengZhou" guest | wc -l
root@ubuntu:~$ grep "ZhengZhou" guest | cut -f2 -d","
root@ubuntu:~$ cat guest | tr 'a-z' 'A-Z'| more
```

其中,cut 命令中的-f2 选项表示截取第 2 列、列的分隔符是",",即将文件中客户姓名所在的一列截取出来。

任务 3.6 进程和作业管理

3.6.1 进程和作业

Linux 是多用户、多任务的操作系统。多用户系统是指多个用户可以同时使用同一计算机,多任务是指系统可以同时执行多项任务。Linux 操作系统负责管理多个用户的请求和多个任务。用户运行一个程序,就会启动一个或多个进程。一个 CPU 在一个时刻实际上只能运行一个进程,操作系统控制着每一个进程,并分配合适的时间片。进程被轮询执行,因为轮询足够快,所以给用户的感觉是一个人独占了系统。

程序是指程序员编写的计算机指令集,其实就是一个保存在磁盘上的文件。运行一个程序,就会在系统中创建一个或多个进程,进程可以看作在计算机里正在运行的程序。

进程和程序是不同的概念,简单来说,进程是一个程序或任务的执行过程,可以把进程看作一个正在运行的程序。进程是动态的,而程序是静态的;系统分配资源的单位是进程而不是程序;一个程序可能会启动多个进程,而一个进程可能会调用多个程序。

Linux 系统启动后,就已经创建了许多进程。为了区分这些进程,每个进程都有一个标识号,称为 PID(process ID)。系统启动后的第一个进程是 init,它的 PID 是 1,这也是唯一的一个由系统内核直接运行的进程,是所有进程的起源。除了 init 以外的进程都有父进程,系统启动后,init 进程会创建 login 进程等待用户登录,如果用户登录成功,login 进程会为用户启动 Shell。用户在 Shell 中运行命令或执行程序又会产生新的进程。

3.6.2 进程的启动

用户在终端中直接运行一个程序,或执行了一个命令时就启动了进程,这时启动的进程称为前台进程。

例如,在终端中执行 ls -l 命令,就启动了一个新的前台进程。前台进程不结束,就不能接着执行其他任务。前台进程结束的标志是终端再次出现了♯或＄提示符。

后台进程的启动很简单,就是在输入命令行的后边加上 & 选项。例如:

```
root@ubuntu:~$  find / -name myfile > ~/myfind &
```

该命令用来从根目录开始查找名为 myfile 的文件,并利用输出重定向将查询的结果存放到文件 myfind 中,由于是全盘查找比较费时间,就把它作为后台进程来执行。

启动后台进程常常是因为进程需要长时间运行,而用户不必等待进程的结束。用户启动一个后台进程后,终端会出现♯或＄提示符,用户又可以接着执行其他任务。

进程的前台和后台启动都属于手动启动,另一种启动的方式是调度启动,即事先安排,指定任务按特定条件如时间来自动启动进程。

3.6.3 查看系统的进程

要管理进程,首先要知道系统里有哪些进程存在以及进程的状况如何,可以使用 ps 命令。

格式:

```
ps  [选项]
```

选项:
(1) a,显示当前控制终端的进程(包括其他用户的)。
(2) u,显示进程的用户名和启动时间等信息。
(3) -l,按长格式显示输出。
(4) -e,显示所有的进程。

例如,以下命令显示当前控制终端的进程。

```
root@ubuntu:~$  ps au
```

运行结果如图 3-10 所示。

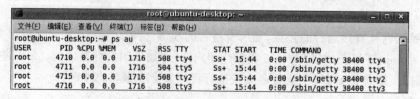

图 3-10 查看进程

可以看出系统中有哪些进程正在运行、运行的状态、进程占用资源的情况等。ps 命令的输出信息的含义见表 3-5。其中,STAT 用来表示进程的状态,R 表示进程正在运行,S 表示进程在睡眠,T 表示进程僵死或停止,D 表示进程处于不能中断的睡眠(通常是输入/输出)。

表 3-5 ps 命令输出信息的含义

选 项	含 义	选 项	含 义
USER	启动进程的用户名	RSS	进程占用的内存空间
PID	进程号	TTY	启动进程的终端号
PPID	显示父进程的进程号	STAT	进程的状态
%CPU	进程占用 CPU 总时间的百分比	START	进程开始的时间
%MEM	进程占用系统内存总量的百分比	TIME	进程已经运行的时间
VSZ	进程占用的虚拟内容空间	COMMAND	进程的命令名

在实际使用中,ps 常和重定向、管道命令结合使用,以便查找出所需进程。例如,查找 user01 用户启动的进程的命令如下。

```
root@ubuntu:~$ ps -e u | grep user01
```

查找 httpd(Apache 服务守护进程)进程的信息的命令如下。

```
root@ubuntu:~$ ps -e | grep httpd
```

另一个交互式的进程管理命令是 top,该命令的作用与 ps 基本相同,可动态显示系统当前的进程和其他状况。例如:

```
root@ubuntu:~$ top
```

执行该命令后,会动态显示进程的状态,更多用法可利用帮助命令查阅。

3.6.4 进程的控制

1. kill——根据进程号来发送信号

前台进程在运行时,可以用 Ctrl+C 组合键来终止。后台进程不能用这种方法来终止,可以使用 kill 命令向进程发送强制终止信号实现。

格式:

```
kill [-s,signal] PID
```

选项:-s,signal 是信号类别,如 SIGKILL。

例如,以下命令显示当前系统支持的所有信号。

```
root@ubuntu:~$ kill -l
```

显示 kill 命令所能够发送的信号种类，每个信号都有一个数值对应，例如 SIGKILL 信号的值是 9，而 SIGTERM 的值是 15，SIGTERM 信号是 kill 命令默认的信号。例如：

```
root@ubuntu:~ $   ps
PID   TTY      TIME      CMD
7978  pts/1    00:00:00  bash
7995  pts/1    00:00:00  ps
```

查到进程号并执行以下命令后，系统关闭虚拟终端界面。

```
root@ubuntu:~ $   kill  -s  SIGKILL  7978
//或者：           kill  -9  7978
```

技巧：有些后台程序执行时会启动多个进程，要一一查找比较费事，可以执行命令 kill 0 来终止所有的后台进程。

2. killall ——根据进程名来发送信号

用 kill 命令时要先用 ps 命令查出进程号，这样不是很方便。killall 可以根据进程名来发送信号。

killall 命令的格式、参数与 kill 相同，只是 kill 后面跟的是进程号，killall 后面跟的是进程名。

例如，进入终端，打开 gedit，然后再开启另一个虚拟终端，执行以下命令。

```
root@ubuntu:~ $   killall  -9  gedit
```

进入另一个虚拟终端中查看，会显示终端中的 gedit 进程被终止。

3. gnome-system-monitor——图形化的系统监视器

在虚拟终端中运行 gnome-system-monitor 命令，可启动图形化的系统监视器。

```
root@ubuntu:~ $   gnome-system-monitor
```

3.6.5　作业及管理

作业是用户提交给操作系统计算的一项独立任务。操作系统中用来控制作业的一组程序称为作业管理程序。作业控制是指在操作系统支持下，用户如何组织控制作业的运行。作业既可以放到前台直接控制其运行，也可以放到内存中由系统自动安排它在后台运行。例如有时需要把费时的工作放在深夜进行，这时候可以事先进行调度安排，即调度启动进程，系统会自动启动安排好的进程。

Linux 提供了一些有关作业的命令，用于在特定时间或周期性地执行程序，如 at 用于偶尔运行的作业，crontab 用于特定时间周期性地运行作业。这些命令类似于 Windows 系统中的计划任务。

1. at——设置单次作业

例如，可以使用 at 命令，把将要执行的命令安排成队列。

```
root@ubuntu:~ $   at   8:10 am + 3days
at> ls -l  /etc > /tmp/myjobs        //在 at>后面，输入想执行的命令
at> cp  /etc/*  ~/myetc
```

编辑完成后按 Ctrl+D 组合键退出。可以安排系统在 3 天后的 8:10 执行这两条命令。
用 at 命令设定好作业后，可以使用 atq 命令查看已经安排好的作业。例如：

```
root@ubuntu:~ $ atq
2    Wed  Aug  8  08:10:10:00  2012 a   user01
```

输出行中依次是作业号、作业的启动时间、用户名等内容。
删除作业可以使用 atrm 命令。例如：

```
root@ubuntu:~ $ atrm  2           //2 为要删除的作业号
```

2. crontab——设置重复性的作业

crontab 适合重复性、周期性的作业设置。例如，管理员需要每天为系统的重要数据进行备份，用 crontab 来安排作业就更方便。

例如，以下命令可在每天的凌晨 2 点备份系统目录/etc。

```
root@ubuntu:~ $   crontab  -e
```

系统会自动打开 GUN nano 编辑器，按以下格式输入作业的内容，如图 3-11 所示。

图 3-11　编辑作业

说明：

(1) crontab 命令格式为分（m）、小时（h）、日（dom）、月（mon）、年（dow）、命令（command）。

(2) *代表全部时段，如将"日（dom）"填写为 *，表示每天。

(3) 每项用空格分开。

(4) 有多个选项时,可用","分开,表示有多个选项。

编辑完成后,按照屏幕下方的命令提示,按 Ctrl+X 组合键,如图 3-12 所示。

图 3-12 编辑器下方的命令提示

图 3-12 中,^表示 Ctrl 键。保存文件并退出,系统会提示作业已被安装。

用 crontab 命令设定好作业后,可以查看已经安排好的作业。例如:

```
root@ubuntu:~$ crontab -l
0 0 * * * tar -zcvf /myetcbak.tar.gz /etc2
```

也可以进入系统保存作业的目录/var/spool/cron/crontals/username 中进行查看,各个用户的作业都存放在该用户名文件中,username 是用户名,默认情况下 root 用户才有权限查看作业文件。执行以下命令,查看用户 user01 的作业,如图 3-13 所示。

图 3-13 查看作业配置目录及用户 user01 的作业

删除作业可以使用命令 crontab -r。

```
root@ubuntu:~$ crontab -r
```

【例 3-8】 配置一个作业,让系统在每周三和周六的凌晨 2∶30 开始进行系统更新,30 分钟后再重新启动系统。

编辑作业:

```
root@ubuntu:~$ crontab -e
```

在编辑器中输入以下内容:

```
0 0 2:30 * * 3,6 apt-get update        //系统更新
0 0 2:30 * * 3,6 shutdown -r +30       //30 分钟后将重启系统
```

输入完成后,按 Ctrl+X 组合键保存并退出,系统会提示该作业已被安装,到时将会自

动执行。

拓展：与作业有关的主配置文件是/etc/crontab，还有几个目录如/etc/cron.hourly、/etc/cron.daily、/etc/cron.weekly、/etc/crn.monthly、/etc/cron.d 以及/var/spool/cron，这些目录中的文件多数是 Shell 脚本，作业 cron 守护进程每分钟都会检查/etc/crontab 文件、/etc/cron.d 目录以及/var/spool/cron 目录中有无更改，这样可以实现一旦有新的作业或作业有变动，将会被及时地载入内存。

提示：本项目中没有涉及网络类的命令，将在项目 5 中专门讨论与网络有关的问题，包括丰富的网络类各种操作命令。

任务 3.7 总结项目解决方案的要点

（1）Shell 命令格式：

```
command [-options] parameter1 parameter2...
```

（2）Linux 重要目录有/bin、/sbin、/var、/boot、/home、/mnt、/dev、/lib、/usr 等。
（3）文件及目录的查看的命令有 cat、more、less、pwd、ls、cd。
（4）文本内容的显示和处理的命令有 cat、more、less、head、tail。
（5）文件查找类命令有 whereis、locate、find。
（6）通配符有 *、?、[]，* 匹配多个字符，?、[] 匹配一个字符。
（7）文件及目录的创建与删除的命令有 touch、mkdri、rm。
（8）文件及目录的复制与移动的命令有 cp mv，和参数-r 一同使用可递归删除目录。
（9）文件及目录的归档、打包的命令有 tar、gzip。
（10）设备挂载与卸载、编辑 stab 文件、mount 命令。
（11）创建链接文件用 ln，有硬链接和软链接两种。
（12）文件重定向用>、>>、<、<<。
（13）管道命令是"|"，过滤命令有 gerp 等。
（14）进程与作业管理有 kill、killall、at、crontab 等命令。

项目小结

本项目主要介绍了 Linux 操作系统的常用命令，包括 Shell 的基本命令及基本格式、文件和目录的操作命令如查看、复制、移动、删除、归档、打包等，特殊文件设备的管理命令以及管道、文件重定向等组合命令，以及进程和作业管理等，为下一步学习 Linux 操作系统打下了坚实的基础。

自主实训任务

1. 实训目的

(1) 掌握设备文件和标准文件的概念和应用。
(2) 掌握文件重定向的使用方法。
(3) 掌握软件安装和升级的方法。

2. 实训任务

(1) 打开终端,在命令行下输入命令查看当前工作目录。
(2) 进入/etc 目录,查看该目录下的内容。
(3) 在个人主目录下新建两个目录 mydir1 和 mydir2。
(4) 在 mydir1 中新建一个目录 myetc,把/etc 目录下的 passwd 复制到 myetc 中。
(5) 把/etc 下的 init.d 目录复制到 myetc 中。
(6) 把 mydir1 中的内容移动到 mydir2 中。
(7) 查看/etc 下 passwd 的文件类型,并查看其中内容,找出含关键字 home 的记录。
(8) 查看本机主机名。
(9) 查找在/etc 中以 profile 开头的文件。
(10) 查看开机信息。
(11) 把/bin 目录打包压缩存放在 mydir2 中。
(12) 使用管道组合一个命令,实现显示当前目录下其文件拥有者具有读和写权限的普通文件的文件名。(注意:只显示文件名)
(13) 为 Ubuntu 系统安装杀毒软件 AntiVir。
(14) 为 Ubuntu 系统安装 BT 下载工具 Azureus。

思考与练习

1. 选择题

(1) Ubuntu 官方支持的开源软件类别是(　　)。
    A. main   B. restricted   C. universe   D. multiverse
(2) Ubuntu 下普通用户登录后,默认的命令提示符为(　　)。
    A. #   B. $ C. :\>   D. ;grub>
(3) Linux 将存储设备和输入/输出设备均被看作文件来操作,(　　)不是以文件的形式出现的。
    A. 目录   B. 软链接   C. i 节点表   D. 网络适配器
(4) 文件权限读、写、执行的三种标志字符是(　　)。
    A. rwx   B. xrw   C. rdx   D. srw

(5) 在给定文件中查找与设定条件相符字符串的命令为(　　)。
　　A. grep　　　　B. gzip　　　　C. find　　　　D. sort
(6) 如果想知道某个文件的基本信息可以使用(　　)命令。
　　A. file　　　　B. tail　　　　C. head　　　　D. grep
(7) 改变文件所有者的命令为(　　)。
　　A. chmod　　　B. touch　　　 C. chown　　　 D. cat
(8) 可以用来压缩的命令是(　　)。
　　A. locate　　　B. gzip　　　　C. who　　　　D. less
(9) 建立一个新文件可以使用的命令为(　　)。
　　A. chmod　　　B. more　　　　C. cp　　　　　D. touch
(10) 在下列命令中,不能显示文本文件内容的命令是(　　)。
　　A. more　　　 B. less　　　　C. tail　　　　D. join
(11) 已知某用户 stud1,其用户目录为/home/stud1。如果当前目录为/home,进入目录/home/stud1/test 的命令是(　　)。
　　A. cd test　　　　　　　　　　B. cd /stud1/test
　　C. cd stud1/test　　　　　　　D. cd home
(12) 将光盘 CD-ROM(hdc)挂载到文件系统的/mnt/cdrom 目录下的命令是(　　)。
　　A. mount/mnt/cdrom　　　　　　B. mount/mnt/cdrom/dev/hdc
　　C. mount/dev/hdc/mnt/cdrom　　D. mount/dev/hdc

2. 填空题

(1) 用来存放系统管理员使用的管理程序的目录是_____。
(2) 在 Linux 系统中,用来存放系统所需要的配置文件和子目录的目录是_____。
(3) 将前一个命令的标准输出作为后一个命令的标准输入,称为_____。
(4) 从后台启动进程,应在命令的结尾加上符号_____。
(5) _____命令可以移动文件和目录,还可以为文件和目录重新命名。
(6) 改变文件所有者的命令为_____。
(7) _____程序是一组有序的静态指令,_____进程是一次程序的执行过程。
(8) 路径是由目录或目录和文件名构成的。路径分为_____和_____。
(9) Shell 提供了一组称为通配符的特殊符号,常用的通配符有_____。
(10) tar 命令的功能是_____。

3. 简答题

(1) 文件重定向通过什么命令来实现?都有什么常见的用法?
(2) 举例说明压缩/解压缩的常用命令。
(3) 列举 Linux 下的主要目录,并简述其作用。

项目 4 系统安全操作——Linux 用户与权限管理

教学目标

通过本项目的学习,掌握用户和组的管理,以及用户权限的设置与管理。

教学要求

本项目的教学要求见表 4-1。

表 4-1 项目 4 教学要求

知 识 要 点	能 力 要 求	关 联 知 识
用户的管理	(1) 掌握用户管理文件/etc/passwd (2) 掌握用户文件模式界面下用户的添加和删除 (3) 掌握图形界面下用户的添加和删除 (4) 掌握用户密码的管理 (5) 掌握用户的属性管理 (6) 了解用户密码文件/etc/shadow	/etc/passwd 和/etc/shadow 中相关字段的意义、用户添加和删除的相关命令以及用户属性的修改
组的管理	(1) 掌握组的管理文件/etc/group (2) 掌握文本模式界面下组的添加和删除 (3) 掌握图形界面下组的添加和删除 (4) 掌握组中用户的管理 (5) 了解组的密码文件	/etc/group 文件中相关字段的含义、组的添加和删除的相关命令及组中用户的管理
权限管理	(1) 掌握目录和文件权限的含义 (2) 掌握权限的两种修改方法 (3) 掌握文件和目录的拥有者的修改方法 (4) 掌握文件和目录的组的相关设置方法及其意义 (5) 了解文件和目录的默认权限设置方法 (6) 了解 sudo 工具	涉及的命令有 chmod、chown 和 chgrp 等
自主实训	自主完成实训所列任务	用户和组的管理以及权限设置相关知识

重点与难点

(1) 用户的添加和删除。
(2) 用户的管理文件。
(3) 组的管理。
(4) 权限管理。

项目概述

软件公司做项目开发时,要对不同的项目进行统一管理,通常是不同的项目由不同的项目组负责。不同项目组之间有些信息是可以共享的,有的却只允许同一项目组中的人员访问。某公司即将在 Linux 系统上进行两个项目的开发,要求开发人员将两个不同的项目交给两组开发人员分别进行,互相不能访问另一个项目组的资料;两个项目有些共同的资料,则需要两组成员都可以访问到。

项目设计

根据项目的要求,管理员可以为该软件公司创建多个普通用户,项目中项目 A、项目 B 两个项目的开发,由两个开发小组(假定各有两名成员)共 4 名开发人员进行,所以首先要创建 4 个不同的用户账户,并创建两个用户组,将成员分别加入各自的小组中;由于各开发小组可能需要还有些共同使用的资料,所以还需要再创建一个共同的组,将所有开发人员加入该组中,以实现资料的共享;因此,需要为每个开发人员建立一个用户账号,将他们规划到各自的项目组中,并进行权限的设置。

任务 4.1　用户类型管理

本任务介绍 Linux 系统中的用户类型、用户及用户组的管理。

4.1.1　用户分类

Linux 是多任务、多用户的操作系统,每个用户都和大家一样有一个"身份证号",这个号叫作用户 ID(UID)。Linux 并不会直接认识用户的用户名,它认识的其实是以数字表示的用户 ID。

Linux 下的用户可以分为 3 类:超级用户、系统用户和普通用户。

超级用户的用户名为 root,它具有一切权限,只有进行系统维护(如创建用户等)或其他必要情形下才用超级用户登录,以避免系统出现安全问题。默认情况下,超级用户的 UID 为 0。

系统用户是 Linux 系统正常工作所必需的内建用户,主要是为了满足相应的系统进程对文件属主的要求而创建的,系统用户不能用于登录,如 bin、daemon、adm、lp 等用户。系统用户的 UID 一般为 1~499。

普通用户是为了让使用者能够使用 Linux 系统资源而建立的,大多数用户属于此类。普通用户的 UID 为 1000~60000。

Linux 系统继承了 UNIX 系统传统的方法,采用纯文本文件来保存账户的各种信息,用户可以通过修改文本文件来管理用户和组。其中重要的文本文件有/etc/passwd、/etc/shadow、/etc/group。因此账户的管理实际上就是对这几个文件的内容进行添加、修改和删除记录行的操作。可以使用 vi 或其他编辑器来更改它们,也可以使用专门的命令来更改它们。不管以哪种形式管理账户,了解这几个文件的内容十分必要。Linux 系统为了自己的安全,默认情况下只允许超级用户更改它们。

注意:默认情况下,Ubuntu 系统中超级用户即 root 不能直接登录系统,密码是空的。如果要登录,首先用 passwd 设置 root 的密码,然后选择"系统"|"系统管理"|"登录"命令,在"安全"选项卡中选中"允许本地管理员登录"复选框。

4.1.2 用户账户文件——/etc/passwd

/etc/passwd 是一个账户管理文件，这个文件用于实现对用户的管理。每个用户在该文件中都对应一行，每行都对应一个用户，记录该用户的相关信息。

cat 命令用来显示文件/etc/passwd 中的内容，-n 选项表示给每一行加个行号，显示如图 4-1 所示。

```
root@ubuntu:~$ cat -n /etc/passwd
```

图 4-1 查看/etc/passwd 文件的内容

passwd 文件中的每一行代表一个用户，每行由 7 个字段组成，字段之间用":"分隔，其格式如下。

```
用户名:密码:UID:GID:个人资料:主目录:Shell
```

(1) 用户名：登录 Linux 系统时用户使用的名称。

(2) 密码：这里的密码是显示为特定的字符 x，是因为使用了影子(shadow)密码，真正的加密后的密码已被存放到影子文件/etc/shadow 中。

(3) UID：用户的标识，是一个数值，Linux 系统内部使用它来区分不同的用户。

(4) GID：用户所在组的标识，是一个数值，Linux 系统内部使用它来区分不同的组，相同的组具有相同的 GID。

(5) 个人资料：用户的个人信息，如姓名、家庭住址、电话等（如 stu 用户资料为

student)。

（6）主目录：超级用户 root 的主目录是/root；其他用户通常是/home/username，这里 username 是用户名。用户登录后，默认的目录就是自己的主目录，用户执行 cd~命令也会切换到个人主目录，如 student 用户的主目录为/home/student。

（7）Shell：为用户指定使用的 Shell 类型，默认是 Bash。

4.1.3 用户密码文件——/etc/shadow

在 passwd 文件中，有一个字段是用来存放经过加密的密码。首先来看一下 passwd 文件的权限。

【例 4-1】 查看/etc/passwd 的权限，如图 4-2 所示。

图 4-2 查看/etc/passwd 文件的权限

可以看到任何用户对它都有读的权限。虽然密码已经经过加密，但还是不能避免别有用心的人轻易地获取加密后的密码进行解密。于是 Linux 系统对密码提供了更多一层的保护，即把加密后的密码重定向到另一个文件/etc/shadow。

【例 4-2】 查看/etc/shadow 的权限，如图 4-3 所示。

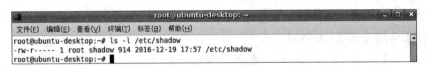

图 4-3 查看/etc/shadow 文件的权限

现在只有超级用户能够读取 shadow 的内容，密码显然安全多了，因为其他人想获得加密后的密码也不容易了。

【例 4-3】 查看/etc/shadow 文件的具体内容，如图 4-4 所示。

可以看到，和 passwd 文件类似，其中的每一行都和 passwd 中的行对应。shadow 文件中的每行由 9 个字段组成，格式如下。

> 用户名：密码：最后一次修改时间：最小时间间隔：最大时间间隔：警告时间：不活动时间：失效时间：标志字段

（1）用户名：和/etc/passwd 文件中用户名相对应。
（2）密码：存放加密后的密码。
（3）最后一次修改时间：用户最后一次修改密码的时间（从 1970-01-01 起计的天数）。
（4）最小时间间隔：两次修改密码允许的最小天数。

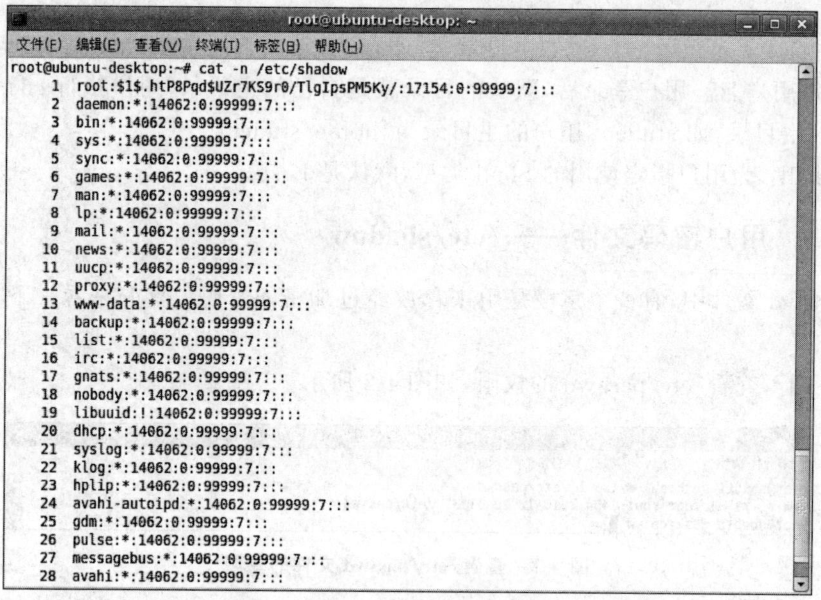

图 4-4 查看/etc/shadow 文件的内容

（5）最大时间间隔：密码保持有效的最多天数，即多少天后必须修改密码。

（6）警告时间：从系统提前警告到密码正式失效的天数。

（7）不活动时间：表示禁止登录前用户名还有效的天数。

（8）失效时间：表示用户被禁止登录的时间。

（9）标志字段无意义，未使用。

shadow 文件中，密码字段为 * 时表示用户被禁止登录，为"!!"时表示密码未设置，为"!"时表示用户被锁定。

如果安装 Linux 时未启用 shadow，可以使用 pwconv 命令启用。注意用 root 用户登录来执行该命令，执行的结果是/etc/passwd 文件中的密码字段被改为 x，同时生成/etc/shadow 文件。相反，如果要取消 shadow 功能，可使用 pwunconv 命令。

注意：用户管理是系统至关重要的环节，Linux 下用户开机要求必须提供用户名和密码。因此设置的用户名和密码必须牢记。密码的长度要求至少是 6 位。因为手动修改/etc/passwd 文件容易使用户账户出错，因此建议使用命令或者图形界面设置用户，不要直接更改/etc/passwd 文件。

4.1.4 用户管理

常用的命令有以下几种。

（1）useradd、adduser：增加用户。

（2）userdel：删除用户。

（3）usermod：修改用户。

（4）passwd：修改用户的密码。

注意：使用这些命令时，要求具有 root 权限。

1. 添加用户

【例 4-4】 添加 student1 用户，并查看添加用户后的结果。

执行以下命令后，/etc/passwd 文件内容如图 4-5 所示。

```
root@ubuntu:~ $   useradd student1
root@ubuntu:~ $   cat  -n  /etc/passwd
```

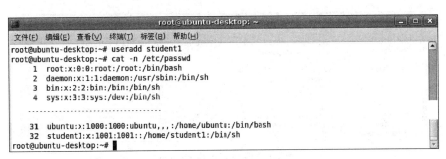

图 4-5　添加新用户 student1

系统自动指定用户 student1 的 UID 为 1001，同时还自动创建组名为 student1 的用户组（其名称和用户名相同，其 GID 值也和 UID 值相同），在/home 目录下还创建了目录 student1，用户的登录 Shell 是 sh。

说明：Ubuntu 中普通用户的 UID 和 GID 是从 1000 开始的，不是所有版本的 Linux 系统都是这样规定的，有的系统是从 500 开始。

useradd 命令提供了很多选项，使管理员可以灵活地增加用户。

（1）-c comment：注释行，一般为用户的全名、地址、办公室电话、家庭电话等。

（2）-d dir：设置个人主目录，默认值是"/home/用户名"。

（3）-e YYYY-MM-DD：设置账户的有效日期，此日期后用户将不能使用该账户。要启用 shadow 才能使用此功能。

（4）-f days：指定密码到期后多少天永久停止账户，要求启用 shadow 功能。

（5）-g group：设定用户的所属基本组，group 必须是存在的组名或组的 GID。

（6）-G group：设定用户的所属附属组，group 必须是存在的组名或组的 GID，附属组可以有多个，组之间用","分隔。

（7）-k Shell-dir：和-m 一起使用，将 Shell-dir 目录中的文件复制到主目录，默认是/etc/skel 目录。

（8）-m：若用户主目录不存在，则创建主目录。

（9）-s Shell：设置用户登录后启动的 Shell，默认是 Bash。

（10）-u UID：设置账户的 UID，默认是已有用户的最大 UID 加 1。

以上选项可以随意搭配。

【例 4-5】 采用指定设置添加用户,并观察添加后的结果。

以下命令的含义是:增加用户 student2,指定用户的 ID 是 1011,所属的组 ID 是 1001(与 studnet1 属于同一个组),指定 bash 为该用户的 Shell,个人目录是/home/studnet2,可以查看文件/etc/passwd,确认一下是否执行成功。

```
root@ubuntu:~ $    useradd student2 -u 1011 -g 1001 -d /home/ student2 -s /bin/bash
```

添加用户后/etc/passwd 文件的内容如图 4-6 所示。

图 4-6 添加新用户 student2

这时用户还不能登录,想要让新建的用户能够正常登录,还需要管理员为该用户设定密码。设定和修改用户密码,使用 passwd 命令。

2. 用户密码的设置

为用户设置密码的格式如下。

```
passwd  [选项]  用户名
```

选项:

(1) -l,锁定已经命名的用户名,只有具备超级用户权限的使用者方可使用。

(2) -u,解开账户锁定状态,只有具备超级用户权限的使用者方可使用。

(3) -d,删除使用者的密码,只有具备超级用户权限的使用者方可使用。

【例 4-6】 修改用户 student1 的密码属性。

执行以下命令:

```
root@ubuntu:~ $    passwd student1
Enter new UNIX password:
Retype new UNIX password: passwd:
```

修改用户的密码需要两次输入密码确认。密码是保证系统安全的一个重要措施,在设置密码时,不要使用过于简单的密码。

为了安全,密码最好需要以下几个特性。

(1) 密码中含有数个特殊字符如$、#、@、^、&、*及数字等。

(2) 密码长度至少为 8。
(3) 没有特殊意义的字母或数字组合,并且夹着很多特殊字符。
用户的密码也可以自己更改,使用不带用户名的 passwd 命令进行。

【例 4-7】 用户自己修改登录密码。

执行以下命令:

```
root@ubuntu:~ $ passwd
(current) UNIX password:
Enter new UNIX password:
Retype new UNIX password: passwd: 已成功更新密码
```

在系统中,有时需要临时禁止某个用户账户登录。可以利用-L 选项。要锁定某个用户账户登录,也可修改/etc/passwd 文件,在该用户的 passwd 域的第一个字符前加"♯"号注销这行记录,如要启用则再删掉♯。解除账户用参数-u,删除账户的密码用-d。

【例 4-8】 锁定、解除用户账户 student1、删除用户密码。

执行以下命令:

```
root@ubuntu:~ $    passwd -L student1       //临时锁定
root@ubuntu:~ $    passwd -u student1       //解除锁定
root@ubuntu:~ $    passwd -d student1       //删除用户的密码
```

3. 删除用户

格式:

```
userdel [-r] 用户名
```

选项:-r 表示删除该用户的相关文件。

例如,删除用户 student1 的命令如下。

```
root@ubuntu:~ $   userdel student1
```

4. 修改用户的属性

格式:

```
usermod [参数] 用户名
```

选项:
(1) -c<备注>,修改用户账户的备注文字。
(2) -d<登录目录>,修改用户登录时的目录。
(3) -e<有效期限>,修改账户的有效期限。
(4) -f<缓冲天数>,修改在密码过期后多少天即关闭该账户。

（5）-g＜群组＞，修改用户所属的群组。
（6）-G＜群组＞，修改用户所属的附加群组。
（7）-l＜用户名＞，修改用户名称。
（8）-L，锁定用户密码，使密码无效。
（9）-s，修改用户登录后所使用的 Shell。
（10）-u，修改用户 ID。
（11）-U，解除密码锁定。

说明：用户的属性相对比较多，需要时可以参阅帮助信息。

4.1.5 修改用户默认设置

给新增的用户设过密码后，这时该用户已可正常启用了，如果用户还希望修改默认设置以满足实际的要求，比如说想修改默认 Shell 为使用较多的/bin/bash 等。与添加用户的默认设置有关的文件主要是/etc/login.defs 与/etc/default/useradd 这两个文件。

【例 4-9】 查看/etc/login.defs 文件中的参数设置，如图 4-7 所示。

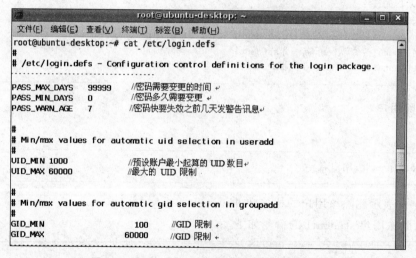

图 4-7 查看/etc/login.defs 文件中的参数设置

【例 4-10】 查看/etc/default/useradd 文件的内容。

执行以下命令：

```
root@ubuntu:~ $ cat /etc/default/useradd
```

运行结果如图 4-8 所示。

当建立一个名为 student1 的账户时，预设的主目录是/home/student1，而这个目录的内容是由/etc/skel 复制过去的。所以，当想要让使用者的预设主目录内容变动时，可以直接将要变动的数据写在/etc/skel 中。

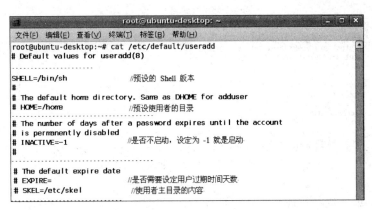

图 4-8　查看/etc/default/useradd 文件的内容

4.1.6　用户的分组及管理

Linux 的用户组分为私有组、系统组和标准组。

(1) 私有组：建立账户时，若没有指定账户所属的组，系统会建立一个组名和用户名相同的组，这个组就是私有组，这个组只容纳了一个用户。

(2) 标准组：可以容纳多个用户，组中的用户都具有组所拥有的权利。

(3) 系统组：Linux 系统正常运行所必需的用户组，安装 Linux 系统或添加新的软件包会自动建立系统组。

一个用户可以属于多个组，用户所属的组又有基本组和附加组之分。在用户所属组中的第一个组称为基本组，基本组在/etc/passwd 文件中指定；其他组为附加组，附加组在/etc/group 文件中指定。属于多个组的用户所拥有的权限是它所在的组的权限之和。

相对于用户信息，用户组的信息少一些。与用户一样，用户分组也是由一个唯一的身份来标识的，该标识叫作用户组 ID(GID)。

Linux 系统关于组的信息存放在文件/etc/group 中。

1. /etc/group——用户组文件

【例 4-11】　查看/etc/group 文件的内容。

执行以下命令：

```
root@ubuntu:~ $ cat  -n  /etc/group
```

运行结果如图 4-9 所示。

与 passwd 文件记录类似，组用户的每一行由 4 个字段组成，字段之间用"："分隔，其格式如下。

```
组名：组密码：GID：组成员
```

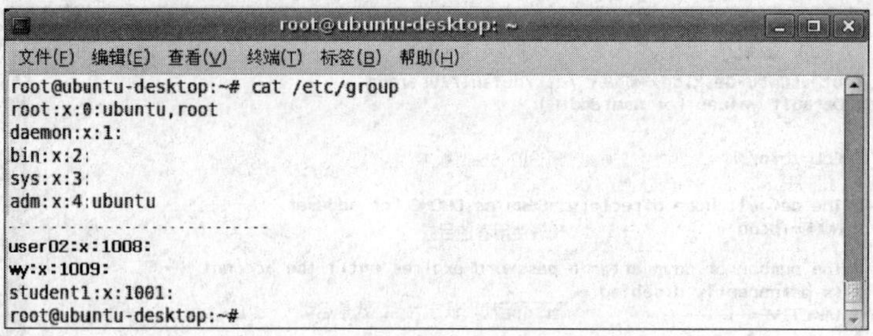

图 4-9 查看/etc/group 文件的内容

其中,组名就是组的名称;组密码通常不需要设定,一般很少用组登录,其密码也被记录在/etc/gshadow 中;组 ID 就是组的 ID;组成员是组所包含的用户,用户之间用","分隔,在该数据域中如果有成员,则以逗号为分隔符保存组的成员,如果没有成员,默认为空。

注意:group 文件中显示的用户组只是用户的附加组,用户的主组在这里是看不到的。它的主组在 passwd 文件中。

说明:一般情况下,管理员不必手动修改这个文件。系统提供了一些命令来完成组的管理。增加组用命令 groupadd,删除组用命令 groupdel,修改组用命令 groupmod。这些命令只能修改组本身的基本信息,不能对组中所包含的成员进行增加或删除操作。

2. 组的添加

可以手动编辑/etc/group 文件来完成组的添加,也可以用命令 groupadd 来添加用户组。

格式:

```
groupadd [选项] 组名称
```

选项:

(1) -g GID,指定新组的 GID,默认值是已有的最大的 GID 加 1。
(2) r,建立一个系统专用组,与-g 不同时使用时,则分配一个 1~499 的 GID。

【例 4-12】 使用 groupadd 添加一个组,组名为 stu。

执行以下命令:

```
root@ubuntu:~$  groupadd  -g 1005  stu
```

该命令增加了一个 ID 为 1005、名称为 stu 的组。

3. 组属性的修改

修改组的属性使用 groupmod 命令。

格式:

```
groupmod [选项] 组名
```

选项:
(1) -g GID,指定组新的 GID。
(2) -n name,更改组的名字为 name。

【例 4-13】 修改 stu 组的名为 user1。
执行以下命令:

```
root@ubuntu:~$   groupmod  -n  user1   stu
```

4. 删除组

【例 4-14】 将 user1 从组 groupdel 中删除。
执行以下命令:

```
root@ubuntu:~$   groupdel   user1
```

如果需要修改组密码,同时可以添加、删除组成员,可以使用 gpasswd 命令。该命令用来改变组中的成员用户或改变组的密码。
格式:

```
gpasswd [选项] [用户名] 组名
```

选项:
(1) -a,将用户加入组中。
(2) -d,将用户从组中删除。
(3) -r,取消组密码。
(4) 不带参数时,即修改组密码。

【例 4-15】 修改 user1 组的密码。
执行以下命令:

```
root@ubuntu:~$   gpasswd user1
正在修改 user1 组的密码
新密码:
请重新输入新密码:
```

【例 4-16】 将用户 student 添加到 user1 组中。
执行以下命令:

```
root@ubuntu:~ $    gpasswd  -a  student user1
正在将用户 student 加入 user1 组中
```

【例 4-17】 从 user1 组中删除 student 用户。

执行以下命令:

```
root@ubuntu:~ $    gpasswd  -d  student user1
正在将用户 student 从 user1 删除
```

【例 4-18】 完成以下对用户和组的一系列操作。

(1) 新建用户 kfu1,UID、GID、主目录均为默认设置。
(2) 新建用户 kfu2,UID 为 600,GID 为 700,其余为默认。
(3) 新建用户 kfu3,主目录为/kfu,其余为默认。
(4) 分别为 3 个用户设置密码。
(5) 把 kfu1 用户的 UID 改为 650,主目录改为/abc,附加组为 kfu2。
(6) 修改 kfu2 用户的密码为 111111。
(7) 删除 kfu3 用户的密码。
(8) 锁定 kfu1 用户。
(9) 删除 kfu3 及其主目录。

依序执行以下命令:

```
root@ubuntu:~ $    useradd   kfu1
root@ubuntu:~ $    useradd   kfu2   -u  600   -g  700
root@ubuntu:~ $    useradd   kfu3   -d  /kfu
root@ubuntu:~ $    passwd    kfu1                //根据提示设置用户密码
root@ubuntu:~ $    passwd    kfu2                //根据提示设置用户密码
root@ubuntu:~ $    passwd    kfu3                //根据提示设置用户密码
root@ubuntu:~ $    usermod   -u  650  -g  kfu2  -d  /abc  kfu1
root@ubuntu:~ $    passwd    kfu2                //根据提示修改用户密码
root@ubuntu:~ $    passwd    -d  kfu3
root@ubuntu:~ $    passwd    -l  kfu1
root@ubuntu:~ $    userdel   -r  kfu3
```

任务 4.2　文件权限管理

本任务介绍系统中的文件(目录)权限,以及如何把它指定给用户、用户组。

4.2.1　文件和目录的访问权限

文件和目录的权限都分为读、写和执行 3 种。

对于文件,读权限(r)表示只允许指定用户读取文件的内容,禁止对文件做任何更改;写权限(w)表示允许指定用户打开并修改文件;执行权限(x)表示允许指定用户将该文件作为一个程序执行。

对于目录,读权限(r)表示可以列出存储在该目录下的文件,即读目录内容;写权限(w)表示允许用户在目录中删除或创建新的文件或目录;执行权限(x)表示允许用户在目录中查找,并能用 cd 命令将工作目录切换到该目录。一般来说,开放一个目录要给定目录 r 权限,同时还要给定 x 权限。

【例 4-19】 使用命令 ls 查看文件/目录的属性。

执行以下命令:

```
root@ubuntu:~ $ ls -l
```

运行结果如图 4-10 所示。

图 4-10 查看文件/目录的属性

可以看出,每行显示的内容共分为 8 组,分别是文件/目录属性、inode 数、拥有者、所有者组、大小、建立日期、建立时间、文件名/目录名,前面已经简单介绍了每一组的作用,下面详细介绍第 1 组的内容。

第 1 组共 10 列,第 1 列为属性,其他 9 列为文件权限,3 位为一组,共分为 3 组。3 种用户+3 种权限,共 9 种组合。第 1 组为文件拥有者权限,第 2 组为同组(group)的权限,第 3 组为其他用户(other)权限。

(1) 文件类型:由第 1 列表示,d 表示目录;-表示文件;l 表示链接文件;b 表示块设备文件;c 表示字符设备文件。

(2) 文件拥有者的权限(第 2~4 列)。

(3) 同组的权限(第 5~7 列)。

(4) 其他用户的权限(第 8~10 列)。

如果没有相应的读、写或执行的权限,将在该位置以-来表示。所以目录 dev 的设置是:对于文件所有者(用户 root)有读、写和执行权限;对于组用户(组 root)有读和执行权限;对于其他用户有读和执行权限。

【例 4-20】 使用命令 ls 查看文件/etc/samba/smb.conf 的权限。

执行以下命令：

```
root@ubuntu:~ $ ls -l /etc/samba/smb.conf
```

运行结果如图 4-11 所示。

图 4-11　查看文件/etc/samba/smb.conf 的权限属性

前面 10 列说明如下。

第 1 列为-说明 smb.conf 为普通文件。

第 2～4 列为 rw-说明文件主(root)可以读、写，不可以执行。

第 5～7 列为 r--说明同组用户(g)可以读，但不可以写和执行。

第 8～10 列为 r--说明其他用户(o)可以读，但不可以写和执行。

4.2.2　修改文件的权限

修改文件访问权限可以使用 chmod 命令。

系统管理员可以修改整个文件系统中的所有文件的 FAP(file access permission)，普通用户只能修改拥有者是自己的那些文件。因此，用户 user01 可以运行的命令如图 4-12 所示。

图 4-12　生成一个新文件并查看和修改其权限

先用 touch 命令生成了一个新文件 myfile1.txt，查看其权限为-rw-r--r--，执行 chmod 命令后的结果是，该文件的 FAP 由原来的 rw-r--r--变为 rw-rw-r--。chmod 命令的第一个参数指出如何修改访问权限，第二个参数指出需要修改访问权限的是哪个文件。g＋w 表示在文件中的组拥有者(g)的权限新增加了写(w)权限。

修改权限的方法有两种：①字符方式；②数字方式。

Linux 系统采用传统的 UNIX 权限管理机制，对文件或目录的权限设置不能精确到每个用户,也就是不能直接指定某个文件的权限,类似于"对 A 和 B 用户只读,对 C 和 D 用户可读可执行,对 E 和 F 用户可读可写可执行"这么详细。

1. 用字符方式修改文件权限

格式:

```
chmod [操作对象] [操作符号] [权限] 文件名
```

操作对象、操作符号、权限的表示方法见表 4-2。

表 4-2 操作对象、操作符号、权限的表示方法

操作对象	u:所有者;g:组用户;o:其他用户;a:所有用户
操作符号	+:增加权限;-:取消权限;=:赋予权限,其他权限取消
权限	r:读;w:写;x:执行

设置权限也可以组合,即同时给所有者、组或其他同户同时设置。

【例 4-21】 将文件 myfile1.txt 的权限改为所有用户对其具有写权限。

具体操作如图 4-13 所示。

图 4-13 使所有用户对文件 **myfile1.txt** 具有写的权限

执行以下命令:

```
sudo chmod a+w myfile1.txt
```

可以看到所有用户相应的权限都添加了 w。

【例 4-22】 将文件 myfile1.txt 的权限重新设置为文件主可以读和执行,组用户可以执行,其他用户无权访问。

具体操作如图 4-14 所示。

图 4-14 设定文件 **myfile1.txt** 的权限

其他用户无权访问要加上 o=，否则其他用户属性不变。

【例 4-23】 将文件 txt1 的权限重新设置为只有文件主可以读和执行。

具体操作如图 4-15 所示。

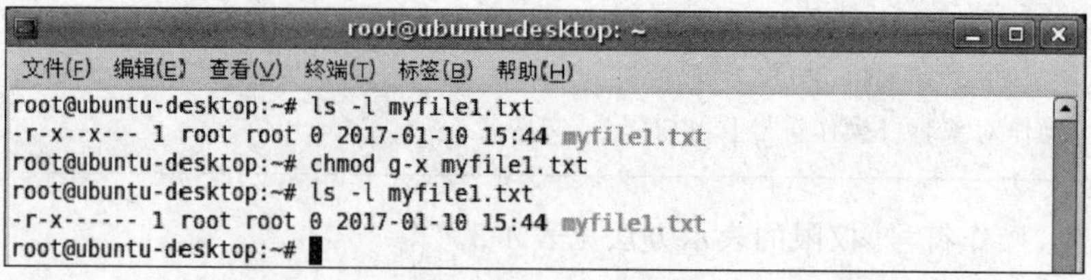

root@ubuntu-desktop: ~
文件(F) 编辑(E) 查看(V) 终端(T) 标签(B) 帮助(H)
root@ubuntu-desktop:~# ls -l myfile1.txt
-r-x--x--- 1 root root 0 2017-01-10 15:44 myfile1.txt
root@ubuntu-desktop:~# chmod g-x myfile1.txt
root@ubuntu-desktop:~# ls -l myfile1.txt
-r-x------ 1 root root 0 2017-01-10 15:44 myfile1.txt
root@ubuntu-desktop:~#

图 4-15　去除文件 myfile1. txt 组用户的执行权限

去掉组用户的读权限使用 g-x 即可。

说明：用字符方式修改文件权限方式要灵活一些，赋值和加减可以同时使用，没必要拘泥于一种形式，但需要考虑原来具有哪些权限，而下面介绍的以数字方式修改，得到的是文件最终的权限。

2. 用数字方式修改文件权限

首先必须了解用数字表示的属性的含义：0 表示没有权限，1 表示可执行权限(x)，2 表示可写权限(w)，4 表示可读权限(r)，然后将其相加。所以数字属性的格式应为 3 个从 0 到 7 的八进制数，其顺序是 u→g→o。每一种用户的权限分别用一位数字来表示，取值范围为 0～7。例如，如果想让某个文件的所有者具有 rwx 权限，则用数字表示，需表示为 4(可读)+2(可写)+1(可执行)=7。

数字设定法的一般形式如下。

```
chmod  [mode]  文件名
```

【例 4-24】 设置 myfile2. txt 文件的权限为 755，如图 4-16 所示。

root@ubuntu-desktop: ~
文件(F) 编辑(E) 查看(V) 终端(T) 标签(B) 帮助(H)
root@ubuntu-desktop:~# touch myfile2.txt
root@ubuntu-desktop:~# ls -l myfile2.txt
-rw-r--r-- 1 root root 0 2017-01-10 15:53 myfile2.txt
root@ubuntu-desktop:~# chmod 755 myfile2.txt
root@ubuntu-desktop:~# ls -l myfile2.txt
-rwxr-xr-x 1 root root 0 2017-01-10 15:53 myfile2.txt
root@ubuntu-desktop:~#

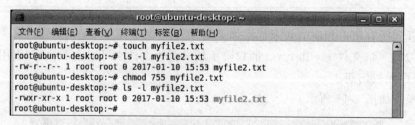

图 4-16　用数字方式设定文件 myfile2. txt 的权限

首先创建一个测试用的文件 myfile2. txt，再用数字方式修改其权限。可以看到，设定为 755 即把该文件权限设定为文件主(u)user01 拥有读、写、执行权限，与文件主同组的用户(g)拥有读、执行权限，其他用户(o)拥有读、执行权限。

注意：对于目录，要同时设置子目录的权限应加-R 选项。

4.2.3 默认访问权限

新建文件或目录的默认权限通过 umask 命令来设置。简单地讲，umask 就是用来决定创建的文件或目录不能拥有的权限。

在 Linux 系统中，新建文件的权限由系统默认权限和默认权限掩码共同确定，它等于系统默认权限减去默认权限掩码，公式如下。

新目录的权限＝777－默认权限掩码

新文件的权限＝666－默认权限掩码

Linux 系统中目录的默认权限是 777，文件的默认权限是 666。基于安全原因，Linux 系统不允许文件的默认权限有执行权。

umask 的数值是个 3 位数，用来表示文件的权限，第一个是文件所有者（user）的权限，第二个是组用户（group）的权限，第三个是其他用户（others）的权限。

umask 数字的含义如下：0 没有权限，1 允许执行，2 允许写入，3 允许执行和写入，4 允许读取，5 允许执行和读取，6 允许写入和读取，7 允许执行、写入和读取。

默认权限掩码可以使用 umask 命令修改。修改权限时，应使用 root 用户身份登录系统。

【例 4-25】 显示当前默认的权限掩码，并查看新建目录的权限。

具体操作如图 4-17 所示。首先切换成 root 用户，再进行如下操作。

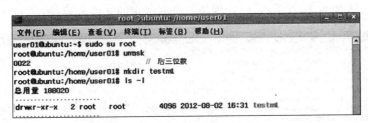

图 4-17　显示当前默认的权限掩码值，并查看新建目录的权限

后 3 位显示的是掩码，即 022；最后一行显示的是新建的目录 testm1 的权限。当使用默认权限掩码（022）时，新建目录的默认权限为 777－022＝755，即 rwxr-xr-x。

【例 4-26】 修改默认权限掩码为 002，并检查新建目录的默认权限，如图 4-18 所示。

可以看出，最后一行显示的是新建的目录 testm2 的权限。当使用权限掩码 002 时，新建目录的默认权限为 777－002＝775，即 rwxrwxr-x。

4.2.4 修改文件拥有者

chown 命令用于修改文件的所有者，命令 chgrp 用于修改文件的所属组，只有系统管理员才能修改文件的所有者和所属组。

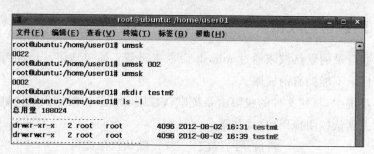

图 4-18 修改默认权限掩码，并检查新建目录的默认权限

格式：

```
chown [用户名]:[组名] 文件名
```

其用法如下。

```
chown 用户名 文件名          //只修改文件所有者
chown 用户名:组名 文件名     //同时修改文件所有者和所属组
chown 文件名                  //只修改组
```

【例 4-27】 查看文件并修改该文件的所有者和所属组。

具体操作步骤如图 4-19 所示，可先创建一个测试用的文件 myfile3。

图 4-19 查阅文件并修改该文件的拥有者和所属组

为命令加-R 选项可以递归式地改变指定目录及其中所有子目录和文件的所属组，也可以用 chgrp 命令实现。

格式：

```
chgrp <组名> <文件名>
```

例如，chgrp stu txt1 把 txt1 的所属组改为 stu。

任务 4.3　su、sudo 工具的使用

4.3.1　su——变更用户 ID

su 命令可以让用户在一个登录的 Shell 中不退出就改为另一个用户。如果 su 命令后面不跟用户名，默认成为超级用户 root。执行 su 命令后系统会要求输入密码。执行命令之后，当前所有的用户变量都会传递过去。如果是超级用户变更为变通用户则不需要输入密码。

su 命令在远程管理时非常有用。一般情况下超级用户 root 不被允许远程登录，这时可以用普通用户身份远程登录到主机，再用 su 命令切换为超级用户进行远程管理，如图 4-20 所示。

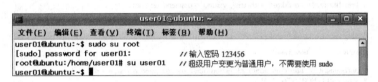

图 4-20　利用 su 命令切换用户

普通用户变更为超级用户 root，必须使用 sudo，反之，则不需要使用 sudo 命令。

说明：本书中用户 user01 已被升级为管理员，注意提示符为 $，以后不再说明。

4.3.2　sudo 工具的使用

Ubuntu 系统默认情况下是不允许用 root 用户登录系统的，但实际上系统安装和配置等都需要用户具有管理员的权限。sudo 是 Linux 平台上的一个非常有用的工具，它允许系统管理员分配给普通用户一些合理的"权力"，让他们执行一些只有超级用户或其他特许用户才能完成的任务，比如运行一些像 restart、reboot、passwd 之类的命令，或者编辑一些系统配置文件，这样一来不仅减少了 root 用户的登录次数和管理时间，也提高了系统安全性。

其特性主要有以下几点。

(1) sudo 能够限制用户只在某台主机上运行某些命令。

(2) sudo 提供了丰富的日志，详细地记录了每个用户做了什么。它能够将日志传到中心主机或者日志服务器。

(3) sudo 使用时间戳文件来执行类似的"检票"系统。当用户调用 sudo 并且输入它的密码时，用户获得了一张存活期为 5 分钟的"票"（这个值可以在编译时改变）。

(4) sudo 的配置文件是 sudoers，它允许系统管理员集中地管理用户的权限和使用的主机。

(5) 不是所有用户都可以使用 sudo 获得管理权限，普通用户是否可以使用 sudo 获得管理权限是通过/etc/sudoers 文件来设置的。

【例 4-28】　查看当前哪些用户可以使用 sudo 命令，并以 root 身份查看/etc/sudoers 文

件的内容。

通常情况下，只有 root 用户可以使用 visudo 命令编辑/etc/sudoers 文件，其他用户或其他编辑器通常不允许编辑/etc/sudoers 文件。

执行以下命令：

```
user01@ubuntu:~$  sudo  cat  /etc/sudoers
user01@ubuntu:~$  sudo  su  root
root@ubuntu:/home/user01#   visudo  sudoers
```

运行结果如图 4-21 所示。

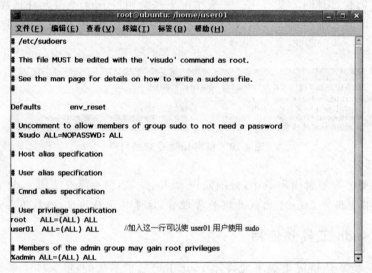

图 4-21　用 visudo 查看/etc/sudoers 文件的内容

visudo 命令的用法，初学者需要时间去掌握；sudoers 文件有严格的语法等要求，不建议直接编辑。

技巧：如何解决使用 sudo 时出现的类似 unable to resolve host ubuntu 的警告信息？

在 Linux 系统中，假设这台机器的名字叫 ubuntu（机器的 hostname），每次执行 sudo 就出现如下警告信息。

```
sudo: unable to resolve host ubuntu
```

虽然 sudo 还是可以正常执行，但是警告信息每次都会显示出来，而这只是机器在域名反向解析上的问题，所以可以直接在/etc/hosts 文件中设定，让 ubuntu（hostname）可以解析回 127.0.0.1 的 IP 即可。编辑/etc/hosts 文件，在 127.0.0.1 localhost 后面加上主机名称（hostname），例如，把/etc/hosts 内容修改成如下形式。

```
127.0.0.1 localhost ubuntu
# 或改成下面这两行
127.0.0.1       localhost
127.0.0.1       ubuntu
```

这样设完后,使用 sudo 就不会再有警告信息了。

任务 4.4 总结项目解决方案的要点

Linux 系统采用传统的 UNIX 系统权限管理机制,对文件或目录的权限设置不能精确到每个用户。也就是说不能直接指定某个文件的权限类似于"对 A 和 B 用户只读,对 C 和 D 用户可读可执行,对 E 和 F 用户可读可写可执行"这么详细。

在 Linux 中文件权限的设置对象只有 3 种:文件的拥有者(1 个用户)、组的拥有者(若干个用户)以及其他用户(若干个用户)。但一个用户可以加入多个用户组,从而形成比较复杂的关系,以满足本项目中提出的需求。

因此,可以建立 3 个用户组:proj_a(组员有 user01 和 user02)、proj_b(组员有 user03 和 user04)和 proj(user01、user02、user03 和 user04)。然后进行如下操作。

(1) 对目录/proj_a 设置权限,允许组 proj_a 读取、增加、删除、修改以及执行,不允许其他用户进行任何的访问操作。

(2) 对目录/proj_b 设置权限,允许组 proj_b 读取、增加、删除、修改以及执行,不允许其他用户进行任何的访问操作。

针对本项目的需求,做出以下分析和规划。

(1) 创建目录/proj_a,该目录里面的文件只能由 user01 和 user02 两人读取、增加、删除、修改以及执行,其他用户不能对该目录进行任何的访问操作。

(2) 创建目录/proj_b,该目录里面的文件只能由 user03 和 user04 两人读取、增加、删除、修改以及执行,其他用户不能对该目录进行任何的访问操作。

(3) 创建目录/proj,该目录里面的文件只能由 user01、user02、user03 和 user04 四人读取、增加、删除、修改以及执行,其他用户只可以对该目录进行只读的访问操作。

实现步骤如下。

(1) 增加用户组。

```
root@ubuntu:~ $    groupadd -g 2000 proj
root@ubuntu:~ $    groupadd -g 2001 proj_a
root@ubuntu:~ $    groupadd -g 2002 proj_b
```

(2) 增加用户。

```
root@ubuntu:~ $    useradd -m -u 3001 -g 2001 -G 2000 user01
root@ubuntu:~ $    useradd -m -u 3002 -g 2001 -G 2000 user02
```

```
root@ubuntu:~ $    useradd -m -u 3003 -g 2002 -G 2000 user03
root@ubuntu:~ $    useradd -m -u 3004 -g 2002 -G 2000 user04
```

(3) 修改用户密码。

```
root@ubuntu:~ $    passwd user01
root@ubuntu:~ $    passwd user02
root@ubuntu:~ $    passwd user03
root@ubuntu:~ $    passwd user04
```

(4) 创建目录。

```
root@ubuntu:~ $    mkdir /proj
root@ubuntu:~ $    mkdir /proj_a
root@ubuntu:~ $    mkdir /proj_b
```

(5) 修改目录的组拥有者。

```
root@ubuntu:~ $    chgrp proj /proj
root@ubuntu:~ $    chgrp proj_a /proj_a
root@ubuntu:~ $    chgrp proj_b /proj_b
```

(6) 修改目录的 FAP。

```
root@ubuntu:~ $    chmod 574 /project
root@ubuntu:~ $    chmod 570 /proj_a
root@ubuntu:~ $    chmod 570 /proj_b
```

完成后，以不同的用户登录 Linux 系统进行测试，看是否达到了预期的目的。

项目小结

用户在 Linux 系统中是分角色的，角色不同，每个用户的权限和所能完成的操作任务也不同。在实际的管理工作中，用户角色通过 UID(用户 ID)来识别。

用户管理主要通过修改用户配置文件/etc/passwd 和/etc/shadow 来完成。修改配置文件一般是通过命令来实现。系统提供了 useradd、userdel、usermod、password 命令分别用于增加用户、删除用户、修改用户和修改用户的密码。如果要启用新建的用户账户，首先要用 passwd 命令为新用户设置密码。

在 Linux 系统中，每个文件都有相应的文件访问权限，文件的权限由权限标志来决定，权限标志决定了文件的拥有者、文件的所属组、其他用户对文件访问的权限。用户对文件权限管理的操作有文件和目录的权限、修改文件拥有者和修改文件访问权限等。新建文件或者目录的默认权限通过 umask 命令来设置。

Linux 系统中的每个文件和目录都有 3 种不同的用户：文件主（user）、同组用户（group）、可以访问系统的其他用户（others）。不同的用户都有相应的访问权限，用它确定用户可以通过何种方式对文件和目录进行访问和操作。访问权限规定不同用户 3 种访问文件或目录的方式：读（r）、写（w）、可执行或查找（x）。

命令 chown 用于修改文件的拥有者，命令 chgrp 用于修改文件的所属组。

可以使用字符和数字两种方式设定文件或目录的权限。

Linux 系统是个多用户系统，允许不同的用户同时使用系统。

自主实训任务

1. 实训目的

（1）掌握 Linux 用户类型及用户和组的管理。

（2）掌握 Linux 系统中文件及目录权限的管理。

2. 实训任务

在 Ubuntu 系统中完成以下任务。

（1）复制文件/etc/samba/smb.conf 到目录/home 下，然后设置其权限为拥有者可以读、写和执行，文件所属组的用户可以读和执行，其他用户只可以执行。

（2）复制文件/etc/samba/smb.conf 到目录/home/stu 下，然后只使用 chown 命令修改其拥有者为用户 user01，所属组为 root 组。

（3）小张（user01）一个人使用 Linux 系统，他既是系统管理员，又是普通用户。为了系统的稳定使用，他需要使用管理员用户为自己创建两个用户账户 user05 和 user06。小张平时使用这两个用户登录使用系统，为了这两个用户交换和共享使用的方便，还需要做以下工作。

① 在系统中创建目录/mydir。

② 设置目录/mydir 的权限为该目录里面的文件只能由 user05 和 user06 两个用户读取、增加、删除、修改以及执行，其他用户不能对该目录进行任何访问操作。

（4）创建用户 zhansan，并设置其密码为 111111，修改其 UID 为 2000，两次改变密码之间相距的最小天数为 30 天。查看/etc/passwd 文件，观察该用户信息。

思考与练习

1. 选择题

（1）超级用户 root 的 UID 是（　　）。

  A. 0   B. 1   C. 500   D. 600

(2) root 组的 GID 是（　　）。
　　A. 0　　　　　　　　B. 1　　　　　　　　C. 500　　　　　　　D. 600
(3) 使用 useradd 命令时如果要指定用户的 UID，则需要（　　）选项。
　　A. -g　　　　　　　B. -d　　　　　　　C. -u　　　　　　　D. -s
(4) 如果要使用 passwd 命令删除用户密码，则需要（　　）选项。
　　A. -d　　　　　　　B. -u　　　　　　　C. -l　　　　　　　D. -S
(5) （　　）命令会在删除 hbzy 用户的同时删除用户的主目录。
　　A. rmuser -r hbzy　　　　　　　　　B. deluser -r hbzy
　　C. userdel -r hbzy　　　　　　　　　D. usermgr -r hbzy
(6) 向一个组中添加用户，应使用（　　）命令。
　　A. groupadd　　　B. groupmod　　　C. gpasswd　　　　D. chpasswd
(7) 改变文件或目录的访问权限，应使用（　　）命令。
　　A. chmod　　　　B. chown　　　　　C. usermod　　　　D. chsh
(8) 用户权限 rw 使用数字表示是（　　）。
　　A. 5　　　　　　　B. 4　　　　　　　C. 6　　　　　　　D. 7
(9) 存放用户账户的文件是（　　）。
　　A. shadow　　　　B. group　　　　　C. passwd　　　　D. gshadow
(10) 执行命令 chmod 764 txt1 后，该文件的权限是（　　）。
　　A. rw-rwxr--　　　B. rwxrw-r--　　　C. r-xrw-r--　　　　D. rwx---rw-
(11) 为了使文件的所有者获得读和写的权限，而其他用户只能进行只读操作，应将文件的权限设为（　　）。
　　A. 566　　　　　　B. 655　　　　　　C. 644　　　　　　D. 744
(12) 用来存放用户名、个人主目录等相关信息的文件是（　　）。
　　A. /etc/passwd　　B. /etc/passwd　　C. /etc/initab　　　D. /etc/group
(13) 改变文件的所有者，应使用（　　）命令。
　　A. chgrp　　　　　B. chown　　　　　C. chsh　　　　　　D. chmod

2. 填空题

(1) 某文件的权限为 drwx-wxr--，用数值形式表示该权限，则该八进制数为_____，该文件的属性是_____。
(2) Linux 系统下的用户分为 3 类，分别为超级用户、_____和_____。
(3) 修改用户的属性，一般使用_____命令。
(4) Ubuntu 下，普通用户的 ID 默认从_____开始。

3. 操作题

(1) 新建用户 usersun，密码为 abcd1234。
(2) 将 suersun 用户的密码改为 supersun2022。
(3) 设置 usersun 用户每隔 10 天必须更改密码。

(4) 新建用户 userpub,不需要密码就能登录。
(5) 新建组 boxgroup。
(6) 将用户 usersun 和 userpub 添加到 boxgroup 组中。
(7) 查看用户 usersun 和 userpub 的相关信息。
(8) 锁定用户 usersun。
(9) 一次性删除用户 userpub 及其工作目录。
(10) 为用户 usersun 解锁。
(11) 将组 boxgroup 更名为 ourgroup。
(12) 删除组 ourgroup。
(13) 新建组 newgroup,组 ID 为 600。

4. 实验题

(1) 用户的创建和管理。

① 创建一个名为 kfu 的组。

② 创建一个名为 stu 的用户,属于 kfu 组,并且这个用户没有主目录。

③ 创建一个名为 teacher 的用户,属于 admin 组,并且这个用户有主目录,设置该用户的密码为 123456。

④ 将 stu 的使用期限定为 2023-3-20。

(2) 组的创建和管理。

① 创建一个名为 ruanjian 的组。

② 用命令的方式把 stu 和 teacher 归属到 ruanjian 组中。

③ 查看 /etc/group 文件,看是否实现。

④ 在 /etc/group 文件中,把 ruanjian 组中包含的对象都清除。

5. 拓展题

某软件公司新来 4 名员工 zhangsan、lisi、wangwu、zhaoliu,其中 zhangsan、lisi、wangwu 三名员工同属于一个小组 workgroup1,zhaoliu 不属于该小组。有数据文件/data/testfile,现要求 zhangsan 拥有这个文件和目录(即 zhangsan 是文件 testfile 和目录 data 的所有者),并且对目录 data 具有所有权限,对文件 testfile 可读可写;workgroup1 小组的用户对目录 data 具有访问权限,对文件 testfile 可读,其他用户对目录和文件没有权限。

项目 5　网络类操作——网络配置与软件更新

教学目标

通过本项目的学习,掌握网络配置常用的文件、网络常用的各类管理命令,掌握 Ubuntu 系统中软件安装与升级的方法和步骤,包括软件源的配置和制作方法,掌握利用 apt-get 命令对软件进行管理、利用 iptables 命令加强网络安全性的设置方法。

教学要求

本项目的教学要求见表 5-1。

表 5-1　项目 5 教学要求

知 识 要 点	能 力 要 求	关 联 知 识
网络配置与管理	(1) 熟悉网络配置常用的文件 (2) 掌握网络常用的各类管理命令及使用方法	标准文件和设备文件 重定向的类型和命令 特殊文件/dev/null
软件的安装与升级	(1) 理解 APT 和软件源的概念 (2) 掌握查看软件源列表和更新软件源的方法 (3) 掌握文本模式界面下安装和升级软件的方法 (4) 掌握制作本地源的方法	APT 和软件源的概念 查看和更新软件源的方法 文本环境中软件安装与升级命令 文件操作类的命令
包过滤	(1) 理解包过滤的相关概念 (2) 掌握包过滤的常用命令 (3) 掌握包过滤的基本配置方法	防火墙技术 包过滤技术
自主实训	自主完成实训所列任务	项目和任务要点相关内容

重点与难点

(1) 网络配置常用的文件。
(2) 网络常用的各类管理命令及使用。
(3) 查看软件源列表和更新软件源的方法。
(4) 文本模式界面下安装和升级软件的方法。
(5) 包过滤的常用命令。

项目概述

刚刚入职的开发人员 root 在某软件开发公司从事网络系统管理与维护工作。在日常工作中,尽管有易用的图形界面工具可以进行一些基本的管理操作,但是作为服务器的 Linux 主机大多数情况下是运行于文本模式,有些功能图形界面工具目前也不能实现,比如在一块网卡上添加多个 IP 地址、精确地指定用户的访问权限等。另外,Linux 作为网络操作系统,在进行 Linux 网络连接中经常遇到各种问题,例如采用 ADSL 方式怎样连接 Internet;每次安装完系统都要重新对软件进行下载、更新,希望更新系统时能保留已安装的软件,对上网安全性的担忧等。希望能通过进一步的学习，找到解决这些问题的办法。

系统管理方面已介绍了在图形界面下的一些方法，用户与组的管理也在项目 4 进行了详细的介绍，本项目介绍在文本模式界面下进行网络管理、软件源设置、软件包管理、APT 及防火墙 iptables 等方面的内容。

项目设计

①掌握网络配置的主要文件和管理类命令；②利用网络轻松安装和更新软件；③制作本地源，省去系统更新时重新下载安装的步骤，可以方便地实现本地更新；④对主机上网安装设置包过滤规则，加强系统的安全性。

任务 5.1 网络管理命令

本任务介绍 Linux 下常用的网络配置文件、配置命令、管理工具以及设置 ADSL 上网等技能。

5.1.1 网络配置文件

在项目 2 中，用户可以在图形界面下对连接 Internet 需要基本的网络参数进行设定，如 IP 地址、子网掩码、网关等，其实这些配置都将被保存在以下这些文件中：网络接口参数配置文件/etc/network/interfaces、主机名配置文件/etc/hostname、DNS 域名解析配置文件/etc/resolv.conf、主机名配置文件/etc/hosts 等，以下将对这些文件做进一步的介绍。

1. /etc/network/interfaces 网络接口参数配置文件

这个文件是设定网络参数的主要文件，里面可以设定 IP 地址、子网掩码、网络地址、广播地址、网关、开机时的 IP 地址获得方式（DHCP、静态）、是否激活网络等。

本系统中有 3 个网络接口：lo、eth0、eth1。

(1) lo 是系统产生的回环网络接口，即使没有真实网卡，lo 也是存在的。

(2) eth0 网络接口对应于系统的第一块网卡，可配置为静态 IP 地址。

(3) eth1 网络接口对应于系统的第二块网卡，可配置为动态获取网络参数。

【例 5-1】 在文本模式界面下，判定两块网卡的编号是 eth0 或 eth1。

执行以下命令：

```
root@ubuntu:~$   cat   /etc/network/interfaces
root@ubuntu:~$   ethtool   eth1
```

先查看主机中有几块网卡及编号（本例中有两块，分别是 eth1 和 eth2，如图 5-1 所示），然后在虚拟机的网卡图标上右击，断开连接。再次执行 ethtool eth1，看状态是否连接即可判定，在实际中可断开相应网卡的网线。

图 5-1 在虚拟机中添加的两块网卡

2. /etc/hostname 主机名配置文件

该文件只有一行，记录着本机的主机名。用户在安装 Ubuntu 时指定的主机名就保存在该文件中，用户可以直接对它进行修改。

提示：直接修改/etc/hostname 中的主机名会引起在文本模式界面下使用 sudo 命令时出现警告信息，应同时更改/etc/hosts 文件。

3. /etc/resolv.conf DNS 域名解析服务器配置文件

该文件的主要作用是定义 DNS 服务器，根据网络的具体情况设置。它的格式很简单，每行以一个关键字开头，后接配置参数，可以设置多个 DNS 服务器。

resolv.conf 的关键字主要有以下 4 个。

（1）nameserver：定义 DNS 服务器的 IP 地址。
（2）domain：定义本地域名。
（3）search：定义域名的搜索列表。
（4）sortlist：对返回的域名进行排序。

此文件列出了客户机所使用的 DNS 服务器的相关信息。

【例 5-2】 显示/etc/resolv.conf 文件内容。

具体操作如图 5-2 所示。

图 5-2　显示/etc/resolv.conf 文件的内容

4. /etc/hosts 主机名解析文件

该文件中记录了计算机的 IP 地址对应的主机名称。在网络发展初期，系统可以利用 hosts 文件查询域名所对应的 IP 地址，这个工作现在由域名服务器来完成，但/etc/hosts 文件仍然用于保存经常访问的主机域名和 IP 地址。对于简单的主机名解析，通常在请求 DNS 或 NIS 网络域名服务器之前，Linux 系统先访问这个文件把对应的计算机名解析成 IP 地址。

技巧：把常用的网址与 IP 地址的对应关系加入/etc/hosts 文件，能够提高网络访问的速度。

在这个文件中，采用以下格式说明这种对应关系。

```
IP 地址    主机名    全域名
```

这条信息写入/etc/hosts 文件后，就可以使用主机名或全域名来取代原来的 IP 地址。打开/etc/hosts 文件，执行 cat 命令，显示结果如图 5-3 所示。

项目 5 网络类操作——网络配置与软件更新

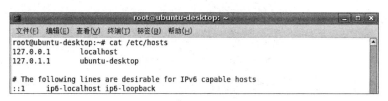

图 5-3 查看 /etc/hosts 文件的内容

其中,IP 地址是 127.0.0.1 的信息表示主机自身,它用于系统内用户间的本地通信。

5.1.2 在文件 /etc/network/interfaces 中配置网络

Linux 网络设定的配置参数都保存相关的配置文件,因此通过修改相应的文件就可以重新配置网络参数。修改文件的一般步骤如下。

(1) 关闭相关网络接口。

(2) 修改相应参数文件。使用 vi 编辑器或者 gedit 编辑器(图形界面使用)编辑网络接口参数配置文件 /etc/network/interfaces。

【例 5-3】 通过修改 interfaces 文件配置网络,并配置一个虚拟网络子接口。

网络接口(interface)是网络硬件设备在操作系统中的表示方法。网卡在 Linux 操作系统中用 eth*n* 来表示,*n* 是由 0 开始的正整数,如 eth0、eth1。

虚拟网络接口是指为一个网络接口指定多个 IP 地址,虚拟接口表示为 eth0:0、eth0:1、eth0:2、…、eth0:*n*。使用虚拟网络接口可以为一块网卡设置多个 IP 地址。

eth0:0 接口是一个虚拟的接口。当它被激活时,网卡 eth0 也会被激活。

首先打开终端,执行如图 5-4 所示的命令。

图 5-4 备份并编辑 /etc/network/interfaces 文件

其次编辑 interfaces 文件,配置网络参数并添加虚拟网络子接口,修改后的文件内容如图 5-5 所示。

提示:配置子接口前,可先用 ifconfig 命令查看本机可用的网卡编号,本例中可用的网卡编号为 eth0,配置时可根据具体情况进行修改。如果 ifconfig 命令不带选项 -a,则只显示当前激活的网卡的信息,未激活的网卡的信息不显示。

最后重启网络服务,使修改后的网络配置生效,执行以下命令。

```
root@ubuntu:~ $   /etc/init.d/networking   restart
```

重启以后,通常结果显示有 eth0:1 接口的信息,表示子接口配置成功。

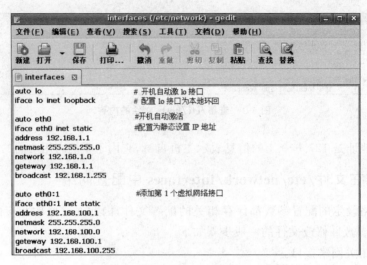

图 5-5 配置/etc/network/interfaces 文件

【例 5-4】 用 ifup 激活、ifdown 关闭 eth1 接口。

执行以下命令：

```
root@ubuntu:~$  ifup eth1
root@ubuntu:~$  ifdown eth1
```

命令 ifup、ifdown 是通过文件来激活、关闭网络的，与例 5-8 中使用 ifconfig 临时激活或关闭网络的不同，如果配置有虚拟子接口，则需要使用 ifup 激活或 ifdown 关闭。

【例 5-5】 有时候虽只有一个网络接口，但网络连接（logical name）是 eth1 或为 eth2 甚至为更大的数字，可能会影响一些程序的默认使用，如何解决？

利用 ifconfig -a 命令，可以得到网卡的 MAC 地址。比如本例中的网卡有两块，但编号是从 eth1 开始的，如果需要修改，可按以下方法。

先备份，再编辑文件/etc/udev/rules.d/70-persistent-net.rules，执行如图 5-6 所示的命令。

图 5-6 备份并编辑网卡设备配置文件

删除该文件中无用网卡的所有内容，也可直接修改。注意在 ATTR{address}中一定要写真实的物理 MAC，即你的网卡的 MAC 地址，再把 NAME 中的内容修改为 eth0，如图 5-7 所示。

最后重启网络服务，面板上的网络监视器如果此前已启用，需要删除后再添加一次，更新后就可以配制网卡了。

```
# PCI device 0x1022:0x2000 (pcnet32)
SUBSYSTEM=="net", ACTION=="add", DRIVERS=="?*", ATTR{address}=="00:0c:29:ff:01:32", ATTR{type}
=="1", KERNEL=="eth*", NAME="eth1"
```

图 5-7　网卡设备配置的文件内容

5.1.3　网络参数配置命令 ifconfig、route

主要的网络参数配置命令有：ifconfig 用来临时设定网络参数；route 用来显示或修改路由表（route table）等。

1. ifconfig——临时配置网络参数

ifconfig 的主要作用是激活/关闭网络设备、更改网络设备信息、修改网卡的硬件地址，一般在需要调试及系统调整时才使用。因为没有把配置参数保存到相关文件，使用 ifconfig 命令配置的网络参数在系统重启后将会丢失，这在需要只是临时修改一下 IP 地址信息时非常方便。

【例 5-6】　查看网络信息。在终端中执行如图 5-8 所示的命令。

图 5-8　用 ifconfig 命令查看网卡设置

【例 5-7】　修改 eth0 接口的 IP 地址为 192.168.1.1，子网掩码为 255.255.255.0。

如图 5-9 所示，可以看到网卡 eth1 的 IP 地址已被修改了，要注意区分与直接修改/etc/network/interfaces 文件配置网卡的不同。

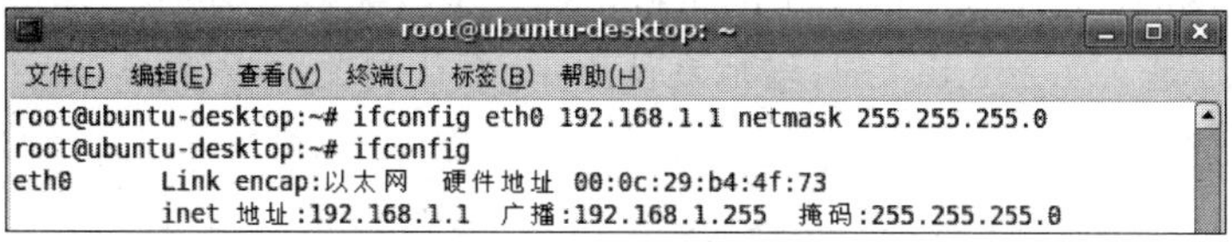

图 5-9　用 ifconfig 命令修改网卡设置

【例 5-8】　用 ifconfig 命令临时激活或关闭 eth0 接口。

执行以下命令：

```
root@ubuntu:~$    ifconfig   eth0   up        //激活 eth0 接口
root@ubuntu:~$    ifconfig   eth0   down      //关闭 eth0 接口
```

2. route——显示、配置路由信息

route命令的功能是显示路由、添加路由、删除路由和添加/删除默认网关,通常在同一网段的计算机可以直接通信,但是对于不同的网段则必须借助路由功能实现。路由的主要作用是实现不同网段的通信。

在计算机中有一个路由表,它包含关于系统如何把IP包发送到目的地的信息。

route命令主要有以下3种操作方式。

```
route [-n ee]
route add [-net|-host] 目标主机或网络 [netmask] [gw|dev]
route del [-net|-host] 目标主机或网络 [netmask] [gw|dev]
```

各选项含义如下。

(1) -n:用数字地址形式代替解释主机名形式来显示地址。此项对检测为何用户到域名服务器的路由发生故障的原因非常有用。

(2) ee:将产生包括选路表所有选项在内的大量信息。

(3) add:添加一条路由。

(4) del:删除一条路由。

(5) -net:路由目标target为网络。

(6) -host:路由目标target为主机。

(7) netmask:为添加的路由指定子网掩码。

(8) gw:通过一个网关进行包路由。

【例5-9】 给IP是192.168.1.1的主机增加一条目标网络为192.168.1.0的静态路由。

执行以下命令:

```
root@ubuntu:~$   route add -net 192.168.1.0 netmask 255.255.255.0 dev eth0
```

【例5-10】 给IP是192.168.1.1的主机增加一条目标网络为192.168.1.0的路由,假设网关的IP地址是192.168.1.254,增加默认路由(默认网关)。

执行以下命令:

```
root@ubuntu:~$   route del -net 192.168.1.0 netmask 255.255.255.0
root@ubuntu:~$   route add default gw 192.168.1.254
```

【例5-11】 假设网关的IP地址是192.168.1.254,删除其默认路由(默认网关)。

执行以下命令:

```
root@ubuntu:~$   route del default gw 192.168.1.254
```

5.1.4 其他网络命令

1. ping

功能：测试本主机和目标主机的连通性。

格式：

```
ping [选项] 主机名或 IP 地址
```

说明：ping 命令的功能和用法类似于 DOS/Windows 系统的 ping 命令，实际上，多种支持网络的系统都有 ping 命令，功能和用法都很相似。

选项：

（1）-c count，共发出 count 次信息，不加此项，则发无限次信息。

（2）-i interval，两次信息之间的时间间隔为 interval，不加此项，间隔为 1 秒。

（3）-q，不显示指令执行过程，开头和结尾的相关信息除外。

【例 5-12】 以本机为例，观察 ping 命令测试的结果。

执行如图 5-10 所示的命令，可以看出以上命令共发出 4 次信息，显示了数据包的传送与接收情况的时间、统计等信息。

图 5-10 用 ping 命令测试网络

2. host

功能：将主机名解析为 IP 地址或将 IP 地址解析为主机名。

格式：

```
host 主机名或 IP 地址
```

例如，解析 www.sina.com 的 IP 地址。执行以下命令：

```
root@ubuntu:~$ host www.sina.com
www.sina.com. has address 66.77.9.79
```

即主机 www.sina.com 的 IP 地址为 66.77.9.79。

3. hostname

功能：显示或设置系统的主机名。
格式：

```
hostname [主机名]
```

【例 5-13】 显示当前系统的主机名。
执行以下命令：

```
root@ubuntu:~$ hostname
ubuntu
```

4. netstat

功能：显示网络连接、路由表、网卡统计数等信息。
格式：

```
netstat [选项]
```

选项：
（1）-i，显示网卡的统计数。
（2）-r，显示路由表。
（3）-a，显示所有信息。
例如：

```
root@ubuntu:~$ netstat -i
```

5. traceroute

功能：显示本机到达目标主机的路由路径。
格式：

```
traceroute 主机名或IP地址
```

例如：

```
root@ubuntu:~$ traceroute www.sina.com
traceroute to www.sina.com (66.77.9.79), 30 hops max, 38 byte packets
1  * * *
2  211.162.65.62 (211.162.65.62)  1.116 ms  1.010 ms  0.945 ms
3  211.162.78.201 (211.162.78.201)  1.061 ms  1.053 ms  1.030 ms
...
```

6. wall

功能：向所有用户终端发送字符消息。
格式：

```
wall
```

例如：

```
root@ubuntu:~$  wall
```

表示进入消息输入状态，可以输入一行或多行消息，按 Ctrl+D 组合键结束。在进行系统管理时，如果有紧急消息要通知所有在线用户，wall 命令十分有用。

7. write 用户名[终端]

功能：向用户发送字符消息。
格式：

```
write  用户名[终端]
```

例如：

```
root@ubuntu:~$  sudo  write  user01
```

执行命令后进入消息输入状态，可以输入一行或多行消息，按 Ctrl+D 组合键结束。write 命令和 mesg 命令有关。

8. mesg

功能：控制他人向自己的终端发送消息的能力。
格式：

```
mesg  [选项]
```

选项：
(1) y，允许他人向自己的终端发送消息。
(2) n，不允许他人向自己的终端发送消息，但无法阻止 root 用户向自己发送信息。
例如：

```
root@ubuntu:~$  mesg  n
```

该命令表示其他用户用 wall 命令发送消息时，不会对自己的终端产生影响。如图 5-11

所示,显示当前终端是否允许他人向自己的终端发送消息,n 表示不允许。

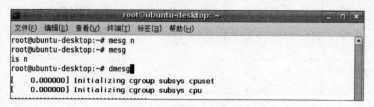

图 5-11 mesg 使用示例

如果开机时来不及查看信息,可利用 dmesg 命令来查看。开机信息也保存在/var/log 目录中名为 dmesg 的文件中。

9. mail

功能:发送和接收邮件。

格式:

```
mail  用户名或 E-mail 地址
```

mail 命令用于在系统内发送和接收邮件,也可以向 Internet 上的主机发送邮件或从 Internet 上的主机接收邮件。如果需要使用该命令,要先行安装 mail 相关软件包。

例如:

```
root@ubuntu: ~ $    mail Jim
Subject:This is a test mail
Hello,Jim!
Cc:
```

输入时按 Ctrl+D 组合键可以结束输入,把邮件发出。当用户 Jim 登录时,系统会提示 You have mail。这时用户 Jim 可以直接使用 mail 命令来接收邮件和回复邮件。输入该命令时,出现 & 提示符。

10. ftp

功能:连接到 FTP 服务器。

格式:

```
ftp  主机名或 IP 地址
```

例如:

```
root@ubuntu: ~ $   ftp 192.168.1.1
```

执行以上命令将连接到 FTP 服务器 192.168.1.1。连接成功后会提示输入用户名和密码,如果登录成功后将得到 ftp>提示符。在该提示符下可以使用各种 FTP 命令,可以用 help 命令或"?"取得可供使用的命令清单,也可以在 help 命令后面指定具体的命令名称,可参考本书项目 9 的相关内容。

11. telnet

功能:远程登录到服务器。

格式:

```
telnet  主机名或 IP 地址
```

例如:

```
root@ubuntu:~$  telnet  192.168.1.1
```

执行以上命令将远程登录到服务器 192.168.1.1,服务器应开启 Telnet 服务,否则会连接失败。如果成功连接,会提示输入用户名和密码。登录成功后就可以远程管理或使用服务器。

任务 5.2 上网设置

5.2.1 PPPoE 宽带拨号上网设置

PPPoE(point to point protocol over ethernet,基于以太网的点对点通信协议)是为了满足越来越多的宽带上网设备(即 ADSL、无线路由器等)和越来越快的网络之间的通信而制定开发的标准。对于最终用户来说,不需要深入了解局域网技术,只需要将其当作普通拨号上网即可。

在 Ubuntn 系统中通过 PPPoE 路由器拨号上网的基本步骤如下。

(1) 启动调制解调器。

首次拨号:选择"应用程序"|"系统工具"|"终端"命令,在终端执行以下命令。

```
root@ubuntu:~$  pppoeconf
```

(2) 根据屏幕提示进行如下设置。

① 确认系统已经找到本机网卡。

② 输入上网账户的用户名。

③ 输入上网账户的密码。

④ 如果已经有一个已配置好的 PPPoE 网络连接,系统会询问是否想重新配置这个连接。

⑤ 一般情况下,系统会问是否需要 noauth 或 defaultroute,应选择 YES,接下来还会问

是否去掉 nodetach,也应选 YES。

⑥ 是否使用对等 DNS,选 YES。

⑦ 对于 Limited MSS problem,选 YES。

⑧ 系统询问是否愿意在启动时创建这个连接,如果希望在系统启动时连到 Internet 就选择 YES,否则就选择 NO,推荐选 YES。

⑨ 系统询问是否立即建立这个连接,选 YES。

(3) 以上设置完成后,系统的网络连接就可以正常工作了。以后若需要手工拨号,可以打开终端,执行以下命令。

```
root@ubuntu:~$  pon  dsl-provider
```

一般情况下,一次拨通并登录 Ubuntu 以后都会自动拨通上网,不用每次都输入命令进行拨号。

提示:命令 pon、poff、plog 可手动启动、关闭或查看连接。利用 man 命令可获得更多详细的使用信息。

5.2.2 网卡切换功能

在家里和单位上网设置会有不同,需要对网卡 eth0 不断进行配置。可以在 Ubuntu 中先定义两个网络接口,如 home 和 work,利用网卡配置切换功能,可以做到在不同地点启用不同的设置,如在家中可执行命令 ifdown eth0、ifup eth0=home,在单位则执行 ifdown eth0、ifup eth0=work,这样即可解决频繁更改网卡配置的问题。

网卡配置文件内容可做如图 5-12 所示的设置。

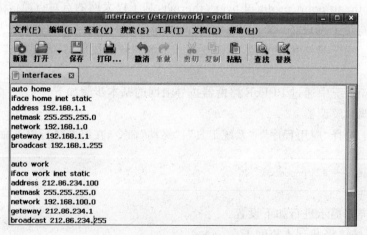

图 5-12 网卡配置文件切换配置示例

5.2.3 校园网使用 Dr.com 上网验证的方法

(1) 安装编译环境,需要将 Ubuntu 服务器版的光盘添加到软件源,更新数据库列表,安装编译环境。

```
root@ubuntu:~$   sudo apt-cdrom   add
root@ubuntu:~$   apt-get update
root@ubuntu:~$   apt-get install build-essential
```

（2）下载 drcom-1.4.4.tar.gz，解压并编译、安装 Dr.com。

```
root@ubuntu:~$   tar -xzf drcom-1.4.4.tar.gz
root@ubuntu:~$   cd drcom-1.4.4
root@ubuntu:~$   make install      //执行编译安装
```

（3）配置 Dr.com。

```
root@ubuntu:~$   ifconfig
root@ubuntu:~$   gedit /etc/drcom.conf
root@ubuntu:~$   drcomd
drcomc login              //登录
drcomc logout             //退出
```

/etc/drcom.conf 文件说明如下。
- username：登录的用户名。
- password：登录的密码。
- device：连接外网的网卡号，如 eth0。
- except：连接内网的地址，用"网络地址/网络掩码"的形式。
- dnsp：首选 DNS。
- dnss：备选 DNS，可与首选 DNS 填写一样。
- dhcp：可以不填。
- servip：192.168.1.1，自己的 IP 地址。

其他选项可不填写。

任务 5.3　使用 APT

Ubuntu 提供了 APT(advanced packaging tool,高级软件包工具)，在软件安装维护方面更加方便易用，使用起来甚至比 Windows 的安装与维护更为方便。

APT 可用来使用快速、实用、高效的方法来安装软件包，同时，当软件包更新时，它可以自动管理关联文件和维护已有配置文件。apt-cache 加上不同的选项可以实现查找、显示软件包信息及包依赖关系等功能。

apt-get 命令用于文本模式界面下软件的安装、升级、移除以及软件包的查找。

1. 安装软件包

执行以下命令：

```
root@ubuntu:~$    apt-get   install   软件包名
```

apt-get命令会检查软件包的完整性,如果要在完整性检查失败的情况下仍然继续安装,应使用如下方式。

```
root@ubuntu:~$    apt-get   install   软件包
```

软件包名可以使用通配符,如果该软件包需要其他软件包才能正常运行,APT会做关联性检查并自动安装所关联软件包,也可以用一条命令安装多个软件包。如果是网络安装包,包文件先存在本地的/var/cache/apt/archives目录中,稍后再安装。

重新安装:

```
apt-get --reinstall install softname1 softname2 …
```

2. 删除软件包

执行以下命令:

```
root@ubuntu:~$    apt-get   remove   软件包名
```

以上命令仅删除软件包,不删除配置文件等,如果要完全删除应使用以下命令。

```
root@ubuntu:~$    apt-get   remove   软件包名   --purge
```

(1) 清除式卸载:apt-get --purge remove softname1 softname2 …。(同时清除配置)
(2) apt-get remove:卸载软件包。
(3) apt-get --purge remove:完全卸载软件包。
(4) apt-get clean:清除无用的软件包。

例如,移除MySQL数据库,可执行以下命令。

```
root@ubuntu:~$    apt-get   remove   mysql-server
```

3. 查询软件包信息

apt-cache命令用于搜索包,如果用户不知道具体包名,可先执行sudo apt-cache search packagename命令。这个命令是常用的,必须记住。只要知道了软件包名称,使用APT安装就非常容易。当需要安装一个软件而又不知道确切名称时,就需要求助于APT提供的另一个命令apt-cache。该命令可以用于查询软件包数据库,获取相关软件包信息。

(1) 根据正则表达式搜索软件包,命令如下。

```
root@ubuntu:~$    apt-cache search  软件包名
```

(2) 显示该软件包的依赖信息,命令如下。

```
root@ubuntu:~$    apt-cache depends  软件包名
```

(3) 获得某软件包的详细信息,命令如下。

```
root@ubuntu:~$    apt-cache show 软件包名
```

(4) 了解某软件包与哪些软件包关联,命令如下。

```
root@ubuntu:~$    apt-cache depends 软件包名
```

4. 下载软件包但不安装

执行以下命令:

```
root@ubuntu:~$    sudo apt-get  -d  remove  软件包名
```

这个命令可以常用来下载需要的软件,制作本地软件源。

5. 软件升级与更新

安装完系统后要及时进行软件与安全配置的更新,系统更新一般分为以下两步。

【例 5-14】 管理员 user01 常用的升级方法。执行以下命令。

```
root@ubuntu:~$    apt-get    update
root@ubuntu:~$    apt-get    upgrade
root@ubuntu:~$    apt-get    dist-upgrade
```

一般来说,apt-get update 是安装软件的第一步。apt-get update 命令将通过扫描软件源中的软件包列表文件(主要是文件名为 package 或者 source 的列表文件)来更新本地数据库,它将使系统获得最新的软件包更新和安全更新等信息。

apt-get upgrade 是安装软件的第二步。apt-get update 命令只是让用户知道软件有更新或者有新版本的软件,而 apt-get upgrade 命令才是真正更新已经安装的软件。

任务 5.4 软件源的设置

5.4.1 软件源简介

项目 2 已经介绍过了采用软件源工具对 sources.list 进行设置,下面介绍文本配置方式。

以往使用 Windows 的一个原因就是软件安装简单,但找到需要的软件非常麻烦,找到了还不一定能用。现在 Ubuntu 为用户做好了大部分工作,这就是软件源,也就是一个软件的仓库,包含用户可能用到的所有软件,所以当需要某软件时,直接从软件源里搜索并自动下载、安装。

Ubuntu 中,软件源的位置是通过文件 /etc/apt/sources.list 来设置的,其功能是通过设置该文件对软件包进行定位,从而指定软件源的位置。用户也可以自行修改设置软件源列表。

图 5-13 显示的是 sources.list 文件中的部分内容。

图 5-13 软件源文件 sources.list 的部分内容

上述结构可说明如何定位软件源。以下简单介绍 sources.list 文件的内容,其中每一行包括如下几部分内容。

(1) 文件包格式:如果是二进制软件,则 APT 行中含有 deb;如果是源代码,则 APT 行中含有 deb-src。

(2) URI:输入软件源的合法 URI(uniform resource indicator,统一资源标识符),如 ftp://ftp.domain.ext/path/to/repository 或 http://www.domain.ext/path/to/repository 以及 file:///path/to/repository 等。

(3) Distribution(分发):一般为与版本代号相关的名称,如图 5-13 中的 Ubuntu 8.04.1,版本名称为 hardy,所以每行第三部分内容为 hardy。

(4) Components(组件):用于选择要访问的软件仓库的"类",增加更多的"类"需用空格隔开。Ubuntu 的官方分类有 main、restricted、universe、multiverse 四种。

例如,sources.list 文件中的 deb http://cn.archive.ubuntu.com/ubuntu/ hardy main restricted universe 表示网络源二进制软件代码,可以展开成 3 个网络路径:http://cn.archive.ubuntu.com/dists/hardy/main、http://cn.archive.ubuntu.com/dists/restricted 和 http://cn.archive.ubuntu.com/dists/universe。

其中,dists 是 APT 能够自动识别的软件池。为了管理方便,Ubuntu 的 APT 还有一种新的软件池,其中大部分软件都存放在 pool 目录下,dists 作为一种老的软件池,则存放软件包列表文件(主要是软件包名)。

5.4.2 设置本地软件源

如果没有上网条件,或者不希望在重装系统时再次安装诸多的软件包,可以制作本地源,或将其制作成离线升级光盘,作为以后重装系统时的本地源。

安装软件时,系统下载的软件包以及所依赖的包会保存在/var/cache/apt/archives/目录下,apt-get install 会先从 Packages.gz 包里读取软件列表和包依赖信息,安装某个软件时先扫描本地 archieves 目录,如果可以找到对应的包,就开始安装,否则从源里下载该包。

文件 Packages.gz 中记录了某个目录如~mydebs 下面的软件包信息,包括依赖信息。例如,创建包列表以依赖信息文件,并存放在文件夹 mydebs 目录下的命令如下。

```
dpkg-scanpackages mydebs.pool  /dev/null |gzip >  mydebs/Packages.gz
```

【例 5-15】 创建本地源,以方便以后离线时更新升级。
(1) 安装必要的软件包 dpkg-dev。

```
root@ubuntu:~$   apt-get  install  dpkg-dev
```

(2) 备份已经下载到本机的软件包,在用户主目录下建立 mydebs 目录,该目录名可自行更改,复制/var/cache/apt/archives 下的文件到~/mydebs 目录中。

```
root@ubuntu:~$   mkdir   ~/mydebs
root@ubuntu:~$   cp   -a  /var/cache/apt/archives/ *   ~/mydebs
```

(3) 建立包列表及依赖信息文件。

如图 5-14 所示,该命令执行完成后,将在/media/mydebs/dists/hardy/main/binary-i386/目录下生成一个 Packages.gz 文件,里面记录了本地包的列表及包依赖信息,sudo apt-get update 命令就是用于获取该文件中的信息。用户可以在图形状态下查看其中的内容,关键是包的存放路径。在本例中,所有需要备份的包都放在 mydebs.pool 目录下。

图 5-14 建立包列表及依赖信息文件

至此/var/cache/apt/archives 下的 deb 包,以及所需要包的依赖信息文件已存放在用户主目录下的~/mydebs 文件夹中。最后列出包的整个目录结构,如图 5-15 所示。

说明:

(1) 要备份的软件包都存放在目录 mydebs.pool 中,用户可以下载更多的软件包存放在该目录下,该目录与 dists 目录并列。

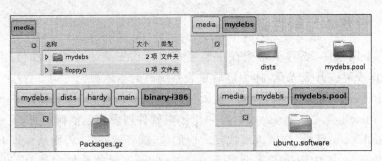

图 5-15　建立本地源的目录存放路径示意图

（2）dists 目录中存放的是包依赖信息文件 Packages.gz，该目录及下级各目录的名字不要更改，供系统自动识别用。如果添加了新的软件包，需要重新生成 Packages.gz 文件，以更新包依赖信息。

（3）这个目录设置与 /etc/apt/sources.list 中的设置要一致，如本例在使用时应在 sources.list 文件的最后加上 deb file:///media/mydebs hardy main（详见例 5-16 本地源的使用）。该路径可根据个人习惯修改。

【例 5-16】　本地源的使用。

如果需要重新安装系统，或没有上网条件时，可以直接使用制作好的本地源。在使用前，可将例 5-15 中的备份包 mydebs 制作成光盘读入，或者制作成光盘镜像文件，或者也可以用移动硬盘直接读入复制。具体操作步骤如下。

（1）打开终端，进入用户主目录。

```
root@ubuntu:~$   cd ~      //确认将当前目录设置为用户的个人主目录
```

（2）把 mydebs 目录（含所有子目录和其中的文件）全部都复制到目录 /media 目录下，由于这个目录有权限的限制，简便起见授予它及所属子目录全部权限（777）。

```
root@ubuntu:~$   chmod 777 -R /media/mydebs
root@ubuntu:~$   cp -R mydebs/* /media
```

（3）完成上面的工作之后，执行下面的命令。

```
root@ubuntu:~$   gedit /etc/apt/sources.list
```

打开 sources.list 文件，在最后增加如下一行。

```
deb file:///media/mydebs hardy main
```

完成以上 3 个步骤的工作之后，本地源的制作就完成了。

执行以下命令：

```
root@ubuntu:~ $    apt-get    update
root@ubuntu:~ $    apt-get    upgrade
```

执行"系统"|"系统管理"|"新立得软件包管理器"命令,尝试安装一些软件,看看安装是否正常。如果有下载不了等错误提示,多是源的路径设置有问题,按照提示信息修改即可。

【例 5-17】 将系统菜单更新为中文。

操作步骤如下。

(1) 确保已设置好软件源,或使用本地源进行所需软件的更新。

(2) 选择"系统"|"系统管理"|"语言支持"命令,选择中文,并设为默认,勾选 input method 中的 Enable support to enter complex characters,单击 Apply(应用)按钮。重启之后,桌面菜单就成为中文的了。

任务 5.5　设置包过滤

在 Linux 2.4 以后版本中,常常采用内核包过滤管理工具——iptables。iptables 是一个管理内核包过滤的工具,实际上真正来执行这些过滤规则的是 netfilter(Linux 核心中一个通用架构)及其相关模块(如 iptables 模块和 nat 模块)。

5.5.1　包过滤的工作原理

netfilter 是 Linux 核心中一个通用架构,它提供了一系列的表(table),每个表由若干链(chain)组成,而每条链可以由一条或数条规则(rule)组成。可以这样来理解,netfilter 是表的容器,表是链的容器,而链又是规则的容器。系统有 filter、nat、mangle 三个表,默认的表为 filter,该表中包含 input、forward 和 output 三个链;nat 表有 prerouting、postrouting、output 三个链;mangle 表有 prerouting、output 两个链。这里链的概念和 ipchains 中链的概念是一样的,每条链中可以有一条或数条规则。

当一个数据包到达一个链时,系统就会从第一条规则开始检查,看是否符合该规则所定义的条件。如果满足,系统将根据该规则所定义的方法处理数据包;如果不满足则继续检查下一条规则。最后,如果该数据包不符合该链中任一条规则,系统就会根据该链预先定义的策略(policy)来处理该数据包。数据包在 filter 表中的流程如图 5-16 所示。有数据包进入系统时,系统首先根据路由表决定将数据包发给哪一条链,则可能有以下 3 种情况。

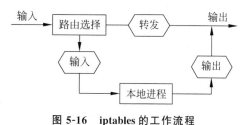

图 5-16　iptables 的工作流程

(1) 如果数据包的目的地址是本机,则系统将数据包送往 input 链,如果通过规则检查,则该包被发给相应的本地进程处理;如果没有通过规则检查,系统就会将这个包丢掉。

(2) 如果数据包的目的地址不是本机。也就是说,这个包将被转发,则系统将数据包送往 forward 链,如果通过规则检查,则该包被发给相应的本地进程处理;如果没通过规则检查,系统就会将这个包丢掉。

(3) 如果数据包是由本地系统进程产生的,则系统将其送往 output 链,如果通过规则检查,则该包被发给相应的本地进程处理;如果没通过规则检查,系统就会将这个包丢掉。

要使用 iptables,必须载入相关模块。可以执行以下命令载入相关模块。

```
root@ubuntu:~$ apt-get install iptables
```

5.5.2 iptables 命令

使用 iptables 命令至少需要提供以下 5 个参数。
(1) 希望工作在哪个表上。
(2) 希望使用该表的哪个链。
(3) 进行的操作(插入、添加、删除和修改)。
(4) 对特定规则的目标动作。
(5) 匹配数据包的条件。
iptables 命令基本的语法如下。

```
iptables -t table -operation chain -j target match(es)
```

iptables 的用法比较复杂,参数和选项也很多,可通过 man 命令查阅更多详细的用法。这里仅通过两个例子来看一下它的基本用法,由于使用 iptables 命令时对权限要求严格,以下切换到 root 用户进行示例。

【例 5-18】 应用包过滤规则练习。配置主机 eth0 的 IP 地址为 192.168.1.1,用 ping 命令测试并观察显示结果。

操作步骤如下。

(1) 切换到 root 用户,在备份当前防火墙配置后,删除现有的防火墙配置。

```
root@ubuntu:~$    su root
root@ubuntu:~$    iptables -F
```

(2) 添加禁止"死亡之 Ping"规则,删除任何机器的 Ping 请求。

```
root@ubuntu:~$    iptables -A INPUT -s 192.168.1.0/24 -p icmp --icmp-type echo-request -j DROP
```

(3) WWW 服务允许目标端口是 80 的数据包,该规则被添加到 filter 表的 input 链。

```
root@ubuntu:~$    iptables -A INPUT -p tcp --dport 80 -j ACCEPT
```

（4）运行完毕，检查配置结果。

```
root@ubuntu:~ $    iptables  -L
```

这部分的命令比较长，格式要求很严格，具体操作过程及显示效果如图5-17所示。

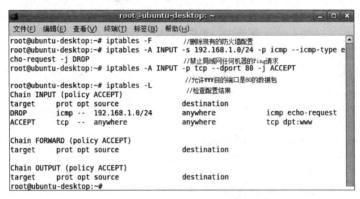

图 5-17 iptables 应用示例

从配置结果中可以看到所做的工作。使用 iptables -save 命令可将现行的 iptables 规则保存。例如：

```
root@ubuntu:~ $    iptables – save > /etc/iptables.rule
```

使用 iptables -restore 命令，可从配置文档恢复包过滤表到现行包过滤表。例如：

```
root@ubuntu:~ $    iptables – restore < /etc/iptables.rule
```

用 ping 命令测试主机，并观察规则设定或开启后的显示结果。

【例 5-19】 应用包过滤规则案例，按要求完成包过滤的设置。

某单位网络拓扑结构如图 5-18 所示。其中，eth0：192.168.101.254，eth1：192.168.100.254。假定在内部网中存在以下服务器：WWW 服务器(192.168.100.201)、FTP 服务器(192.168.100.202)，要求用 iptables 命令设置包过滤型防火规则，对内部的服务器提供必要的安全保护。

具体操作步骤如下。

（1）刷新所有链的规则，并禁止转发任何数据包。

```
root@ubuntu:~ $    iptables  -F
root@ubuntu:~ $    iptables  -P  FORWARD  DROP
```

（2）逐步设置哪些数据包允许通过。由于数据包是双向的，因此不仅要设置数据包发送的规则，还要设置数据包返回的规则。建立针对来自 Internet 数据包的过滤规则，允许来

图 5-18　某单位网络拓扑结构

自 Internet 的用户的 WWW 和 FTP 请求。

```
root@ubuntu:~ $   iptables -A FORWARD -p tcp -d 192.168.100.201/24  --dport  www -i eth0 -j ACCEPT
root@ubuntu:~ $   iptables -A FORWARD -p tcp -d 192.168.100.202/24 --dport  ftp -i eth0 -j ACCEPT
```

（3）建立请求数据包到内网的规则。

```
root@ubuntu:~ $   iptables -A FORWARD -p tcp -d 192.168.100.202/24 --dport  ftp-data -i eth0 -j ACCEPT
```

（4）接受来自整个内网的数据包过滤规则。

```
root@ubuntu:~ $ iptables -A FORWARD  -s 192.168.100.0/24  -i eth0  -j  ACCEPT
```

（5）对来自任何地址的 ICMP 包进行限制，仅允许每秒通过一个包，并设置触发的条件是 10 个数据包。

```
root@ubuntu:~ $   iptables -A FORWARD -p icmp -m limit --limit 1/s --limit-burst 10 -j ACCEPT
```

iptables 命令的格式要求严格，命令行中的字母大小写敏感，参数设置的格式等对初学者来说很容易出错，这里再给出具体操作过程及屏幕显示，如图 5-19 所示。

图 5-19　用 iptables 命令设置包过滤型防火规则示例

(6) 运行完毕,检查配置结果。

```
root@ubuntu:~ $    iptables  -L
```

任务 5.6 总结项目解决方案的要点

(1) 网络配置文件。基本的网络参数如 IP 地址、子网掩码、网关等,都被保存在以下文件中:网络接口参数配置文件/etc/network/interfaces、主机名配置文件/etc/hostname、DNS 域名解析配置文件/etc/resolv.conf、主机名配置文件/etc/hosts。

(2) 网络的配置参数都保存在相关的配置文件中,因此通过修改相应的文件就可以重新配置网络参数。一般步骤如下。

① 关闭相关网络接口。

② 修改相应的配置文件。使用 vi 编辑器或者 gedit 编辑器(图形界面下使用)编辑网络接口参数配置文件/etc/network/interfaces。例如:

```
root@ubuntu:~ $    gedit /etc/network/interfaces
```

(3) 用 ifup 激活、ifdown 关闭 eth0 接口。

```
root@ubuntu:~ $    ifup eth0
root@ubuntu:~ $    ifdown eth0
```

(4) 用 ifconfig 临时配置网络参数。如修改 eth0 接口的 IP 地址为 192.168.1.1,子网掩码为 255.255.255.0。

```
root@ubuntu:~ $    ifconfig eth0 192.168.1.1 netmask 255.255.255.0
```

(5) route 命令的功能是显示路由、添加路由、删除路由和添加/删除默认网关。例如:

```
root@ubuntu:~ $    route add -net 192.168.1.0 netmask 255.255.255.0 dev eth1
```

(6) 其他网络命令有 ping、host、hostname、traceroute、wall、ftp、telnet 等。

(7) 设置 PPPoE。首先启动调制解调器,在终端上执行以下命令。

```
root@ubuntu:~ $    pppoeconf
```

(8) apt-cache 加上不同的选项和参数可以实现查找、显示软件包信息及包依赖关系等功能,APT 在软件安装维护方面更加方便易用。例如,安装软件包的命令如下。

```
root@ubuntu:~ $    apt-get  install   软件包名
```

删除软件包的命令如下。

```
root@ubuntu:~ $    apt-get  remove   软件包名
```

清除式卸载的命令如下。

```
root@ubuntu:~ $    apt-get --purge remove softname1 softname2 …
```

如果不知道具体包名,则搜索包的命令如下。

```
root@ubuntu:~ $ sudo apt-cache search   带通配符的软件包名
```

(9) 在 Ubuntu 中,软件源的位置是通过文件/etc/apt/sources.list 来设置的,其功能是对软件包进行定位。

例如,建立本地源,以方便以后离线时更新升级,操作步骤要点如下。

① 备份已有的软件包,或继续添加下载新的软件包。

② 创建这些软件包的列表和关联信息文件 packages.gz。

③ 创建与 packages.gz 一致的目录结构,在本地源地址后加上 main、restricted 之类的关键字,然后执行 apt-get update 命令,系统会给出提示信息,其中包含各个关键字对应的目录结构。

④ 添加本地源。例如,在/etc/apt/sources.list 文件最后按如下格式添加一行。

```
deb file:///media/mydebs hardy main
```

如果添加了新的软件包,需要重新生成 Packages.gz 文件,以更新包关联的信息。

⑤ 运行升级步骤,即更新本地软件数据库,并更新软件包。

```
root@ubuntu:~ $ sudo apt-get update
root@ubuntu:~ $ sudo apt-get upgrade
```

(10) 包过滤。用 iptables 命令设置包过滤型防火墙规则,对内部的服务器提供必要的安全保护。

例如,允许 WWW 数据包通过防火墙的命令如下。

```
iptables -A INPUT -p tcp --dport 80 -j ACCEPT
```

该规则被添加到 filter 表的 input 链,允许目标端口是 80 的数据包。

项目小结

本项目主要介绍了常用的网络类命令、网络配置和有关上网的一些基本配置,以及 Ubuntu 系统中的 APT、软件源设置,并给出了如何制作本地源的具体方法,最后简要介绍了包过滤防火墙 iptables。

自主实训任务

1. 实训目的
(1) 掌握常用的网络命令。
(2) 掌握在 Ubuntu 系统中配置网络的基本方法。
(3) 掌握软件安装和升级的方法。

2. 实训任务
根据以下要求对主机 IP 进行配置,网卡为 eth0。
(1) 设置 IP 地址为 192.168.100.1,DNS 地址为 211.84.211.68,网关为 192.168.100.254。
(2) 激活或关闭 eth0,利用 ping 等命令检查 IP 地址配置情况。
(3) 更新软件源,并安装自己习惯使用的中文输入法。
(4) 利用本地软件源,升级 OpenOffice 为中文界面。

思考与练习

1. 选择题
(1) 测试自己的主机和某一主机是否通信正常,使用(　　)命令。
　　A. telnet　　　　B. host　　　　　C. ping　　　　　D. ifconfig
(2) 查看自己主机的 IP 地址,使用(　　)命令。
　　A. hostname　　B. host　　　　　C. ping　　　　　D. ifconfig
(3) ADSL 的拨号软件是(　　)。
　　A. KPPP　　　　B. PPPoE　　　　C. SLIP　　　　　D. PPP
(4) Linux 中设备文件的主要内容包括(　　)。
　　A. 设备权限　　B. 设备类型　　　C. 主设备号　　　D. 子设备号
(5) Linux 系统中的设备类型包括(　　)。
　　A. 块设备　　　B. 字符设备　　　C. 流设备　　　　D. 缓冲设备
(6) 执行 mount -t auto /dev/cdrom /mnt/cdrom 命令后,Linux 报告出错信息,可能的原因是(　　)。
　　A. /mnt/cdrom 不存在　　　　　　B. /mnt/cdrom 为空

　　　　C. /dev/cdrom 设备不存在　　　　D. 当前目录是安装点/dev/cdrom
（7）通过（　　）安装软件能够显示软件的受欢迎程度。
　　　　A. 添加/删除　　　　　　　　　B. 新立得
　　　　C. 软件包（DEB 包）　　　　　　D. 受限驱动
（8）（　　）是 Ubuntu 官方支持的开源软件类。
　　　　A. main　　　　　　　　　　　B. restricted
　　　　C. universe　　　　　　　　　　D. multiverse
（9）在 Linux 中，为设备名为 eth0 的网卡分配 IP 地址和子网掩码的命令是（　　）。
　　　　A. serserial eth0 202.112.58.200 netmask 255.255.255.0
　　　　B. ifconfig eth0 202.112.58.200 netmask 255.255.255.0
　　　　C. minicom eth0 202.112.58.200 netmask 255.255.255.0
　　　　D. mount eth0 202.112.58.200 netmask 255.255.255.0
（10）下面的 IP 地址中，专用于本地主机的回环地址是（　　）。
　　　　A. 202.112.0.33　　　　　　　　B. 192.10.2.254
　　　　C. 255.255.255.0　　　　　　　　D. 127.0.0.1

2. 填空题

（1）Linux 中用＿＿＿＿＿＿表示第一块网卡。
（2）ifconfig eth0 192.168.0.8 up 表示＿＿＿＿＿＿。
（3）Ubuntu 软件的安装与升级方式有＿＿＿＿＿＿和＿＿＿＿＿＿。
（4）网络接口配置文件 interfaces 所在目录的绝对路径是＿＿＿＿＿＿。
（5）运行升级程序应执行命令＿＿＿＿＿＿和＿＿＿＿＿＿。

3. 简答题

（1）使用 ifconfig 命令与使用 ifdown/up 激活/关闭网卡有什么区别，要注意什么？
（2）查看主机的路由表并说明每条记录的含义。
（3）简述网络软件包的安装过程。
（4）Ubuntu 的软件包官方分为几类？它们各自有什么含义？
（5）简述如何使用命令添加本地光盘软件源以及如何制作本地源。

项目6　编辑器与脚本——Shell 编程

教学目标

通过本项目的学习,掌握 vi、gedit 等编辑器的用法,了解 Shell 的基本内容,掌握编写和运行 Shell 程序的方法。

教学要求

本项目的教学要求见表 6-1。

表 6-1　项目 6 教学要求

知 识 要 点	能 力 要 求	关 联 知 识
文本编辑器	(1) 了解 vi 编辑器的界面,掌握 vi 的使用方法 (2) 了解 gedit 编辑器的基本用法,学会使用 gedit 编辑文本信息	vi 编辑器的基本操作方法 vi 编辑器的工作模式 gedit 编辑器的基本用法和设置
Shell 程序	(1) 了解 Shell 的基本内容和常见类型 (2) 掌握编写和运行 Shell 程序的方法	Shell 的特点 Shell 的种类 编写和执行 Shell 脚本的方法
Shell 变量	(1) 掌握常见系统环境变量的用法 (2) 掌握用户自定义变量的用法	查看、使用、删除系统环境变量、特殊系统环境变量 用户自定义变量的命名、赋值、引用、替换
Shell 流程控制	(1) 掌握 Shell 算术运算 (2) 掌握 Shell 分支结构 (3) 掌握 Shell 循环结构	Shell 算术运算 条件测试、条件语句、case 语句、for 语句、while 和 until 语句 shift 命令 break 和 continue 命令
自主实训	自主完成实训所列任务	项目和任务要点相关内容

重点与难点

(1) vi 编辑器的工作模式。
(2) 运行 Shell 程序的方法。
(3) 系统环境变量。
(4) Shell 程序的分支结构和循环结构。

项目概述

某网络公司的技术工程师(root)经常需要管理和维护公司客户的 Ubuntu Linux 服务器,而客户又分布在不同的位置,虽然能够远程对这些客户的系统进行日常的管理和维护工作,但远程登录后进入的是字符工作方式,需要在 Linux 平台下为自己选择一个适合编辑源代码和撰写文档的全屏幕文本编辑器,要求容易上手、功能强大。

在日常管理过程中,进行网络系统管理经常需要执行一些命令,或将重要系统文件备份,或查看一些系统配置文件。在使用命令时只能一个接一个地输入单条命令并执行,得到系统的响应以后,才能进行下一步的操作,而且经常需要做一些重复性的管理和维护工作,这样的做法效率低下,希望能通过 Shell 脚本编程解决这些问题。

项目设计

①了解并掌握文本模式界面下的全屏幕编辑工具,以便在远程登录时可以方便地进行成批命令的编写;②掌握用 Shell 编写脚本程序的方法,把一些重复性的命令做成脚本,以提高管理和维护的效率。

任务 6.1　了解 Shell

6.1.1　为什么要学习 Shell

在日常管理过程中,管理员完全可以一次性把要执行的命令保存到一个文件中,然后执行这个文件,该文件还可以反复使用。这个文件就称为 Shell 程序或 Shell 脚本。

6.1.2　Shell 简介

Shell 是操作系统中的一个重要的组成部分,它是用户与操作系统交互的界面。基本上,计算机各个硬件是用户所发出的各种指令的具体执行者,而控制硬件的是 Linux 系统的内核(kernel)。使用者利用 Shell 控制一些内核提供的工具来操控硬件正确地工作。由于内核"听不懂"人类的语言,而人类也没有办法直接记得内核的语言,所以两者的沟通就需要一个中间层 Shell 来支持。

从字面上的意思看,内核是核心的意思,而 Shell 是外壳的意思。使计算机主机工作是核心的任务,但是操作核心来替用户工作的,却是 Shell。三者的关系如图 6-1 所示。

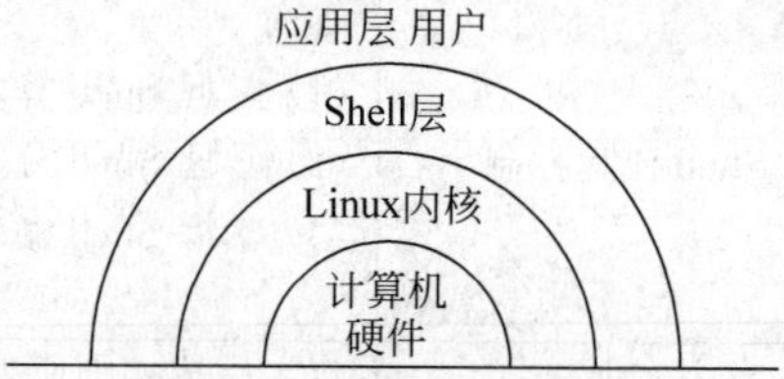

Linux 系统大致可分为 3 层:靠近硬件的底层是内核,即 Linux 操作系统常驻内存的部分;中间层是

图 6-1　Shell 的地位

内核之外的 Shell 层,即操作系统的系统程序部分;最高层是应用层,即用户程序部分,包括各种文本处理程序、语言编译程序及游戏程序等。

Shell 原意为外壳,用来形容物体外部的体系结构。Ubuntu 系统的 Shell 作为操作系统的外壳,可以充当命令解释器,为用户提供使用操作系统的界面。同时 Shell 拥有自己的变量、关键字,以及各种控制语句如 if、case、while、for 等,也有自己的语法结构,是命令语言、命令解释程序及程序设计语言的统称。当普通用户成功登录后,系统将执行一个 Shell 程序,正是 Shell 进程提供了命令行的提示符。默认用#作为普通用户的提示符,$作为超级用户的提示符。普通用户升级为管理员,提示符也相应地变为$。

任务 6.2 学会使用 vi 编辑器

本任务介绍为什么要使用 vi 编辑器，然后介绍如何使用以及它的快捷操作，并介绍利用 vi 编辑器和 gedit 编辑器创建、编辑、保存文件等基本的使用方法。

6.2.1 为什么要使用 vi 编辑器

以下几种情况要求 Linux 系统提供相应的文本编辑器用于用户建立或者设定文本文件。

（1）虽然 Linux 系统提供了两种系统界面：文本模式界面与图形界面，但对于 Linux 系统管理员来说，在文本模式界面下可以高效地完成所有的任务。

（2）在 Linux 系统中，配置文件几乎都是 ASCII 纯文本文件，要管理好 Linux 系统，纯文本的手动设定仍然是需要的，因为使用文字模式界面来处理 Linux 的系统设定问题，不但可以比较容易地了解 Linux 的运作状况，也比较容易了解整个设定的基本精神，更能保证修改可以顺利地被执行。

（3）对于用作服务器的主机，使用文本模式界面可以节省系统资源开销。

（4）系统管理任务通常在远程进行，而远程登录后进入的是字符工作方式。

文本编辑器的基本操作一般包括文本的输入、选定、复制、删除、粘贴以及保存和退出等。一般来说，用户可以根据自己的习惯和爱好，选择一个适合自己的就可以了，没有必要经常更换编辑器。

vi 是命令行模式下优秀的全屏幕编辑器，功能非常强大而且操作简单有效，被默认安装在各种 UNIX 和 Linux 系统上，Ubuntu 系统也不例外。vi 在日常管理工作中是非常重要的，作为一个合格的 Linux 系统工程师，熟练地使用 vi 是基本要求。

6.2.2 vi 的基本使用

可以指定一个文件名作为 vi 的参数运行。

打开虚拟终端，在提示符后输入 vi myfile.c，按 Enter 键，系统就进入 vi 的初始画面，如图 6-2 所示。

```
root@ubuntu:~$ vi  myfile.c
```

屏幕的最后一行是状态行，如果是新建的文件会显示 New File；如果是已经存在的文件，则会显示当前文件名、行数与字符数。状态行是被 vi 编辑器用来反馈编辑操作结果的。错误消息或者提供信息的消息会在状态行中显示出来。vi 还会在状态行显示那些以冒号":"或者斜杠"/"开头的命令。

vi 有两种工作状态：编辑(edit)模式和命令(command)模式。每次运行 vi，总是进入命令状态。

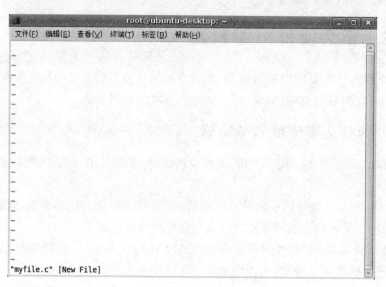

图 6-2 vi 编辑器

在命令模式下,用户在键盘上的任何输入都被认为是命令,不能用来输入和编辑文字资料。vi 没有可视化的功能菜单,所有的命令都是由一个或几个字符组成的,用来下达一些编排文件、存盘以及退出 vi 等操作指令。

新手在使用 vi 时最麻烦的就是模式,因为在使用过程中经常忘记自己处于何种模式,或无意输入某个字符后切换到其他模式。

技巧:任何时候当用户不知道当前处在什么模式,多按几次 Esc 键,听到蜂鸣声,就说明已经切换到命令模式了,多次按和连续按的效果是一样的。

如果要从命令模式切换到编辑模式,按 i 键即可。即先按几次 Esc 键,确保已进入命令模式,再按 i 键,屏幕最下边一行的状态栏变为 Insert,表明已进入编辑模式。命令 i 表示从光标所在位置开始插入资料,光标后的资料随新增资料向后移动。

在编辑模式下,用户可以像使用 Windows 系统的记事本一样进行输入。移动光标的基本指令是 h、j、k、l,分别代表上、下、左、右(或者用键盘上原有的 4 个方向键),加上删除键(Delete)、退格键(Backspace)以及回车键(Enter)等,就可以进行诸如输入、修改、删除等各种操作。

注意:vi 的命令有两类:一类在状态行有显示,比如那些以:、/或?开头的命令,按 Enter 键后才生效,比如:X;另一类在状态行无显示,按下即生效,比如 i。

在命令模式下,输入:wq,可将文件存盘并退出 vi;:wq 和:x 是存盘退出;:q 是直接退出。如果用户不想保存改变后的文件,就需要用:q! 命令,这个命令将不保存文件而直接退出 vi。

带"!"号的命令通常是因为正在编辑的文件有权限的限制。普通用户可以对自己的文件进行强制保存,而超级用户(root)可以对所有文件进行强制保存。

清楚了以上几个为数不多的命令,用户已经可以用 vi 进行文件的基本编辑工作了。

【例 6-1】 利用 vi 编辑一个 C 程序,文件名为 Hello world.c,然后存盘退出。

打开虚拟终端,在提示符后执行如下命令,进入 vi 并按如图 6-3 所示的内容进行编辑,完成后保存退出。

```
root@ubuntu:~ $   vi   Hello world.c
```

```
#include <stdio.h>
Main()
{
        printf("%s\n Hello world!");
}
```

图 6-3　用 vi 编辑器编写程序

6.2.3　vi 的进阶使用

对于编辑命令来说,利用表 6-2 所示的快捷键,使很多复杂的编辑任务都可以轻松高效地完成。

表 6-2　vi 的常用快捷键

快　捷　键	操作的含义
yy	复制,将从光标处开始的连续多行内容复制到缓存中
p	粘贴,将缓存中的内容复制到当前光标位置
dd	删除光标所在的行并复制到缓存中
x	删除从光标开始的连续几个字符并复制到缓存中
u	恢复,以上几项的操作都可使用 u 来取消

这些快捷键都在命令状态下使用,缓存相当于 Windows 系统中的"剪贴板",只保留最后一次操作中的内容。

vi 对物理键盘上的四个方向键因兼容性经常出问题,推荐大家掌握 h、j、k、l 四个键作为方向键。

用 vi 编辑时,加上行号有利于调试文件,vi 提供了显示行号的命令。

```
: set number
```

该命令只提供显示行号的功能,并不会在文件中真正地加入这些行号。

快捷键对提高编辑文件的效率有很好的帮助,应该熟练掌握它们。

6.2.4 gedit 编辑器

gedit 编辑器是 Ubuntu 系统初始的默认编辑器,它既适用于基本的文本编辑,也适用于更复杂的文本编辑,也可以把它当成一个集成开发环境(IDE)。gedit 简单易用,会根据不同的语言高亮显现关键字和标识符。它对中文支持很好,支持包括 GB 2312、GBK 在内的多种字符编码。

在 Ubuntu 系统的桌面上,通过"应用程序"|"附件"|"文本编辑器"命令就可以启动 gedit 编辑器,也可以在终端输入 gedit 命令打开。gedit 编辑器和 Windows 系统中的记事本、写字板等文本编辑器的操作和功能类似,都能执行一般的文件操作及文本编辑功能,因此这里就不再一一介绍了。

任务 6.3　创建和执行第一个 Shell 脚本

掌握了编辑器的使用,就可以着手编写 Shell 程序了。本任务介绍如何创建 Shell 脚本,以及执行脚本的多种方法。

6.3.1 创建 Shell 脚本

Shell 脚本是指符合 Shell 提供的语法编写的,并可以被 Shell 解释执行的命令文件。Shell 脚本用来执行一些重复性的工作,如果经常用到相同执行顺序的命令,就可以把这些命令写成脚本,以后再做相同的事情,就可以执行编写好的脚本,这样有利于减少重复操作,提高工作效率。Shell 脚本类似于 DOS/Windows 系统中的.bat 批处理文件,但功能更强大,它可以包含任意从键盘输入的 Linux 命令。

建立 Shell 脚本与建立普通文本文件相同,可以利用熟悉的编辑器(如 vi 或 gedit)。虽然脚本名没有什么限制,为了方便认识和管理,建议使用.sh 作为脚本的扩展名。

【例 6-2】 将如图 6-4 所示的源代码用 vi 编辑器存为 first.sh 文件,该 Shell 脚本将会显示当前的日期、时间,当前所在的目录并显示文件自己的名称。

打开终端,执行如下命令,进入 vi 并按如图 6-4 所示的内容进行编辑,然后保存退出。

```
root@ubuntu:~ $  vi   myfirst.sh
```

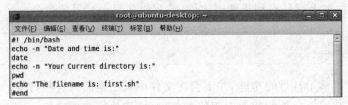

图 6-4　用 vi 编辑器创建 Shell 脚本程序

说明：

（1）文件中以#开头的行是注释行，在执行时被忽略。其中第一行#/bin/bash 指明用 bash 命令来运行 Shell 脚本，必须写在第一行。如果没有指定，就采用当前正在使用的 Shell。#! 为特殊的注释符号，它告诉操作系统使用其后的程序来解释这个文件。

（2）echo 命令用来显示提示信息，选项-n 表示显示信息时不自动换行（默认是自动换行的）。第三行是提示信息，命令 pwd 得到的实际值将会显示在提示信息之后。

6.3.2 执行 Shell 脚本

执行 Shell 脚本的方式有下述 4 种。

（1）将脚本名作为参数，一般形式如下。

```
bash 脚本名
```

【例 6-3】 把脚本文件当作 bash 命令的一个参数来运行。

```
root@ubuntu:~$  bash  myfirst.sh
```

显示效果如图 6-5 所示。

图 6-5　shell 脚本的运行

（2）输入重定向，一般形式如下。

```
bash  < 脚本名
```

【例 6-4】 利用输入重定向，让 Shell 从脚本文件中读入命令行进行处理。

```
root@ubuntu:~$  bash  <  myfirst.sh
```

（3）使用"."命令，一般形式如下。

```
. 脚本名
```

【例6-5】 利用"."(与后边的脚本名至少保留一个空格)运行 Shell 脚本。

```
root@ubuntu:~$   .   myfirst.sh
```

(4) 直接执行脚本。如果想把 Shell 脚本当作命令一样直接执行,需要利用命令 chmod 进行权限修改,使它具有"执行"权限。

【例6-6】 将脚本 first.sh 设置为具有可执行权限。

```
root@ubuntu:~$   chmod  u+x  myfirst.sh
root@ubuntu:~$   chmod  a+x  myfirst.sh
```

用户可以执行其中的一条,都执行也没有问题。其中第一行是将用户自己(u)的权限设为可执行,本例中用户自己就是 root。第二行是将系统中的所有人(包括普通用户 u,同组用户 g,其他用户 o)的权限设置为可执行。

在提示符后输入脚本名 myfirst.sh 就可直接执行该文件。

```
root@ubuntu:~$   myfirst.sh
```

如果提示文件找不到,则在当前路径下执行需要加上./才可以,也就是说,脚本执行时所在的目录应该被包含在命令搜索路径中。

技巧:如果用户想在任何目录下都能直接执行这个脚本,而不是只能在当前目录下(即执行时一定要加上./),那么可以再进一步将用户的工作目录加入 PATH 中,或者直接将脚本复制到 PATH 已包含的搜索路径中,这样使用起来会更加方便。

【例6-7】 在任何目录下都可以执行已编写好的脚本 myfirst.sh。

```
echo $PATH                              //查看当前系统变量 PATH
cd  ~                                   //确认在自己的主目录,myfrist.sh 原来在这里
myfirst.sh                              //不带路径执行,会提示命令没找到
cp first.sh  /usr/local/bin/myfirst.sh  //把脚本复制到/usr/local/bin 目录中
myfirst.sh                              //不带路径执行脚本
cd /                                    //任意切换一个目录,例如到根目录
myfirst.sh                              //不带路径执行脚本
```

任务6.4 学习 Shell 变量和表达式

任务6.3中已经使用了一个变量 PATH,它用来说明系统中当前设定的搜索路径。

在例6-2中,自己编写的第一个 Shell 脚本只能显示文件 myfirst.sh,如果换了一个文件名,就不得不修改脚本中的文件名,这样的脚本程序缺乏灵活性。

解决的办法是使用变量。把例6-2的脚本进行修改,如图6-6所示。

图 6-6 Shell 脚本的运行

其中，$0 是系统已设置好的变量，用来存放文件名本身，本例中它的值就是 myfirst.sh，使用系统变量时，要在变量的名称前面加上 $ 符号。可以将 myfirst.sh 文件名做一下修改，再次观察显示的效果。

本任务介绍更多的 Shell 变量，以及 Shell 表达式及其基本用法。

6.4.1 创建用户变量

变量是一个用来存放数据的标识符。在 Shell 中，变量不需要显式地声明，即用户可以在赋值的同时创建这个变量，也不需要指定变量的类型，Shell 脚本中的变量默认都是字符串。变量名是以字母或下画线开头的包含字母、数字和下画线字符串，并且大小写字母意义不同。例如，dir 与 Dir 是不同的变量，这与 C 语言中标识符的定义相同。变量名的长度不受限制。

定义变量并赋值，一般形式如下。

```
变量名=字符串
```

其中：

（1）赋值号"="的两边没有空格，否则在执行时会出现错误。

（2）若要加上空格符号，必须将字符串放在双引号"""或单引号"'"以内。

（3）双引号内的特殊字符可以保有变量特性，但是单引号内的特殊字符则仅为一般字符。必要时需要以字符"\"来将特殊符号（如 $、\、空格等）变成一般符号。

【例 6-8】 给变量赋值。命令如下：

```
root@ubuntu:~ $   myfile=/usr/local/bin/myfirst.sh
```

其中，myfile 是变量名，"="是赋值号，字符串 /usr/local/bin/myfirst.sh 是赋予变量 myfile 的值。

提示：变量的值可以改变，只须利用赋值语句重新给它赋值即可。

【例 6-9】 给一个变量赋值,值有些特殊,因为值里含有空格。

```
root@ubuntu:~ $    computer = "Ubuntu system"
```

由于等号右边的字符串 Ubuntu system 中至少有一个空格,因此一定要用引号引起来。

6.4.2 读入与输出变量

(1) 输出变量的值,一般格式如下。

```
echo  $变量名
```

在程序中使用变量的值时,要在变量名前面加上 $ 符号。这个符号告诉 Shell 用户要取出其后变量的值。变量名可以由用户自定义,也可以是系统已经定义的环境变量或特殊变量。

【例 6-10】 输出变量的值。

```
root@ubuntu:~ $    echo myfile
myfile
root@ubuntu:~ $    echo $myfile
/usr/local/bin/first.sh
```

第一行的 myfile 前面没有加符号 $,说明 myfile 不是变量,而是一般的字符串常量,而第三行的 $myfile 前面加符号 $,则说明 myfile 是变量,可以输出变量的值。

用户可以先保存一个字符串的内容到变量,在需要的地方再输出变量的值。

(2) 读入变量的值,一般格式如下。

```
read 变量名
```

除了可以直接给变量赋值外,还可以用 read 命令从键盘上接收用户的输入,作为变量的值。

【例 6-11】 编写一个程序,使用户可以从键盘上输入自己的名字。

```
root@ubuntu:~ $    gedit  yourname.sh
```

按照图 6-7 所示,编辑该文件。

图 6-7 编写 Shell 脚本 youname.sh

编写完成后，执行该程序，运行结果如图 6-8 所示。

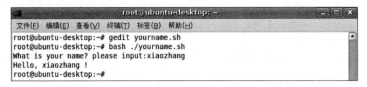

图 6-8　Shell 脚本 youname.sh 的运行

以上的变量称为用户变量，由用户自定义生成，这些变量只对用户有意义，不会对系统产生影响。

另一种变量称为系统环境变量，由系统创建和赋值。在用户登录过程中，系统要做的一件事就是建立用户环境，用户环境由 Linux 系统中的许多变量和它的值组成，这些变量和变量的值决定了用户环境的外观。系统环境变量中有一些与用户紧密相关，所有用户应该了解系统环境变量的主要内容。

6.4.3　系统环境变量

Ubuntu 的系统环境变量通常以大写字符来表示。

当一个用户登录到 Linux 系统时，Linux 系统就会自动给该用户运行一个 Shell，登录成功后，再自动为该用户创建一些由系统预先定义好的变量，即环境变量。用户可以使用 env 命令或 set 命令来查看目前系统中的主要环境变量。

【例 6-12】　查看系统中的环境变量。

```
root@ubuntu:~ $    env
root@ubuntu:~ $    set
```

使用 set 命令可以查看到更多的环境变量信息。表 6-3 所示是部分主要的环境变量及其含义。

表 6-3　部分环境变量及其含义

环 境 变 量	含　　义
HOME	当前用户主目录的全路径名
PATH	命令搜索路径
LOGNAME	当前用户登录名
UID	当前用户的 ID
LANG	系统目前的工作语言
PWD	当前工作目录的路径，它指出目前所在的位置
SHELL	当前使用的 Shell 和 Shell 所在的位置

用户可以单独查看这些变量的内容，最简单的方法是用 echo 命令。

【例 6-13】 单独查看某个环境变量的值。

```
root@ubuntu:~ $    echo  $PWD
root@ubuntu:~ $    echo  $PATH
```

命令执行及输出结果如图 6-9 所示。

图 6-9　显示环境变量 PATH 的值

说明：

(1) HOME(主目录)是用户开始工作的位置，默认情况下普通用户的主目录为/home/用户名，root 用户的主目录为/root。例如，用户的用户名为 myname，则 HOME 的值为/home/myname。不管当前路径在哪里，都可以通过命令 cd ＄HOME 返回主目录，最简单的是 cd ～。在 Linux 系统中用～(波浪线)表示用户的主目录。要使用环境变量或其他 Shell 变量，必须在变量名前加上 ＄ 符号而不能直接使用变量名。

(2) PATH 是一个非常重要的 Shell 变量，Shell 从中查找命令。PATH 变量中的字符串指向包含所使用命令的目录，可以看到有多个目录是用":"分隔开的。PATH 变量中的字符串顺序决定了先从哪个目录查找。用户可以修改它，比如将自己的主目录(/home)也加入环境变量中，以更方便地使用自己编写的 Shell 脚本。

【例 6-14】 利用环境变量 PATH，实现在任何目录下都能执行个人主目录中的脚本。

```
root@ubuntu:~ $    sudo   PATH=$PATH:$HOME:
```

这实际上是例 6-7 的另一种实现方法。这条命令把个人主目录加入 PATH 路径中，并保留了系统中原有的路径。

拓展： 在终端上直接修改环境变量，仅对打开的这个终端有效。如果想让所做的修改对所有终端都有效，必须直接去修改用户的相关配置文件。

使用 bash 时，有以下几个文件和用户的环境有关：①/etc/profile；②/etc/bashrc；③/etc/inputrc；④＄HOME/.bash_profile；⑤＄HOME/.bashrc；⑥＄HOME/.inputrc；⑦＄HOME/.bash_login。前 3 个文件为系统环境变量的设定，影响系统所有用户，后 4 个文件与具体的登录用户有关，如果只想改变单一用户的用户环境，可以修改这几个文件。

6.4.4　特殊变量

在 Shell 系统中有一些变量是由系统设置好的，用户不能重新设置。

(1) ＄#：命令行中参数的个数。

(2) $?：上一条命令执行后的返回值。
(3) $$：当前进程的进程号。
(4) $*：Shell 程序的所有参数字符串。
(5) $@：命令行中输入的所有参数字符串。
(6) $0：命令行中输入的 Shell 程序名。
(7) $n(数字)：命令行中输入的第 n 个参数。

可以参考例 6-2 修改后的例子，或者通过例 6-15 来了解特殊变量在脚本中的应用。

【例 6-15】 在 Shell 脚本中使用特殊环境变量。

(1) 先将下面的源代码用 vi 编辑器存为 envi.sh 文件。

```
root@ubuntu:~ $  vi  showenvi.sh
# !/bin/bash
ccho "The file is : $0 "                          //用系统变量$0代表文件名
echo "The first argument is : $1 "                //用系统变量$0代表文件的第一个参数
echo "All argument list : $@"                     //显示命令行输入的所有参数
echo "The total number of argument is : $# "      //显示命令行输入的参数数目
# end
```

(2) 设置 envi.sh 为可执行的，并带两个参数执行该文件，如图 6-10 所示。

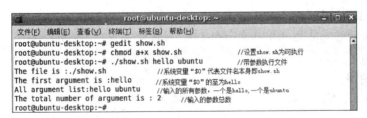

图 6-10 带参数执行 showenvi.sh

执行文件时输入两个参数 hello 和 ubuntu，注意执行结果。

拓展：在某个 Shell 中创建的变量，只能在它所创建的 Shell 中使用，称为局部变量。一般情况下各自独立，互不影响。全局变量则可以被复制并传递到每一个启用的 Shell 中使用，并且各自还可以再修改。

使用 export 命令可把局部变量转换为全局变量。

例如，要把变量 JAVA_HOME 转换为全局变量，可以执行以下命令。

```
export  JAVA_HOME = /usr/lib/jvm/java - 6 - sun
```

6.4.5 表达式

Shell 中表达式分为算术表达式、关系与逻辑表达式和正则表达式 3 种。简单起见，可以把它分为数值运算和条件测试两种来介绍。

1. 数值运算

运行数值运算时,可以使用 expr 命令,可以把它看作一个简易的命令行计算器,它能够计算一些简单的表达式。

【例 6-16】 数学运算命令 expr 的用法示例,注意"+"号两边的空格。命令如下:

```
root@ubuntu:~ $  expr  100 + 325          //把 100 + 325 看作普通的字符串
100 + 352
root@ubuntu:~ $  expr  100  +  325        //把 100 和 352 看作数值来运算
425
root@ubuntu:~ $  x = 36
root@ubuntu:~ $  expr  $x                 //计算变量 $x 的值
36
root@ubuntu:~ $  echo  $x                 //单个变量,相当于 echo
36
root@ubuntu:~ $  expr  $x + 10            //"+"号两边没有空格
36 + 10
root@ubuntu:~ $  expr  $x  +  10          //"+"号两边有空格
46
```

说明:

(1) expr 后面的表达式可以是个具体数值,也可以是个变量。

(2) 如果要计算的表达式中只有一个变量,则该命令相当于 echo。

(3) 以表达式中的运算符(如=、+、-等)两边有无空格来区分,有空格认为是数值,无空格认为是字符串。

(4) 用 expr 对表达式求值时,表达式每个运算符两边必须有空格。

【例 6-17】 计算表达式 3 * (10+2) 的值,注意两种不同的表示方法。

```
//第一种方法
root@ubuntu:~ $   sum1 = `expr 3\ * \(10 + 2\)`    //等号右边是字符串,需要转义
root@ubuntu:~ $   echo $sum1
3 * (10 + 2)                                      //显示的结果
root@ubuntu:~ $   echo  "sum1 = $((sum1))"
sum1 = 36
//第二种方法
root@ubuntu:~ $   sum2 = $((3 * (10 + 2)))        //$中内容可看作普通数学运算
root@ubuntu:~ $   echo  "sum2 = $ sum2"
sum2 = 36
```

这个表达式的书写很容易出错,再给出操作过程的截图,如图 6-11 所示。

说明:

(1) "`"是反引号,用 Esc 键下方的那个键输入。

(2) 放在两个"`"字符中命令的输出结果,被当作一个字符串来使用。

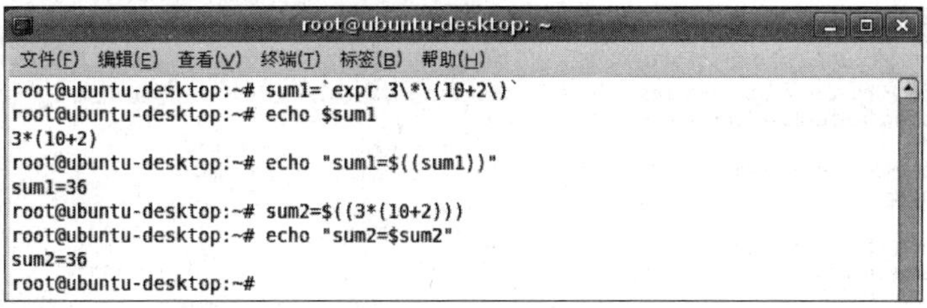
root@ubuntu-desktop: ~
文件(F) 编辑(E) 查看(V) 终端(T) 标签(B) 帮助(H)
root@ubuntu-desktop:~# sum1=`expr 3\*\(10+2\)`
root@ubuntu-desktop:~# echo $sum1
3*(10+2)
root@ubuntu-desktop:~# echo "sum1=$((sum1))"
sum1=36
root@ubuntu-desktop:~# sum2=$((3*(10+2)))
root@ubuntu-desktop:~# echo "sum2=$sum2"
sum2=36
root@ubuntu-desktop:~#

图 6-11　Shell 中数值运算表示式示例图

(3) 如果表达式中有特殊字符,必须用双引号将其引起来。

(4) 字符串中的符号 * 已被 Shell 当作通配符使用,若把它当作数学运算符乘号,需要加上转义符号\,类似的非字母或非数字符号如括号前也需要加上\。

(5) 如果需要处理数值,可以使用 $((expression))的格式,把表达式按算术展开,即把括号里边的表达式当作普通的算术表达式进行算术运算。

(6) 算术运算符的优先级和结合性,与其他语言如 C 语言中的相同。

技巧:关于数值运算的要点如下。

(1) 用 expr 对表达式求值时,表达式每个运算符号两边必须有空格。

(2) 如果需要处理数值,使用 $((expression))的格式,书写起来更方便直观。

2. 条件测试

在编写程序时,不可缺少根据条件来决定程序的流程。条件测试使用命令 test,其格式有以下两种。

```
test expression
test [ expression ]
```

test 命令的作用是测试一个表达式;其结果是一个逻辑值。如果条件为真,则返回一个 0 值;如果条件不为真,则返回一个大于 0 的值,也可以将其称为假值。条件测试得到的不同结果(即真或假)经常被用作程序分支的条件。检查最后所执行命令的状态可以使用参数 $? 来查看。

【例 6-18】 字符串测试。

如图 6-12 所示,要注意测试表达式的等号操作符两边、中括号两边都要有空格。特殊变量 $? 用来存储将上一条命令执行后的返回值,如果返回值为假,$? 返回 1;如果返回值为真,$? 返回 0。

【例 6-19】 判断/var/www 目录是否存在。

```
root@ubuntu:~$   [  -d  /var/www  ]
root@ubuntu:~$   echo   $?
0    //为 0 表示真,说明有这个目录,它是 Apache 的一个目录
```

图 6-12 在 Shell 中执行字符串的测试

test 命令可以和多种系统运算符一起使用。这些运算符可以分为 4 类：整数运算符、字符串运算符、文件运算符和逻辑运算符。它们的运算结果常常用作程序中的判断条件。下边把常用的运算符分类列表说明如下。

(1) 数值运算符：用来判断数值表达式的真假，如表 6-4 所示。

表 6-4 常用的数值运算符

运 算 符	说 明
int1 -eq int2	如果 int1 = int2，则为真
int1 -ge int2	如果 int1 >= int2，则为真
int1 -gt int2	如果 int1 > int2，则为真
int1 -le int2	如果 int1 <= int2，则为真
int1 -lt int2	如果 int1 < int2，则为真
int1 -ne int2	如果 int1 != int2，则为真

(2) 字符串运算符：用来判断字符串表达式的真假，如表 6-5 所示。

表 6-5 常用的字符串运算符

运 算 符	说 明
str1 = str2	如果 str1 和 str2 相同，则为真
str1 != str2	如果 str1 和 str2 不相同，则为真
str	如果 str 不为空，则为真
-n str	如果 str 的长度大于零，则为真
-z str	如果 str 的长度等于零，则为真

(3) 文件运算符：用来判断文件是否存在、是何种类型及是否具有某种属性，如表 6-6 所示。

表 6-6 常用的文件测试运算符

运 算 符	说 明
-d filename	如果 filename 为目录，则为真
-f filename	如果 filename 为普通的文件，则为真
-b filename	如果 filename 为块文件，则为真

续表

运算符	说明
-r filename	如果 filename 为只读,则为真
-w filename	如果 filename 为可写,则为真
-x filename	如果 filename 为可执行,则为真
-s filename	如果 filename 长度大于零,则为真
-L filename	如果 finename 为链接文件,则为真
-O filename	如果 filename 属于当前用户的文件,则为真
-G filename	如果 filename 属于当前组文件,则为真

（4）逻辑运算符：用来组合表达式或取得表达式相反值,如表 6-7 所示。

表 6-7　逻辑测试运算符

运算符	说明
!expr	如果 expr 为假,则返回真
expr1 -a expr2	如果 expr1 和 expr2 同时为真,则返回真
expr1 -o expr2	如果 expr1 或 expr2 有一个为真,则返回真

Shell 脚本程序设计中,可以根据变量、表达式以及表达式测试结果的真与假等做出判断,然后决定程序的下一步执行什么样的操作,从而灵活地控制程序的流程。

任务 6.5　Shell 流程控制

6.5.1　分支结构

Shell 程序中的命令默认按顺序依次执行。分支结构则提供了让用户根据某些条件做出判断,然后有选择地执行某些语句。分支结构常用的有 if 语句和 case 语句。

1. if 语句

if 语句可根据表达式的值是真或假来决定要执行的程序段。语法格式如下。

```
if [ 条件表达式 1 ] then
    语句块 1
elif  [ 条件表达式 2 ]  then
    语句块 2
...
else
    语句块 n
fi
```

if 语句以 if 开始,以 fi 结束,必须成对使用。elif 和 else 是可省略的。如果是多重选择,就再增加 elif 语句块来新增另一个条件,但只能有一个 else。

执行过程:先判断条件表达式 1 的值,如果为真,就执行语句块 1;否则去判断条件表达式 2 的值,如果为真,就执行语句块 2;如果所有的条件都不为真,则执行 else 后的语句块 n。

【例 6-20】 编写一个 Shell 脚本 mytest2.sh,接收用户从键盘上输入的文件名,然后判断在当前目录下该文件名是否存在,是一般文件还是目录。

```
#! /bin/bash
echo "Current directory is :`pwd`"        //注意这里是反引号
echo -n "please input a file name:"
read fname
if [ ! -e $fname ] then                   //如果该文件不存在
    echo "The $fname is not exists in :`pwd`."
    exit 1
fi
if [ -f $fname ] then                     //如果该文件是一般文件
    echo "The file  $fname is exists in `pwd`."
elif [ -d $fname ] then                   //如果该文件是目录
    echo "The directory  $fname is exists in `pwd`."
else                                      //输出该文件既不是一般文件也不是目录
    echo " $fname is neither a directory or an general file."
fi
# end
```

以上代码中,第 2 行首先显示当前目录;第 4 行 read fname 用来接收键盘上用户输入的文件名;第 5 行进行逻辑判断;第 10~16 行判断该文件是否存在,是否目录,并输出相应的提示信息。

注意:`pwd`用的是单反引号"`",这是 Shell 中的命令替换用法。如果想要使某个命令的输出成为另一个命令的参数时,就可以使用这种方法。将命令列于两个"`"之间,Shell 会以这个命令执行后的输出结果代替这个命令以及两个"`"符号。

执行前需要先设置 mytest3.sh 具有可执行权限。执行过程和效果如图 6-13 所示。

图 6-13　mytest3.sh 脚本的执行

2. case 语句

当 if 语句的分支比较多时,可使用 case 语句,使程序可读性更好。它是根据用户提供的字符串或变量的值,从多个选项中选择其中一项来执行的方法。

```
case string in          //测试类型,string 是变量,常用来接收输入参数的值
str1)                   //测试条件 1,如果变量 string 的值为 str1 则执行语句块 1
    语句块 1
;;                      //类型 1 的结束符号
str2)                   //测试条件 2
    语句块 2
;;
…
*)                      //如果以上类型都不满足则执行语句块 n
    语句块 n
esac                    //case 语句结束
```

case 的语法说明如下。

(1) 当字符串 string 与某个值相同时就执行该值后边的操作。

(2) 变量 string 可以是一般变量,也叫以是特殊变量,通常使用 read 命令从键盘接收数据作为一般变量的值。

(3) 每个语句块都以双分号(;;)结束,在每个测试条件成立后,一直到双分号之前的命令,都会被 Shell 执行。

(4) 测试条件中可以使用通配符(*、?、[]),由于所有的字符串都匹配通配符 *,因此可以将最后一个分支的值写成 *,表示 case 语句默认的执行命令。

(5) esac 是 case 语句的结束标志。

【例 6-21】 使用 case 语句创建一个菜单,这是 case 最常见的一种应用。要求设计一个菜单,接收用户从键盘输入的选择,并把用户所做的选择结果输出。

使用 vi 或 gedit 编辑器,编写以下程序,保存文件为 mytest3.sh。

```
root@ubuntu:~ $ cat mytest3.sh
# !/bin/bash
echo "This program is a menu will print you selection."
echo "1. Restore "                          //菜单的选项 1
echo "2. Backup "
echo "3. Upgrade "
echo
echo -n "Please input you select(Usage:1|R|r,2|B|b,3|U|u) :"
read key                                    //从键盘接收用户的输入
case $key in                                //变量 key 接收执行时的第一个参数.
1|R)
    echo "your select is 1.Restore   !" ;;  //用户输入的是 1 或 R,显示第 1 项
2|B)
    echo "your select is 2.Backup    !" ;;
3|U)
    echo "your select is 3.Upgrade   !" ;;
```

```
    *)
       echo "$key   is valid!   "       //默认的匹配项
       echo "Usage {1|R|r,2|B|b,3|U|u}."  //列出可以使用的参数
       exit 1                            //退出程序
    esac                                 //case 语句结束
```

执行前,同样需要先使 mytest3.sh 具有执行权限。执行过程和输出结果如图 6-14 所示。

图 6-14 mytest3.sh 脚本的执行

提示:1|R|r 表示输入 1 或 R 或 r 都可以匹配,| 表示逻辑或运算。

6.5.2 循环结构

循环结构提供了重复执行的能力,在程序设计中,会经常用到循环语句。Shell 中提供了几种执行循环的命令,比较常见的有 for、while、until、shift 等。

1. for 语句

for 语句使用灵活,在 Shell 中,常用的有以下两种语法。
(1) for 语句的第一种语法格式如下。

```
for var in list
do
    commands
done
```

说明:
① 列表 list 的每一个值都将依次赋给变量 var。每赋值一次,就执行循环体 commands 一次。
② 列表 list 中有多少个值,for 语句就执行多少次循环。
③ list 是可以包括几个用空格分开的变量,也可以是几个直接输入的值。
④ for 语句的 in 子句与 case 的子句相同,也可以使用通配符。

【例6-22】 编写Shell程序mytest4.sh，把列表中的几个值显示出来。

```
#!/bin/bash
for SystemName in "Ubuntu Linux Windows FreeBSD"
do
      echo $ SystemName
done
# end
```

执行并显示结果，如图6-15所示。

图6-15　mytest3.sh脚本的执行

（2）for语句的第二种语法格式如下。

```
for var in $ @
do
        commands
done
```

这种格式的for语句比较适用于文件和目录操作。

【例6-23】 编写一个Shell程序mytest5.sh，列出用户主目录中的所有文件名和目录名，如果是普通文件，则显示其内容。

可使用通配符显示当前目录下所有文本文件（*.txt）的名称和内容。

```
#!/bin/bash
for filename in  `ls ~`                              //列表显示用户主目录
do
   if[  -f  ~/$filename  ] then                      //注意测试表达式的格式
        echo "The contents of ~/$filename is:"       //显示文件名
        cat  ~/$filename                             //显示文件内容
   fi
done
# end
```

说明：～表示用户主目录即home，`ls ~`用来列出用户主目录，这样就构成了一个类似列表的参数的集合。再如*.sh表示所有后缀为.sh的文件，当然很可能不只有一个。

for语句的第一种格式类似于其他语言如C语言中的用法。

【例6-24】 计算$1+2+3+\cdots+100$。

编辑程序并保存为文件mytest6.sh。

```
root@ubuntu:~ $     gedit    mytest6.sh
#!/bin/bash
let s = 0
for (( i = 1; i <= 100; i = i + 1 ))
do
    let  s = $ s + $ i
done
echo "The count is $ s"
# end
```

执行并显示结果,如图 6-16 所示。

```
root@ubuntu-desktop:~# chmod a+x mytest6.sh
root@ubuntu-desktop:~# ./mytest6.sh
The count is 5050
root@ubuntu-desktop:~#
```

图 6-16 mytest6.sh 脚本的执行

2. while 与 until 语句

while 语句与 until 语句的语法格式和用途相似。while 语句会在测试条件为真时执行循环体,语法格式如下。

```
while expression
do
    commands
done
```

而 until 语句会在测试条件为假时执行循环体,语法格式如下。

```
until expression
do
    commands
done
```

【例 6-25】 编写程序 mytest7.sh,要求首先提示用户输入一个文件名,用户输入后,以长格式显示该文件的信息,并给出该文件是否有执行权限的提示。输入 y 退出程序。

```
#!/bin/bash
isExit = n;
while [   $ isExit  =   "n"   ]
do
      echo  - n  "please input a file name(.sh): "
```

```
        read    fname
        if  [   -f  $fname  ]   then
                ls  -l  $fname
        else
                echo  "File  $fname  is  not  exists."
        fi
        if [   -x  $fname  ]   then
                echo " The file: $fname cannot run. "
        else
                echo " The file: $fname can run. "
        fi
        echo   -n   " Do you want to exit(y/n)? "
        read    isExit
    done
    # end
```

执行前,同样需要先使 mytest7.sh 具有可执行权限。执行时分别以不带参数和带参数的方式执行。执行过程和输出结果如图 6-17 所示。

图 6-17 mytest7.sh 脚本的执行

3. shift 命令

shift 命令用来将命令行参数左移。假设当前的命令行有以下 3 个参数:

```
 $1=-r    $2=file1    $3=file2
```

则执行 shift 命令之后,$1=file1,$2=file2。

shift 命令也可以指定参数左移的位置数。例如,shift 2 将使命令行参数左移两个位置。shift 命令常与 while 语句或 until 语句一起使用。

【例 6-26】 编写程序 mytest8.sh,列出所有参数及其位置号。

```
#!/bin/bash
count = 1
while [   -n   "$*"   ]          //"$*"表示程序的所有参数
do
      echo "This is parameter number: $count , $1"
      shift                      //将命令行参数左移一位
```

```
            let count = $ count + 1
done
# end
```

执行结果如图 6-18 所示。

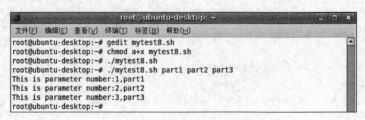

图 6-18　mytest8.sh 脚本的执行

4. break 和 continue 语句

在 Shell 的 for、while、until 循环语句中，也可以使用 break 和 continue 语句以跳出现有的循环。break 语句用于中断循环的执行，将程序流程移至循环结束之后的下一条命令。而 continue 语句则忽略之后的命令，将程序流程转移至循环开始的地方。break 和 continue 语句都可以加上数字，以指示要跳出的循环数目。

任务 6.6　总结项目解决方案的要点

本项目实现要点如下。

(1) 掌握文本模式界面下的全屏幕编辑器 vi 的使用。

① 进入 vi，可以创建并编写文件，如 vi filename.sh。

② vi 有两种工作模式：命令模式和编辑模式。

③ 每次进入 vi 时总是处于编辑模式，输入 i 可切换到命令模式。

④ 不知道当前在什么模式时，多按几次 Esc 键可切换到命令模式。

⑤ 光标移动：h、j、k、l 分别代表上、下、左、右键。

⑥ 编辑功能：d 删除、y 复制、p 粘贴。

⑦ 退出 vi：在命令模式下，输入!wq 可以存盘退出。

(2) 掌握 Shell 脚本编程的基本方法。

① 创建 Shell 脚本程序，如 vi　first.sh。

执行 Shell 脚本的方式有下述 4 种。

a. 用脚本名作为参数，例如：

```
root@ubuntu:~ $    bash  myfirst.sh
```

b. 输入重定向，例如：

```
root@ubuntu:~$    bash < myfirst.sh
```

c. 使用"."命令,例如:

```
root@ubuntu:~$    . myfirst.sh
```

d. 直接执行脚本,需要先将 Shell 脚本的权限设为 x(可执行),然后在提示符下直接执行。例如:

```
root@ubuntu:~$    chmod a+x myfirst.sh
```

② 变量和表达式。

a. 定义变量并赋值,一般格式如下。

```
变量名=字符串
```

b. 读入与输出变量,输出变量的值的一般格式如下。

```
echo   $变量名
```

c. 可以用 read 命令从键盘上接收用户的输入,作为变量的值。
d. 系统环境变量通常以全大写字母来表示。
e. 查看系统环境变量:

```
root@ubuntu:~$    env
```

f. 特殊变量,例如 $?:表示上一条命令执行后的返回值。
③ 数值运算。
a. 进行数值运算时,可以使用 expr 命令。
b. 用 expr 对表达式求值时,表达式每个运算符两边必须有空格。
c. 如果字符串中有非字母或非数字符号如 * 和顿号(、),则前面也需要加上转义符号\。
d. 如果需要处理数值,可以使用 $((expression))的格式,把表达式按算术展开,即把括号里边的表达式当作普通的算术表达式进行算术运算。
e. 算术运算符的优先级和结合性与其他语言如 C 语言中的相同。
④ 使用命令 test 进行条件测试,条件测试得到的不同结果(即真或假)经常被用作程序分支的条件。
⑤ 常用的分支结构有 if 语句和 case 语句。
⑥ 常用的循环结构有 for、while、until、shift 等。

项目小结

本项目介绍了文本编辑器的使用和 Shell 编程的基础知识。当命令组合或重定向不能满足用户需要时,可以通过编写 Shell 程序的方式来实现自己的目的。Shell 程序的语法结构和 C 语言类似,Shell 编程的手段多样,语法细节众多,用户在了解语法规则后,希望读者能通过实践练习,强化编程技巧,写出自己满意且功能强大的脚本。

自主实训任务

1. 实训目的

(1) 掌握文本编辑器 vi 和 gedit 的使用方法。
(2) 熟悉环境变量和用户自定义变量的内容和应用。
(3) 掌握 Shell 脚本的基本语法。
(4) 能熟练应用分支结构和循环结构编写程序。

2. 实训任务

(1) Shell 的基本使用。
① 查看目前系统支持的 Shell 版本。
② 查看目前的 Shell 版本。
③ 显示目前系统中的主要环境变量。
④ 临时改变 Shell 版本为 csh。
(2) 编写一个 Shell 程序判断/etc/shadow 是否为文件。
(3) 编写一个 Shell 程序计算 1+2+…+50。
(4) 编写一个 Shell 程序,显示 Fibonacci 数列的前 20 项。例如:
0,1,1,2,3,5,8,13,21,…
(5) 编写一个 Shell 程序,从键盘读入 5 个整数,然后显示最大数、最小数和平均值。

思考与练习

1. 选择题

(1) Shell 中用来表示命令行中参数个数的是(　　)。
  A. $\$\#$:　　　　B. $\$?$　　　　C. $\$\$$　　　　D. $\$*$
(2) 关于 Linux 的 Shell,以下说法中错误的是(　　)。
  A. Shell 是一个命令语言解释器　　　B. Shell 是编译型的程序设计语言
  C. Shell 是能执行内部命令　　　　　D. Shell 是能执行外部命令
(3) 输入一个命令之后,Shell 首先检查(　　)。
  A. 它是不是外部命令　　　　　　　B. 它是不是在搜索路径上

C. 它是不是一个命令　　　　　　　　D. 它是不是一个内部命令

(4) 追加输出重定向的符号是(　　)。

　　A. >　　　　　　B. >>　　　　　　C. <　　　　　　D. <<

(5) 下列对 Shell 变量 FRUIT 操作中,正确的是(　　)。

　　A. 为变量赋值：＄FRUIT＝apple

　　B. 显示变量的值：fruit＝apple

　　C. 显示变量的值：echo ＄FRUIT

　　D. 判断变量是否有值：[-f "＄FRUIT"]

(6) 表示管道的符号是(　　)。

　　A. ||　　　　　　B. |　　　　　　C. >>　　　　　　D. //

(7) (　　)不是 Shell 的循环控制结构。

　　A. for　　　　　B. switch　　　　C. while　　　　D. until

(8) (　　)不是 Linux 的 Shell 程序。

　　A. bash　　　　B. ksh　　　　　C. rsh　　　　　D. csh

(9) 在 Shell 中,变量的赋值有 4 种方法,其中采用 name＝12 的方法称为(　　)。

　　A. 直接赋值　　　　　　　　　　B. 使用 read 命令

　　C. 使用命令行参数　　　　　　　D. 使用命令的输出

(10) 在 Shell 脚本中,用来读取用户在命令行的输入的命令是(　　)。

　　A. fold　　　　B. join　　　　C. tr　　　　　　D. read

2. 填空题

(1) 变量 ＄* 表示 Shell 程序的＿＿＿＿。

(2) 在 Shell 编程时,使用方括号表示测试条件的规则是方括号两边必须有＿＿＿＿。

(3) Shell 不仅是＿＿＿＿,它同时也是一种功能强大的编程语言。＿＿＿＿是 Linux 的默认 Shell。

(4) 填写下列代码的执行结果＿＿＿＿。

```
s=0;i=1
while test $i -le 5
do
    let s=$s+$i*$i
    let i=$i+1
done
echo "s= $s"
```

3. 简答题

(1) 在 vi 中编辑模式和指令模式有什么不同?

(2) 用户在编写 Shell 程序后,怎样获取程序的执行权限?

(3) Shell 程序有哪些执行方法?

项目 7 与 Windows 共享——Samba 服务器

教学目标

通过本项目的学习,掌握 Samba 服务器的相关概念、主要配置文件及 Samba 的配置和应用。

教学要求

本项目的教学要求见表 7-1。

表 7-1 项目 7 教学要求

知识要点	能力要求	关联知识
Samba 服务器的安装和配置	(1) 掌握 Samba 基础知识 (2) 掌握 Samba 的安装和运行管理 (3) 熟悉 Samba 的配置文件 smb.conf (4) 掌握 Samba 配置文件的检查方法 (5) 掌握添加 Samba 用户的方法 (6) 掌握不同的访问安全级别的配置方法	Linux 系统用户 Linux 用户权限 smb.conf 文件配置 网络访问的方法
访问 Samba 服务器的方法	(1) 掌握 Windows 客户端访问 Samba 服务器的方法 (2) 掌握 Linux 客户端访问 Samba 服务器的方法	Windows 网络操作 网络共享
自主实训	自主完成实训所列任务	Samba 服务器及相关内容

重点与难点

(1) Samba 服务器的配置文件 smb.conf。

(2) Samba 用户与 Linux 系统用户间的关系。

(3) 客户端访问 Samba 服务器的方法。

项目概述

现代企业中使用的计算机,往往是 Windows 和 Linux 等多种操作系统并存。Windows 系统之间可以通过"网上邻居"实现文件和打印机的共享,而 Linux 服务器要为 Windows 用户提供共享服务,最简单的方法就是架设 Samba 服务器。

某公司员工使用 Windows 和 Linux 操作系统,需要在公司内部构建 Samba 服务器,以方便实现不同平台下的资源共享。公司下设有开发部、技术部、运营部等,要求对共享的资源按不同访问权限限制使用。

项目设计

①各部门员工可浏览各自的共享资源,并将部分资源对所有员工开放;②所有人都只能进入自己的主目录,并具有写权限,其他人不能访问;③各部门组长对本部门的共享资源有写权限;④公司经理可以浏览所有共享资源。

任务 7.1 了解 Samba 服务器及相关软件

7.1.1 Samba 简介

Samba 服务器可以实现不同类型计算机之间的文件和打印机共享。Samba 服务器可使 Windows 用户通过"网上邻居"等方式访问 Linux 的共享资源,而 Linux 用户也可以通过 Samba 客户端程序轻松访问 Windows 的共享资源。

SMB(service message block,服务信息块)协议是一个高层协议,它提供了在网络上的不同计算机之间共享文件、打印机和通信资料的手段,SMB 使安装 Linux 的计算机在 Windows 的"网上邻居"中看起来和一台 Windows 计算机一样,这样就方便了在 Linux 和 Windows 之间共享资源,而不需要再使用 FTP 服务器了。SMB 是实现网络上不同类型计算机之间文件和打印机共享服务的协议。

Samba 是一组使 Linux 支持 SMB 协议的软件包,基于 GPL 原则发行,源代码完全公开。可以把其安装到 Linux 系统中,以实现 Linux 和 Windows 系统之间的相互访问,图 7-1 所示是以 Ubuntu 系统作为 Samba 服务器的网络环境。

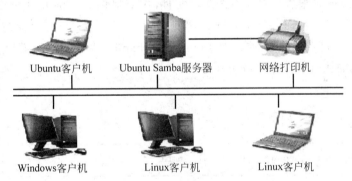

图 7-1 Samba 服务器的网络环境

7.1.2 Samba 的功能

Samba 作为网络中的一个服务器,主要功能体现在资源共享上。文件和打印共享是 Samba 服务器最主要的功能,Samba 为了方便文件和打印共享,还实现了相关控制和管理功能。具体来说,Samba 完成的功能有以下几种。

(1) 共享目录:在局域网中共享某些文件和目录,使同一个网络内的 Windows 用户可以在网上邻居里访问该目录,就与访问网上邻居里的其他 Windows 机器一样。

(2) 目录权限:决定每一个目录可以由哪些人访问,具有哪些访问权限。

(3) 提供 SMB 客户功能:在 Linux 下用类似 FTP 的方式访问 Windows 资源(包括使用 Windows 下的文件及打印机)。

(4) 共享打印机:在局域网中共享打印机,使局域网和其他用户可以使用 Linux 操作系统下的打印机。

(5) 打印机使用权限:决定哪些用户可以使用打印机。

安装和配置好 Samba 服务器后,Linux 用户就可以向局域网中的 Windows 用户提供文件和打印服务。

注意:网络文件系统(NFS)也可以实现文件的共享,但是它和 Samba 的区别在于,Samba 可以实现不同系统和相同系统之间文件的共享,NFS 只能实现 Linux 与 Linux 系统之间文件的共享。

任务 7.2 Samba 的安装与运行管理

7.2.1 Samba 服务器的安装

1. Samba 服务器软件包

Samba 服务器软件包中主要包含 Samba 的主要运行程序(smbd 及 nmbd)、Samba 的文档(document)及开机预设选项等。

samba-common 是根据依赖关系选定的套件,主要提供 Samba 的主要配置文件(smb.conf)、smb.conf 语法检查程序(testparm)等。

smbclient 是客户端软件包,提供当 Linux 作为 Samba 客户端时所需要的工具,如挂载 Samba 文件格式的执行文件 smbmount 等。

2. 安装 samba 包

安装 samba 包的命令如下。

```
root@ubuntu: ~ $ suduo apt-get install samba
```

使用这一命令将安装 3 个软件包:samba、samba-common 与 smbclient,如图 7-2 所示。

7.2.2 Samba 服务器的运行管理

Samba 服务器运行管理的操作如启动、停止、重新加载配置文件、查看运行状态等,可以通过其脚本文件/etc/init.d/samba 来进行。

(1) Samba 的启动:

```
root@ubuntu: ~ $    /etc/init.d/samba start
```

(2) Samba 的停止:

```
root@ubuntu: ~ $    /etc/init.d/samba stop
```

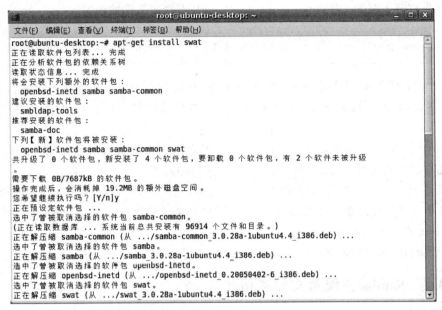

图 7-2　安装 samba 软件包

（3）重新加载 Samba 服务器的配置文件：

root@ubuntu:~$　　/etc/init.d/samba reload

（4）重启 Samba 服务器：

root@ubuntu:~$　　/etc/init.d/samba restart

（5）查看 Samba 服务器的状态：

root@ubuntu:~$　　/etc/init.d/samba status

提示：在桌面环境下，选择"系统"｜"系统管理"｜"服务"命令，打开"服务器配置"窗口，在服务列表中选定服务类型，然后设定哪些服务为开机启动以及停止、重启等操作。

任务 7.3　解析 smb.conf 主配置文件

在图形界面中配置 Samba 服务器的方法很简单，但不能完成较复杂的配置，要想完全掌握 Samba 的文件共享服务，就必须深入了解 Samba 服务器的配置文件。

Samba 服务器主要的配置文件有 3 个：/etc/samba/smb.conf、/etc/samba/passdb.tdb 和 /var/log/samba。

可以先打开主配置文件/etc/samba/smb.conf，查看该文件的内容。

```
root@ubuntu:~$   cat  /etc/samba/smb.conf
```

smb.conf 有清晰的语法结构，该文件被分为几个部分，即 global、homes、public 和 pringers 等，可以把它们称为域。每个域都以一个方括号括起来表示开始，各个域都包含多种选项。

global 用于定义全局属性，homes 用于定义对登录用户的主目录的控制，public 用于设置其他需要共享的文件夹，printers 用于设置共享打印机。

提示：smb.conf 文件的内容是以域为标志的。global 和 homes 是系统必须有的域。global 用于对整个机器进行设置，homse 用于对用户主目录进行设置。printers 是对打印机的设置，如没有打印机也可以删除。如果用户想共享目录，对应的共享目录要在 smb.conf 中添加对应的域，有多少个共享目录 smb.conf 文件中就要添加多少个对应的域。

7.3.1　Samba 主配置文件的格式

下面是一个 smb.conf 文件的主要内容，可参照注释来理解其含义。

```
#全局配置部分
[global]                               ;用来控制 Samba 的全局特性
    Workgroup   =   WorkGroup          ;设置 Samba 要加入的工作组
    serverstring  =  Samba server      ;设置 Samba 服务器的名称
    security  =   user                 ;设置 user 的安全级别
    passdb backend  =  tdbsam          ;指定用户密码的加密数据库类型

[homes]                                ;用户的主目录共享设置
    comment  =  home directory         ;名称说明
    browserable  =   no                ;控制浏览列表时是否能够看到主目录
    writable  =   yes                  ;设置对主目录写的权限
    valid users  =   %S                ;将/etc/passwd 文件中已有的用户加入 Samba

[public]                               ;公共目录共享设置
    Comment  =   public
    Path  =  /share
    Browseable  =  yes
    Public  =   yes

[printers]                             ;设置打印机的共享
    comment  =   all printers          ;名称说明
    path  =   /var/spool/samba         ;打印机的路径
    browseable  =   no
    printable  =   yes
```

说明：

(1) 注释。和 Linux 系统中大多数配置文件一样，smb.conf 主配置文件中以"#"或";"注释一行，"#"一般用来注释相关配置的解释，";"一般用来注释配置语句。

(2) 域标题。不分大小写，如 Public、public 和 PUBLIC 都代表相同的域。

(3) 参数。配置参数时的等号"="两边都必须有空格。

在 smb.conf 中可以使用多个不同的变量，这些变量用"%"字符标明，它们将在运行配置文件的语法分析时被替换。这些变量可以在文本字符串的任何合法位置使用。%S 代表当前服务名(如果有)。

例如，valid users=%S 限制连接用户的名称必须和服务名称相同。如果/etc/passwd 文件中存在和共享名称匹配的名称，则使用 homes 定义中的参数来创建共享，但是要用匹配的用户名重新命名，所以结果是该语句允许建立连接的唯一用户就是主目录的拥有者。

类似的变量还有很多，比如%U 代表当前会话的用户名，%H 代表当前服务的用户的主目录，%h 代表运行 Samba 的主机名，%m 代表客户机的 NetBIOS 名称等。

7.3.2 global 全局配置域

global 域主要对主机名、所在的工作组和用户的安全级别以及对访问本机的机器所在网段或 IP 地址进行设定。具体说明如下。

(1) workgroup=ubuntu：定义 Samba 服务器所处的网络工作组。

(2) netbios name=ubuntu：定义 Samba 服务器在工作组中显示的名称，可以不设置。它是 Samba 的 NetBIOS 名，Samba 服务器将会使用机器的 DNS 名的第一部分，例如用户的机器名是 ubuntu.domain，就用 ubuntu。

(3) hosts allow=192.168.1.0：定义允许访问 Samba 服务器的网段，也可以是具体机器的 IP 地址，本例表示允许 192.168.1.0 网段的访问。

(4) security=user：定义 Samba 的验证模式(安全级别)，共有 4 个选项，即共享访问(share)、用户级(user)、服务器级(server)和域级(domain)，如表 7-2 所示。

表 7-2 Samba 验证模式

验证模式	功　　能
user	客户端登录 Samba 服务器，需要提交用户名和密码，经过 Samba 服务器验证后才能访问共享资源。默认为此级别模式
share	客户端登录 Samba 服务器，不需要提交用户名和密码就能访问 Samba 服务器的共享资源。需要配合其他权限设置，以提高安全性
server	客户端登录 Samba 服务器，需要提交用户名和密码，Samba 服务器本身不验证，而会提交到指定的另一台 Samba 服务器上进行验证，此时必须指定负责验证的 Samba 服务器的名称。如验证失败，客户端会降级以 user 级别访问
domain	Samba 服务器本身不验证 Samba 用户名和密码，而是由已加入的 Windows 域控制服务器负责验证，此时必须指定域控制服务器的 NetBIOS 名称。如验证失败，客户端会降级以 user 级别访问

提示：安全级别为 user、domain 或者 server 时，map to guest=bad user 可以去掉。其含义是将所有 Samba 主机所不能正确识别的用户都映射成 guest 用户，即为 user 级，所

以,从 Samba 的客户端来看,结果是一样的,只有 share 级和 user 级。

7.3.3 homes 域

homes 域用来设置特殊的共享,即对/etc/passwd 中已有的用户主目录的共享。通过对 homes 域的配置,用户可以连接到其/home 主目录,而不要求为每个用户定义一个特定的共享。

（1）comment：名称的说明。
（2）browseable：设置主目录的浏览权限。
（3）writable：设置对主目录是否有写的权限。
（4）valid users＝%S：将系统的/etc/passwd 文件中的用户都添加为 Samba 用户。

7.3.4 public 域

public 域用来设置普通目录的共享,可以添加多个。每个 public 域代表一个要共享的目录,共享目录名称可以自己命名,不区分大小写。

（1）path：指定共享目录的路径,建议采用绝对路径。
（2）public：指定该共享资源是否可以给 guest 访问。
（3）read only：设置是否为只读。
（4）read list ＝ root：设置只读列表,root 代表用户,@group 代表 group 组。
（5）write list ＝root：设置读/写访问列表。
（6）valid users＝root：设置允许访问的用户列表。
（7）ivalid users＝root：设置不允许访问的用户列表。

7.3.5 printers 域

在 Ubuntu 系统中以默认方式安装 Samba 服务器后,共享打印机文件的典型配置如下。

```
[printers]
Comment = All Printers
Path = /var/spool/samba
Create mask = 0700
Printable = yes
Browseable = no
```

任务 7.4 配置 Samba 服务器

配置 Samba 服务器主要涉及 3 个文件：主配置文件/etc/samba/smb.conf,密码文件/etc/samba/passdb.tdb 以及日志文件/var/log/samba。配置过程主要是对 smb.conf 文件进行修改。

Samba 服务器的配置过程主要分为以下 4 个步骤。

(1) 添加 Samba 用户,由于默认安全级别为 user 级,这通常是必须做的。

(2) 编辑主配置文件 smb.conf,指定需要共享的目录,为共享目录设置共享权限,指定日志文件名称和存放路径等。

(3) 设置共享目录的本地系统权限,需要与 smf.conf 中指定的权限配合。

(4) 重新加载配置文件或重新启动 Samba 服务,使配置生效。

7.4.1 添加 Samba 用户

当用户登录 Samba 服务器时,必须已经出现 Samba 合法用户列表中。

当 Samba 服务器的安全级别为 user、server、domain 时,用户访问 Samba 服务器必须提供 Samba 用户名和密码。只有 Linux 系统本身的用户才能成为 Samba 用户。因为在 Linux 系统下,权限的分配是通过 UID 和 GID 来进行的。在使用运行于 Linux 系统中的 Samba 服务器时,也需要使用 Linux 系统下的 UID 与 GID 来进行权限分配。

例如,要使用 Linux 系统中的 root 用户访问 Samba 服务器,那么在 Samba 服务器所在的主机上,就必须要有 root 这个真实用户,即在/etc/passwd 文件中可以找到这个用户及相对应的 UID 和 GID。

成为 Samba 服务器的用户很简单,对 Linux 系统中/etc/passwd 文件中已有的用户,使用 smbpasswd 命令为其添加另一个密码(即登录 Samba 服务器的密码),即可将其添加到 Samba 用户列表中。Samba 的用户和密码定义在/etc/samba/smbpasswd 文件中,而 Linux 系统中的用户名和密码保存在/etc/passwd 和/etc/shadow 文件中,所以 Samba 的用户密码与 Linux 系统中的用户密码可以相同,也可以不相同。

简单来说,Linux 系统中的用户拥有两个密码,一个用来登录 Linux 系统,一个用来登录 Samba 服务器。

注意:不是/etc/passwd 中所有的用户都能使用 Samba 服务器,例如系统自建的管理用的系统用户等。

【例 7-1】 把原来的 Linux 用户 root 添加为 Samba 用户。

(1) 打开终端,执行以下命令。

```
root@ubuntu:~$    smbpasswd -a root
```

(2) 根据屏幕提示输入两次 Samba 用户的密码。

```
root@ubuntu:~$    smbpasswd root
```

(3) 把所有 Linux 用户都设置成 Samba 用户。

```
root@ubuntu:~$    cat /etc/passwd|/usr/sbin/mksmbpasswd>/etc/samba/smbpasswd
```

注意:在执行过 mksmbpasswd 命令以后,系统管理员必须执行 smbpasswd 命令为每个用户设定它们的密码以使该 Samba 用户可用,如果并不想使某些用户使用 Samba 服务器,可以不设 Samba 的密码。

7.4.2 配置 share 访问级别的 Samba 服务器

【例 7-2】 某软件公司需要将一个工作组 WorkGroup 添加到 Samba 服务器,并发布共享目录/var/public_samba,共享名为 public,这个共享目录允许所有公司员工访问,权限为只读,可以使用共享打印机。

实现步骤如下。

(1) 创建 Samba 服务器的用户。因为任何人都可以访问,不需要创建 Samba 登录用户。

(2) 编辑 smb.conf 文件,大部分可保持安装时的默认设置,需要修改的部分如下。

```
[global]                                        ; 用来控制 Samba 的总特性
    workgroup    =    WorkGroup                 ; 设置 Samba 要加入的工作组
    server string  =  %h server (Samba, Ubuntu) ; 设置 Samba 服务器的名称
    security   =   share                        ; 设置访问安全级别为 share
    usershare max shares   =   100
    usershare allow guests = yes
    ;map to guest   =   bad user                ; 默认是可用的,要给它加上注释,使它失效

[public]
    comment  =  Samba Public                    ;
    path  =  /var/public_samba
    browseable  =  yes                          ; 所有员工都可以访问(浏览)
    writable  =  no                             ; 所有员工不能写(包括修改、删除)
    public  =  yes
    log file = /var/log/samba/log.%m            ; 指定日志文件

[printers]                                      ; 设置打印机的共享
    comment  =  all printers                    ; 名称说明
    path  =  /var/spool/samba                   ; 打印机的路径
    browseable  =  no
    printable  =  yes
```

提示:Samba 默认用户的访问安全级别为 user,map to guest=bad user 这一行默认是启用状态,如果要设定 share 访问安全级别,应将该行前加上注释,使它失效。另外,注意各行语句前至少有一个空格。

(3) 创建要共享的目录:

```
root@ubuntu:~ $    mkdir /var/public_samba
```

然后在其中创建或复制一些示例文件,以便检验效果。

(4) 检查配置,执行以下命令。

```
root@ubuntu:~ $    testparm
```

(5) 重启 Samba 服务器,使修改后的配置生效。

```
root@ubuntu:~ $    /etc/init.d/samba  restart
```

7.4.3 配置 user 访问级别的 Samba 服务器

【例 7-3】 某公司员工使用的操作系统有 Windows 和 Linux,公司内部构建了 Samba 服务器,以方便实现不同平台下的资源共享。公司下设有开发部、技术部、运营部等,要求对共享的资源按不同访问权限限制使用。

(1) 各部门员工可浏览各自的共享资源,并将部分资源对所有员工开放。
(2) 所有人都只能进入自己的主目录,并具有写权限,其他人都不能访问。
(3) 各部门组长对本部门的共享资源有写权限。
(4) 公司经理可以浏览所有共享资源。

分析:创建 Samba 访问用户,具体如下。
(1) 创建 3 个组:group_kf(开发部)、group_js(技术部)、group_yy(运营部)。
(2) 创建公司经理用户 NewNet_admin,将其加入所有共享域。
(3) 创建各部门员工用户,加入各部门的共享域。

编辑 smb.conf 文件,具体如下。
(1) 创建一个共享域 public,存放公共通知等信息,是所有人可浏览的目录。
(2) 创建 3 个普通共享域:group_kf_Share、group_js_Share、group_yy_Share,对应各部门可浏览的目录。
(3) 个人的主目录可以在创建用户的同时创建。

操作步骤如下。
(1) 创建用户。
① 创建 3 个组用户。

```
root@ubuntu:~ $    groupadd   group_kf      //开发部
root@ubuntu:~ $    groupadd   group_js      //技术部
root@ubuntu:~ $    groupadd   group_yy      //运营部
```

② 创建 3 个组长用户。

```
root@ubuntu:~ $    useradd  -m  kf_bz   -g  group_kf    //开发部组长
root@ubuntu:~ $    useradd  -m  js_bz   -g  group_jf    //技术部组长
root@ubuntu:~ $    useradd  -m  yy_bz   -g  group_yy    //运营部组长
```

③ 创建经理用户。

```
root@ubuntu:~$    useradd -m NewNet_admin         //公司经理
```

④ 依次创建各部门员工用户。

```
root@ubuntu:~$    useradd kf_user1 -m -g group_kf  //开发部员工1
...
```

(2) 将所有 Linux 的本地用户添加为 Samba 用户。

```
root@ubuntu:~$    cat /etc/passwd|/usr/sbin/mksmbpasswd.>/etc/samba/smbpasswd
```

(3) 创建目录，设置权限。

```
root@ubuntu:~$    mkdir /root/samba
root@ubuntu:~$    mkdir /root/samba/public
root@ubuntu:~$    mkdir /root/samba/group_kf
root@ubuntu:~$    mkdir /root/samba/group_js
root@ubuntu:~$    mkdir /root/samba/group_yy
```

可以在这里把上面所有的文件夹的权限都设置成777，再通过 smb.conf 中的权限进行访问权限的设定。

```
root@ubuntu:~$    chmod -R 777 /root/samba
```

(4) 编辑 smb.conf。

```
root@ubuntu:~$    gedit /etc/samba/smb.conf
```

将 smb.conf 中的内容作如下修改。

```
[global]
    workgroup = Ubuntu
    server string = NewNet_SambaServer
    netbios name = NewNet
    security = user
    interfaces = 192.168.1.1/255.255.255.0
    public = yes
    guest account = nobody
    encrypt passwords = true
    passdb backend = tdbsam                    ;指定用户密码的加密数据库类型
```

```
    smb passwd file   =   /etc/samba/smbpasswd
    username map     =   /etc/samba/smbusers
    log file    =   /var/log/samba/ log.%m
    dos charset   =   cp936
    unix charset  =   cp936
[homes]
    comment = Home Directories
    browseable = no
    writable = yes
    valid users = %S
    create mode = 0664
    directory mode = 0775
[public]
    comment  =  NewNet  public              ;对公司所有人都公开的目录
    path   =  /root/samba/public
    public  =  yes
    browseable  =  yes
    writable  =  no
[group_kf]
    comment = group_kf
    path = /root/samba/group_kf             ;开发部共享的目录
    public = no
    valid users  =  @group_kf , NewNet_admin;  ;开发部成员,经理能浏览
    writeable   =  no                        ;开发部其他成员不能写
    write list  =  kf_bz                     ;开发部组长可以写
    browseable  =  yes                       ;其他部门人员只能浏览
[group_js]
    comment = group_js
    path = /root/samba/group_js             ;技术部共享的目录
    public = no
    valid users  =  @group_js , NewNet_admin;  ;技术部成员,经理能浏览
    writeable   =  no                        ;技术部其他成员不能写
    write list  =  js_bz                     ;技术部组长可以写
    browseable  =  yes                       ;其他部门人员只能浏览
[group_yy]
    path = /root/samba/group_yy             ;运营部共享的目录
    public = no
    valid users  =  @group_yy , NewNet_admin  ;运营部成员,经理能浏览
    writeable   =  no                        ;运营部其他成员不能写
    write list  =  yy_bz                     ;运营部组长可以写
    browseable  =  yes                       ;其他部门人员只能浏览
```

(5) 检查配置。

```
root@ubuntu:~$    testparm
```

(6) 重启 Samba 服务器,使修改后的配置生效。

```
root@ubuntu:~ $    /etc/init.d/samba   restart
```

7.4.4 Samba 服务器配置的检测

要检查 Samba 服务器配置的正确性,可以执行以下命令。

```
root@ubuntu:~ $  sudo testparm
Loading smb config files from /etc/samba/smb.conf
Processing section "[share]"
Loaded services file OK
Press enter to see a dump of your server definition
```

testparm 命令执行后如果显示"loaded services file OK"信息,那么说明 Samba 服务器配置的文件正确,否则显示出错信息以供参考。

任务 7.5 访问 Samba 服务器的共享资源

在 Linux 中架设 Samba 服务器,访问的客户机常见的有 Windows 客户机和 Linux 客户机,下面分别进行介绍。

7.5.1 Windows 客户机访问 Samba 的共享资源

方法 1:在 Windows 客户机中打开 IE 浏览器,在地址栏中输入 Samba 服务器的 UNC,如 \\192.168.1.1\public,其中 public 是在 smb.conf 中定义的共享目录的名称,如图 7-3 所示。

图 7-3 利用 UNC 查看共享资源

方法 2：利用 Windows 中的"网络邻居"，查看网上邻居主机上的共享资源。如果看不到，可以执行"搜索"|"搜索计算机"命令，在"计算机名"中输入 192.168.1.1，搜索目标主机，如图 7-4 所示，双击主机名称打开该主机，即可看到其共享的资源。

图 7-4　搜索计算机以查找共享资源

提示：根据 Samba 服务器默认设定的用户访问级别(user)，需要输入 Samba 用户名和密码后，才能访问在 smb.conf 中定义的共享资源。

7.5.2　Linux 客户机访问 Samba 的共享资源

1. 在图形界面中访问 Samba 的共享资源

方法 1：选择"位置"|"网络"|"Windows 网络"命令，即可看到共享的目录，访问方法同 Windows 的"网上邻居"一样。

方法 2：建立一个 Samba 共享目录的映射，可直接单击以查看共享目录中的文件。

选择"位置"|"连接到服务器"命令，弹出"连接到服务器"对话框，如图 7-5 所示。

在"服务类型"下拉列表框中选择"Windows 共享"，在"服务器"中输入 Samba 服务器的 IP 地址或名称，如 192.168.1.1。以下都是可选项，例如，在"共享"中输入共享目录的共享名如 public，在"文件夹"中自动出现该共享目录的物理文件夹名称/var/public_samba。如果设置的访问安全级别是 user 或以上级，可在"用户"中输入 Samba 用户名，会提示输入密码，单击"连接"按钮，即可看到在桌面上、位置目录中都建立了该共享目录的映射链接，单击即可查看共享的资料，如图 7-6 所示。

提示：也可利用 smbmount 命令挂载共享目录，可使用 man smbmount 查阅详细用法。另外，smbstatus 命令也可查看共享资源的使用情况。

图 7-5 "连接到服务器"对话框

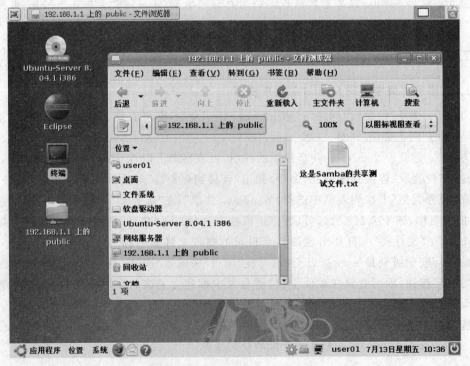

图 7-6 利用映射查看共享资源

2. 以命令方式访问 Samba 的共享资源

方法 1：用于访问网络共享资源的软件名为 smbclient，它是一个通过远程操作方式进行文件传送的工具。

用 smbclient 命令访问共享资源的格式如下。

```
smbclient  //目标主机 IP 地址或主机名/共享目录名  -U  用户名%密码
```

用 smbclient 命令还可以列出目标主机上的共享目录列表，命令格式如下。

```
smbclient  -L  目标主机 IP 地址或主机名  -U  用户名%密码
```

其中"目标主机名"是远程 Samba 服务器的 NetBIOS 名字。对于 Windows 来说，就是它们出现在"网上邻居"中的名字，"共享目录名"是在 Samba 服务器主配置文件 smb.conf 中定义的共享域的名字。

用户名和密码都是指 Samba 服务器的用户名和密码。如果没有给出密码，也没有使用-N 选项，smbclient 会提示用户输入 Samba 服务器的用户名和密码。-N 选项用于禁止 smbclient 提示用户输入密码，当连接不需要密码的资源时可以使用该选项。例如：

```
root@ubuntu:~$   testparm  smbclient  -N  -L  192.168.1.1
```

该命令将忽略输入用户名和密码，直接连接共享的资源。

【例 7-4】 以命令行方式访问 Samba 服务器。

（1）查看目标主机有哪些共享资源，在终端中执行如下命令。

```
root@ubuntu:~$   smbclient  -N  -L  192.168.1.1
```

使用-N 选项忽略 Samba 用户的密码，不提示输入，可以匿名登录，按 Enter 键后能看到目标主机中已共享目录的列表，如图 7-7 所示。

（2）根据显示出的共享目录，执行以下命令。

```
root@ubuntu:~$   smbcllient  //192.168.1.1/public
```

按 Enter 键后进入 Samba 交互模式，提示符为 smb:\>，如图 7-8 所示。

可以在提示符输入命令，如 ls 可看到共享目录的列表，get 可用于下载等。具体用法可以输入"?"，以显示该模式下可用的命令。利用 man 命令可查阅具体用法，quit 命令用于退出。

方法 2：挂载共享目录，实现本地访问 Samba 服务器。

可使用 smbmount 命令挂载共享目录。首次运行该命令时，会提示未安装 Samba 文件系统，并建议安装 smbfs。执行以下命令。

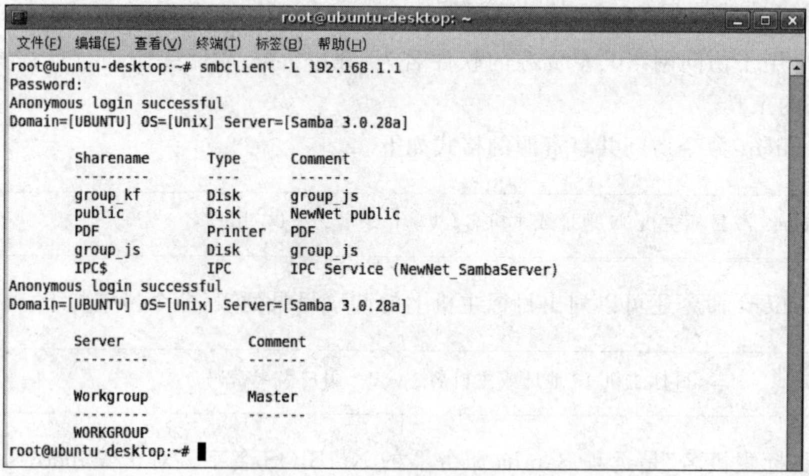
root@ubuntu-desktop: ~
文件(F) 编辑(E) 查看(V) 终端(T) 标签(B) 帮助(H)
root@ubuntu-desktop:~# smbclient -L 192.168.1.1
Password:
Anonymous login successful
Domain=[UBUNTU] OS=[Unix] Server=[Samba 3.0.28a]
Sharename Type Comment
--------- ---- -------
group_kf Disk group_js
public Disk NewNet public
PDF Printer PDF
group_js Disk group_js
IPC$ IPC IPC Service (NewNet_SambaServer)
Anonymous login successful
Domain=[UBUNTU] OS=[Unix] Server=[Samba 3.0.28a]
Server Comment
--------- -------
Workgroup Master
--------- -------
WORKGROUP
root@ubuntu-desktop:~#

图 7-7　用 smbclient 列出目标主机上的共享资源

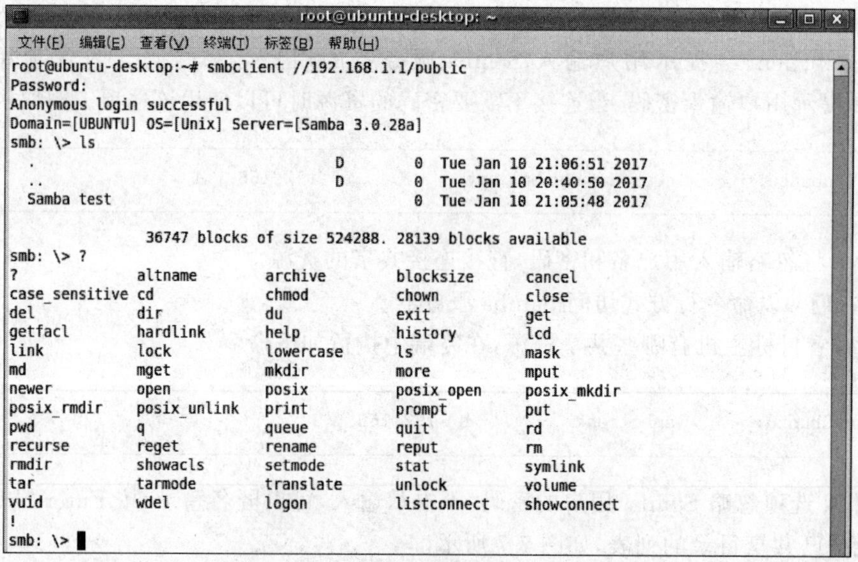
root@ubuntu-desktop: ~
文件(F) 编辑(E) 查看(V) 终端(T) 标签(B) 帮助(H)
root@ubuntu-desktop:~# smbclient //192.168.1.1/public
Password:
Anonymous login successful
Domain=[UBUNTU] OS=[Unix] Server=[Samba 3.0.28a]
smb: \> ls
. D 0 Tue Jan 10 21:06:51 2017
.. D 0 Tue Jan 10 20:40:50 2017
Samba test 0 Tue Jan 10 21:05:48 2017
36747 blocks of size 524288. 28139 blocks available
smb: \> ?
? altname archive blocksize cancel
case_sensitive cd chmod chown close
del dir du exit get
getfacl hardlink help history lcd
link lock lowercase ls mask
md mget mkdir more mput
newer open posix posix_open posix_mkdir
posix_rmdir posix_unlink print prompt put
pwd q queue quit rd
recurse reget rename reput rm
rmdir showacls setmode stat symlink
tar tarmode translate unlock volume
vuid wdel logon listconnect showconnect
!
smb: \>

图 7-8　Samba 交互模式及命令列表

```
root@ubuntu:~ $    smbmount
root@ubuntu:~ $    apt-get install smbfs
```

安装完成后,先创建挂载目录/mnt/SambaShare,再执行挂载命令。

```
root@ubuntu:~ $    mkdir /mnt/SambaShare
root@ubuntu:~ $    smbmount //192.168.1.1/public  /mnt/SambaShare
```

或

```
root@ubuntu:~ $    mount.cifs  //192.168.1.1/public  /mnt/SambaShare
```

选择"位置"|"计算机"|"文件系统"命令，进入/mnt/Sambashare 目录，如图 7-9 所示，就像使用本地的文件一样使用这些共享资源。

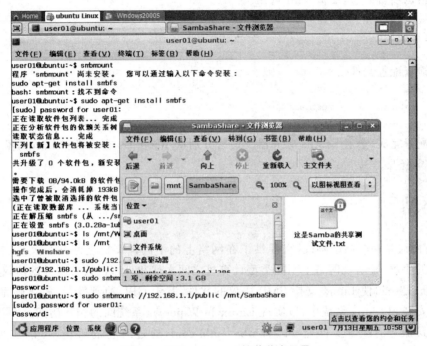

图 7-9 使用 smbmount 挂载共享目录

任务 7.6 总结项目解决方案的要点

项目具体实现要点如下。
（1）分别创建所需的组用户和个人用户。

```
root@ubuntu:~ $     groupadd  group_kf      //开发部
...
```

（2）将所有 Linux 的本地用户添加为 Samba 用户。

```
root@ubuntu:~ $    cat /etc/passwd|/usr/bin/mksmbpasswd.sh>/etc/samba/smbpasswd
```

(3) 创建目录，设置权限。

```
root@ubuntu:~$    mkdir /home/samba
...
root@ubuntu:~$    chmod -R 777 /home/samba
```

(4) 根据项目需求，编辑 smb.conf。

```
root@ubuntu:~$    gedit /etc/samba/smb.conf
```

(5) 检查配置文件。

```
root@ubuntu:~$    testparm
```

(6) 配置完成，重启 Samba 服务器。最后分别从 Windows 客户机和 Linux 客户机访问 Samba 共享资源。

项目小结

SMB 协议是一个高层协议，它提供了在网络上的不同计算机之间共享文件、打印机和通信资料的手段，是实现网络上不同类型计算机之间文件和打印机共享服务的协议。

Samba 是一组使 Linux 支持 SMB 协议的软件，基于 GPL 原则发行，源代码完全公开。可以把其安装到 Linux 系统中，以实现 Linux 和 Windows 系统间的相互访问。

Samba 服务的配置文件是/etc/samba/smb.conf，通过对它的编辑，可以实现资源的共享。

自主实训任务

1. 实训目的

(1) 了解 Samba 服务器的基本知识。
(2) 掌握在 Ubuntu 系统中 Samba 服务器的配置方法。

2. 实训任务

根据以下要求，配置 Samba 服务器。
(1) 创建以下用户。
① 网络部：netcenter。
② 动画部：animation。
③ 管理员：netadmin。

(2) 创建以下目录。

① /root/samba/netcenter：网络部目录。

② /root/samba/animation：动画部目录。

③ /root/samba/public：公共部目录。

④ /root/samba/public/archive：公共目录。

(3) 通过配置 Samba 完成以下要求。

① 网络部专用目录：其他用户可见，无法访问。

② 动画部专用目录：其他用户可见，无法访问。

③ 公共目录 1：所有用户可访问，有读写权限。

④ 公共目录 2：所有用户可读，netadmin 用户可读写。

思考与练习

1. 选择题

(1) Samba 服务器的默认安全级别是（　　）。
　　A. share　　　　　　　　　　　B. user
　　C. server　　　　　　　　　　　D. domain

(2) （　　）服务器可以使用户在异构网络操作系统之间进行文件系统共享。
　　A. FTP　　　　　　　　　　　　B. Samba
　　C. DHCP　　　　　　　　　　　D. Squid

(3) 重启 Samba 的命令是（　　）。
　　A. /etc/rc.d/init.d/samba restart　　B. /etc/rc.d/init.d/smb restart
　　C. /etc/rd/init.d/named restart　　 D. /etc/rc.d/init.d/smb start

(4) Linux 中可以实现与 Windows 主机之间文件及打印共享的是（　　）。
　　A. 网络邻居　　　　　　　　　　B. NFS
　　C. Samba　　　　　　　　　　　D. NIS

(5) Samba 的核心是两个后台进程，它们是（　　）。
　　A. smbd 和 nmbd　　　　　　　 B. nmbd 和 inetd
　　C. inetd 和 smbd　　　　　　　 D. inetd 和 httpd

(6) Samba 服务器的主配置文件是（　　）。
　　A. smb.conf　　　　　　　　　　B. vsftpd.conf
　　C. samba.conf　　　　　　　　　D. vsftpd.chroot_list

(7) 添加 Samba 用户的命令是（　　）。
　　A. useradd　　　　　　　　　　 B. smbuseradd
　　C. smbadduser　　　　　　　　　D. addsmbuser

(8) 通过设置（　　）选项可控制访问 Samba 共享服务的合法主机名。
　　A. allowed　　　　　　　　　　　B. hosts valid

C. hosts allow   D. public

2. 判断题

(1) 利用 SMB 协议不仅可以在 Linux 和 Windows 之间而且还可以在 Linux 之间共享文件。（　　）

(2) smb.conf 文件中的 valid users 选项用于指定不允许使用 Samba 服务器的用户。（　　）

(3) Samba 服务器可以完成目录共享的任务。（　　）

(4) 当 Samba 的安全级别设置为 share 时，客户机连接到 Samba 服务器不需要用户名和密码。（　　）

3. 简答题

(1) 简述计算机网络的基本功能。

(2) 简述计算机网络的分类。

(3) Samba 的功能有哪些？

项目 8 构建网站——Web 服务器

教学目标

通过本项目的学习,掌握利用 Apache 安装、管理、配置 Web 服务器以及构建虚拟主机的方法。

教学要求

本项目的教学要求见表 8-1。

表 8-1 项目 8 教学要求

知识要点	能力要求	关联知识
认识 Web 服务器	(1) 了解 Web 服务器 (2) 了解 Apache 的特点	Web 基本原理 Microsoft IIS
安装 Apache 服务器	(1) 掌握 Apache 服务器的安装方法 (2) 掌握对 Apache 服务器启动等的基本管理	Apache 服务器的终端命令
Apache 的配置文件	(1) 熟悉 Apache 配置文件 (2) 熟悉配置文件及目录 (3) 掌握主配置文件 apache2.conf 的基本配置 (4) 掌握文件 ports.conf 的基本配置 (5) 掌握文件 default 的基本配置	各配置文件的含义 各配置文件中各域的含义
Apache 的虚拟主机	(1) 掌握基于 IP 的虚拟主机配置的基本方法 (2) 掌握基于名称的虚拟主机配置的基本方法 (3) 了解 Apache 服务器的安全性配置	IP 地址、端口、验证以及域名等相关知识
自主实训	自主完成实训所列任务	Apache 服务器配置的相关内容

重点与难点

(1) Apache 服务器各配置文件及其配置方法。

(2) 添加虚拟主机的基本方法。

(3) Apache 服务器的基本安全配置。

项目概述

某公司由于业务的不断发展,需要在公司的局域网中架设一个管理用的网站,利用已有的 Linux 主机来完成。由于管理网站涉及公司内部的一些重要信息,要求访问该网站时必须输入用户名和密码。公司内部员工通过管理员分配的用户名和密码,可以访问该管理平台。公司经理将这个任务交给了管理员小张。

要实现 Web 网站的架设,虽然可以租用公网中的空间来完成,但是该管理网站仅限公司内部使用,所以小张决定使用公司内部已有的 Linux 主机结合 Apache 服务器软件来构建 Web 服务器,通过对 Apache 的配置,使该网站在访问时具备身份验证功能。

项目设计

利用 Apache 构建企业内部的 Web 服务器，要求配置完成后，能够使用 IP 地址或域名 www.myweb.com 来访问公司的 Web 管理平台，并要求特定的内部用户才可以浏览该网站。

任务 8.1　了解 Web 服务器及相关软件

8.1.1　Web 服务器简介

WWW 是 World Wide Web(环球信息网)的缩写，也可以简称为 Web，中文名称为"万维网"。通过万维网，人们只要使用简单的方法，就可以迅速、方便地取得丰富的信息。由于用户在通过 Web 浏览器访问信息资源的过程中，无须关心一些技术性的细节，而且界面非常友好，可以在几乎所有的平台上运行，因而 Web 在 Internet 上一推出就受到了热烈的欢迎，并得到了爆炸性的发展。

常见的 Web 服务器主要有 UNIX/Linux 上的 Apache 与 Windows 上的 IIS。IIS 是微软发布的 Web 服务组件，其中包括 Web 服务器、FTP 服务器、NNTP 服务器和 SMTP 服务器，分别用于网页浏览、文件传输、新闻服务和邮件发送等方面。另一种是 Apache，世界上很多著名的网站都是利用 Apache 构建的，Apache 由于其跨平台和安全性被广泛使用，是流行的 Web 服务器端软件之一。

WWW 采用的是浏览器/服务器结构，其作用是整理和储存各种 WWW 资源，并响应客户端软件的请求，把客户所需的资源传送到 Windows、UNIX 或 Linux 等平台上。这些网上资源的地址可以用 URL 来标识。

简单地说，URL(统一资料定位符)是资源在网上的"地址"，其标准格式如下。

```
协议名://IP 地址[:端口号][/路径名][/文件名]
```

其中，方括号中的部分均是可以省略的。

例如，在浏览器的地址栏中输入 http://www.yahoo.com，就可以访问雅虎的首页。

8.1.2　Apache 的特点

Apache 是一种开源的 HTTP 服务器软件，经过多年来不断地完善，如今的 Apache 已成为流行的 Web 服务器端软件。可以在 UNIX、Linux 以及 Windows 等主流计算机操作系统中运行，其优势是源代码开放、有一支开放的开发队伍、支持跨平台的应用、可移植性以及良好的安全性等。

Apache 拥有以下众多特性，保证了它可以高效稳定地运行。

(1) 支持 HTTP/1.1 通信协议。

(2) 拥有简单而强有力的基于文件的配置过程。

(3) 支持通用网关接口。
(4) 支持基于 IP 地址和域名的虚拟主机。
(5) 支持多种方式的 HTTP 验证。
(6) 集成 Perl 处理模块。
(7) 集成代理服务器模块。
(8) 支持实时监视服务器状态和定制服务器日志。
(9) 支持服务器端包含指令(SSI)。
(10) 支持安全 Socket 层(SSL)。
(11) 提供用户会话过程的跟踪。
(12) 支持 FastCGI。
(13) 通过第三方模块可以支持 Java Servlet。

任务 8.2 安装 Apache 服务器

8.2.1 Apache 的安装

Apache 的安装非常简单,可以使用如下命令安装 Apache 2 及其相关工具。

```
root@ubuntu:~$    apt-get install apache2
读取软件包列表... 完成
正在分析软件包的依赖关系树
Reading state information... 完成
将会安装下列额外的软件包:
    apache2-mpm-worker apache2-utils
    apache2.2-common libapr1
    libaprutil1 libpq5
建议安装的软件包:
    apache2-doc
下列"新"软件包将被安装:
    apache2 apache2-mpm-worker
    apache2-utils apache2.2-common
```

apache2 是一个虚拟包,安装这个包时会根据依赖关系自动安装以下 3 个相关包:apache2-mpm-worker、apache2-utils 和 apache2.2-common。其中 apache2-mpm-worker 是 Apache 的实际执行包,apache2-utils 包含工具程序,apache2.2-common 包含各个模块。

8.2.2 Apache 的基本管理

在 Ubuntu 系统中,默认安装好 Apache 软件以后,即可按默认的配置启动运行。启动后,如果对配置做了修改,则需要重新启动,使修改后的配置生效。

（1）Apache 的启动：

```
root@ubuntu:~$     /etc/init.d/apache2 start
```

（2）Apache 的停止：

```
root@ubuntu:~$     /etc/init.d/apache2 stop
```

（3）Apache 的重新启动：

```
root@ubuntu:~$     /etc/init.d/apache2 restart
```

8.2.3　Apache 服务器的运行

安装完成以后，启动服务，启动后对其配置文件不做任何改动，采用默认选项，可以对 Apache 服务器做一简单的测试，在地址栏中输入 http://127.0.0.1 或者 http://localhost，显示结果如图 8-1 所示。

图 8-1　安装 Apache 后默认虚拟主机浏览结果

任务 8.3　熟悉 Apache 配置文件

Apache 服务器安装好以后就可以运行了。如果想让服务器按照指定的要求运行，就需要对 Apache 进行配置，所以必须很好地熟悉其配置文件的信息。

8.3.1　Apache 的配置文件及目录

在 Ubuntu 中，Apache 2 的配置文件放在/etc/apache2 目录下。该目录及其中的文件简要说明如下。

（1）apache2.conf：主配置文件。
（2）http.conf：用于添加对第三方模块的配置，默认为空。
（3）ports.conf：配置 Apache 监听的 IP 地址和端口。
（4）sites-available：可用的虚拟主机配置。
（5）sites-enable：当前启用的虚拟主机配置。
（6）conf.d：此目录下的所有文件都包含在主配置文件中，通常用于添加对主服务器或各个虚拟主机继承的额外配置。

(7) magic mod_mine_magic：模块所需的 magic 数据，无须配置。

(8) mods-available：可用模块的相关配置。

(9) mods-enable：当前启用的模块配置。

说明：普通的 Apache 发行版本配置文件是 httpd.conf。Ubuntu 发行版本的主配置文件是 apache2.conf，并通过主配置文件 apache2.conf，引用了该目录以及子目录下的其他配置文件。

这样做的目的之一是使功能模块的配置相对独立，结构清晰。比如用户如果想配置 Apache 服务器使用的监听的 IP 地址和端口，可在/ports.conf 文件中进行配置，或者用户想配置虚拟主机，可以在 etc/apache2/sites-available 目录下创建配置，它们将被包含在 apache2.conf 文件中，随着 Apache 服务器的启动而生效。

【例 8-1】 查看在 apache2.conf 包含引用到了哪些文件。

```
root@ubuntu:~ $  cat /etc/apache2/apache2.conf
...
# 包含动态模块的配置：
    Include /etc/apache2/mods-enabled/*.load
    Include /etc/apache2/mods-enabled/*.conf
# 包含用户自己的配置：
    Include /etc/apache2/httpd.conf
# 包含端口监听的配置：
    Include /etc/apache2/ports.conf
# 包含一般性的配置语句片段：
    Include /etc/apache2/conf.d/
# 包含虚拟主机的配置指令：
    Include /etc/apache2/sites-enabled/
...
```

8.3.2 主配置文件 apache2.conf

Apache 服务器的主要配置文件都被分类放置在/etc/apache2 目录及其子目录中。配置文件中包含影响服务器运行的配置指令。每一个配置指令和参数都用"#"加以详细地解释。大部分都有默认值，不需要重新设定。用户可以根据自己的需要有针对性地修改。正确配置 Apache，必须对常用指令的含义和用法有一定的了解。这些配置指令和参数被分为下面 3 个部分。

提示：修改之前一定要先做好备份。

(1) 全局环境变量，即控制整个 Apache 服务器行为的变量，这里设置的参数将影响整个 Apache 服务器的行为，这些指令放在文件/etc/apche2/apache2.conf 中。

例如，ServerRoot 指出服务器保存其配置、出错和日志文件等信息的根目录等。目录使用绝对路径，如果文件名不是以"/"开始的，那么它将把 ServerRoot 的值附加在文件名的前面。例如，对于 logs/foo.log，如果 ServerRoot 的值为/usr/local/apache2，则该文件应为

/usr/local/apache2/logs/foo.log,路径的结尾不要添加斜线,如 ServerRoot "/usr/loacl/apache2"。

(2) 服务器的主要设置,即定义主要或者默认服务参数的指令,也为所有虚拟主机提供默认的设置参数,默认的配置文件是/etc/apache2/sites-available/default。

这些主要设置用来给后面定义的 VirtualHost 容器中的指令提供默认值。该配置参数仅在它们没有被虚拟主机容器(即 VirtualHost)的配置覆盖时才起作用。VirtualHost 容器指令拥有最高优先级,如果 VirtualHost 中有定义,那么其他位置定义的值将被 VirtualHost 容器中的指令定义所覆盖。

(3) 虚拟主机的设置。通过使用 VirtualHost 容器指令定义每个虚拟主机。对特定虚拟主机的配置指令一般放在/etc/apache2/sites-available/目录下,可以给每个虚拟主机创建配置文件,系统会自动为该配置文件在/etc/apache2/sites-enabled/目录下创建软链接文件。容器指令都应该放置在<...>和<.../>中,它对特定的访问资源进行额外的配置,仅对特定的访问资源有效。几乎所有的 Apache 指令都可以在虚拟主机容器中使用。Apache 支持基于 IP 地址和基于主机名的虚拟主机。

Apache 服务器包含大量的配置选项,常用的配置指令及其含义如下。

```
...
# serverRoot 设置根相对路径,即配置文件和日志文件的路径,设置服务器目录的绝对路径
ServerRoot  "/etc/apache2"
# LockFile                        //设置 lockfile 文件的路径,一般保持默认
LockFile  /var/lock/apache2/accept.lock
# Pidfile 服务器用于记录开始运行时的进程 ID 的文件的路径
# Timeout                         //设置超时时间
Timeout  300
# KeepAlive                       //设置是否保持持续连接,为提高访问性能,一般设置为 ON
KeepAlive On
# MaxKeepAliveRequests            //在持续期间允许的最大请求数,0 表示无限制
MaxKeepAliveRequests  100
# KeepAliveTimeout                //连续两次连接的间隔时间
KeepAliveTimeout  15
# StartServers                    //指定 Apache 启动时运行的进程数
# MinSpareServers                 //设置最小空闲进程数
# MaxSpareServers                 //设置最大空闲进程数
# MaxClients                      //设置服务器允许启动的最大进程数
# MaxRequestsPerChild             //设置每个服务器进程在结束进程前能处理的连接数
<IfModule mpm_worker_module>
    StartServers           2
    MaxClients           150
    MinSpareThreads       25
    MaxSpareThreads       75
    ThreadsPerChild       25
    MaxRequestsPerChild    0
```

```
</IfModule>
# user/Group 设置运行 Apache 服务器的用户和组
User ${APACHE_RUN_USER}
Group ${APACHE_RUN_GROUP}

# Include module configuration          //包含动态模块的配置
Include /etc/apache2/mods-enabled/*.load
...
# DirectoryIndex:
DiredtoryIndex index.html index.cgi index.php...
...
# 拒绝访问 c.ht 开头的文件
<Files ~ "^\.ht">
    Order allow,deny
    Deny from all
</Files>
...
# Include ports listing                 //包含端口的配置
Include /etc/apache2/ports.conf
...
# Include /etc/apache2/conf.d           //包含该目录下所有配置
Include /etc/apache2/conf.d/
# Include the virtual host configurations  //包含虚拟主机配置
Include /etc/apcche2/sites-enabled/
...
```

提示：虚拟主机配置文件中的指令大多数按默认值设置即可正常工作,配置时经常用到的指令有 ServerRoot、DocumentRoot、ServerName、Listen 等。

8.3.3 /etc/apache2/ports.conf 文件

Apache 服务器默认监听的端口为 80,配置 Apache 监听的 IP 地址和端口,可以修改/etc/apache2/ports.conf 文件。Linten 指令允许绑定 Web 服务到指定的 IP 地址和端口,以取代默认端口。

【例 8-2】 更改服务器监听的端口。将服务器监听的端口改为 8080,可打开 ports.conf 文件,并对该文件进行如下配置。

```
root@ubuntu:~$ gedit /etc/apache2/ports.conf
# 使用如下命令使 Apache 只在指定的 IP 地址上监听
Listen 192.168.0.1:80
Listen 8080
```

8.3.4 /etc/apache2/sites-available/default 文件

该文件用来设置默认的虚拟主机,该文件中设置了虚拟主机的默认配置如对服务器根的访问控制,对文档根目录的访问控制等。由于该文件中的虚拟主机为 *,所以它实际上是一个通用配置文件。如果要建立虚拟主机,那么就要新建虚拟主机的配置文件来实现该虚拟主机特定的设置。默认安装 Apache 服务器软件后,该文件的内容如下。

```
<VirtualHost *>
    ServerAdmin Webmaster@localhost

    DocumentRoot /var/www/
    <Directory />
        Options FollowSymLinks
        AllowOverride None
    </Directory>
    <Directory /var/www/>
        Options Indexes FollowSymLinks MultiViews
        AllowOverride None
        Order allow,deny
        Allow form all
    </Directory>

    # Possible values include:debug,info,notice,warn,erroe,crit,
    # alert,emerg.
    Loglevel warn

    CustomLog /var/log/apache2/access.log combined
    ServerSignature On

    Alias /doc/   "/usr/share/doc/"
    <Directory "usr/share/doc">
        Options Indeses MultiViews FollowSymLinks
        AllowOverride None
        Order deny,allow
        Deny from all
        Allow form 127.0.0.0/255.0.0.0   ::1/128
    </directory>
</VirtualHost>
```

说明:其中,Order、Deny、Allow 是访问控制的配置指令。Order 用来设定允许和拒绝访问规则的顺序;Deny 用来设定拒绝访问的规则;Allow 用来设定允许访问的规则。

任务8.4 Apache 虚拟主机

可以利用 Apache 来建立 Web 服务器,最常见的应用就是利用它的虚拟主机技术来建立 Web 网站,供用户浏览网站中的相关信息。

8.4.1　Apache 虚拟主机简介

Web 服务器虚拟主机是指使用一台物理机器,充当多个主机名的 Web 服务器。实现在一台 Web 服务器上为多个域名提供 Web 服务,并且每个域名都完全独立,包括具有完全独立的文档目录结构和相关的设置,表现为每个单位就像在单独使用一个专用的服务器一样。比如由一台机器同时提供 http://www.company1.com、http://www.company2.com 等 Web 站点,而浏览这些 Web 站点的用户感觉不到这种方式下与由不同的机器提供不同的服务有什么差别。

使用 Web 虚拟主机的好处在于,一些小规模的网站通过与其他网站共享同一台物理机器,可以减少系统的运行成本,并且可以减少管理的难度。另外,对于个人用户也可以使用这种虚拟主机方式来建立有自己独立域名的 Web 服务器,目前国内有很多公司都提供这种免费的服务。

8.4.2　Apache 虚拟主机的工作方式

Web 虚拟主机有两种常见的工作方式,分别是基于 IP 地址的虚拟主机和基于名称的虚拟主机。

1. 基于 IP 地址的虚拟主机

这种方式下不同的主机名解析到不同的 IP 地址,提供虚拟主机服务的机器上同时设置了这些 IP 地址。如果每个 Web 站点拥有不同的 IP 地址,则称其为基于 IP 地址的虚拟主机。使用这种虚拟主机,首先要在服务器上为每个虚拟主机单独设置一个 IP 地址。这些 IP 地址可以通过增加多个网卡或者在一个网卡上通过虚拟子网卡设置多个 IP 地址来完成。

有两种基于 IP 地址的虚拟主机的配置方法,一种是 IP 地址相同、端口号不同;另一种是端口号相同、IP 地址不同。

基于 IP 地址的虚拟主机方式的缺点是需要在提供虚拟主机服务的机器上设置多个 IP 地址,既浪费了 IP 地址,又限制了一台机器所能容纳的虚拟主机数目。因此这种方式越来越少使用。

2. 基于主机名的虚拟主机

这种方式下各个虚拟主机共享同一个 Apache 服务器。该方法使用完整的域名地址,这些域名地址由来自请求浏览器的 host 标题来提供的,服务器可以单独在域名的基础上使用正确的虚拟主机。优点是只要一个 IP 地址就可以提供大量的虚拟主机服务,占用资源少,管理方便。目前使用的浏览器基本上都支持基于主机名的虚拟主机方式,实际上大多数是使用这种方式来提供虚拟主机服务的。

8.4.3　Apache 虚拟主机的创建步骤

虚拟主机的创建步骤如下。

(1) 配置 DNS。在 DNS 服务器中为每个虚拟主机所使用的域名进行注册,让其能解析出服务器所使用的 IP 地址。

（2）在配置文件/etc/apache2/ports.conf 中，使用 Listen 指令指定要监听的地址和端口。Web 服务器使用标准的 80 端口。

（3）在/etc/apache2/available 目录下，为虚拟主机创建新的配置文件，使用 VirtualHost 容器指令，为每一个虚拟主机站点新建一个配置文件。

如果创建基于 IP 地址的虚拟主机，要明确指定将使用哪个 IP 地址和端口来接收请求。指令用法如下。

```
VirtualHost  地址[：端口]
```

如果虚拟主机使用的是非标准的 80 端口，应该明确指定所启用的端口号，并同时修改 posts.conf 文件，增加新启用的监听端口。

如果创建基于主机名的虚拟主机，还要明确指定该虚拟主机所启用的域名。指令用法如下。

```
ServerName  域名
```

（4）启动新的配置、检查配置解析和语法并重启 Apache 服务器，使新修改的配置生效。
a2ensite：使配置文件生效。
apache2ctl -S：检查语法。
apache2ctl restart：重启 Apache 服务器。

提示：a2ensite、a2dissite、apache2ctl、apcche2ctl 命令的详细用法，可在终端利用 man 命令查阅。例如，通过 man a2ensite 命令，得知 a2dissite 命令可用于停用某虚拟主机的配置项等信息。

任务 8.5 创建 Web 网站

8.5.1 创建基于 IP 地址的虚拟主机

【例 8-3】 在一台主机上创建两个基于 IP 地址的虚拟主机，主机 IP 地址为 192.168.1.1。虚拟两个网络接口，分别为其分配 IP 地址 192.168.100.1 和 192.168.100.2，对应两个虚拟主机。

操作步骤如下。

（1）配置虚拟网络接口。
① 执行以下命令。

```
root@ubuntu:~ $   gedit  /etc/network/interfaces
```

② 手动修改该文件，添加虚拟网络接口配置，修改后的文件内容如下。

```
auto lo                              # 开机自动激活 lo 接口
iface lo inet loopback               # 配置 lo 接口为本地环回

auto eth0                            # 开机自动激活 eth0 接口
iface eth0 inet static               # 配置 eth0 接口为静态设置 IP 地址
    Address 192.168.1.1
    Netmask 255.255.255.0
    Network 192.168.1.0
    GateWay 192.168.1.1
    Broadcast 192.168.1.255

auto eth0:1                          # 添加第 1 个虚拟网络接口
iface eth0:1 inet static
    Address 192.168.100.1
    Netmask 255.255.255.0
    Network 192.168.100.0
    GateWay 192.168.100.1
    Broadcast 192.168.100.255

auto eth0:2                          # 添加第 2 个虚拟网络接口
iface eth0:2 inet static
    Address 192.168.100.1
    Netmask 255.255.255.0
    Network 192.168.100.0
    GateWay 192.168.100.1
    Broadcast 192.168.100.255
```

提示：配置虚拟接口前，可先用 ifconfig 命令查看本机可用的网卡编号，本例中可用的网卡编号为 eth0，配置时可根据具体情况进行修改。

③ 重启网络服务，使修改后的网络配置生效。执行以下命令。

```
root@ubuntu:~ $   /etc/init.d/networking restart
```

(2) 分别创建两个站点的文档目录和测试主页。

① 执行以下命令。

```
root@ubuntu:~ $    mkdir   -p  /root/www/web192.168.100.1
root@ubuntu:~ $    gedit   /root/www/web192.168.100.1/index.html
```

② 编辑网页的内容，例如站点 192.168.100.1 的首页是 index.html，则命令如下。

```
root@ubuntu:~ $    mkdir   -p  /root/www/web192.168.100.1
root@ubuntu:~ $    sudo gedit   /root/www/web192.168.100.1/index.html
```

③ 编辑网页的内容,例如站点 192.168.100.2 的首页是 index.html,其内容自行编辑。
(3) 配置基于不同 IP 地址的两个虚拟主机。
① 在/etc/apache2/sites-available/目录下,为两个站点分别创建新的配置文件 ip1_vhost 和 ip2_vhost。

```
root@ubuntu:~ $    gedit  /etc/apach2/sites-available/ip1_vhost
root@ubuntu:~ $    gedit  /etc/apach2/sites-available/ip2_vhost
```

提示:可将 default 配置文件复制一份,在该文件的基础上进行修改编辑。
② 在/etc/apache2/sites-available/ ip1vhost 文件中添加如下配置项。

```
< VirtualHost 192.168.100.1:80 >
    DocumentRoot  /root/www/web192.168.100.1/
    < Directory /root/www/web192.168.100.1/>
        Options Indexes FollowSymLinks MultiViews
        AllowOverride None
        Order allow,deny
        Allow from all
    </Directory >
</VirtualHost >
```

在/etc/apache2/sites-available/ip2_vhost 文件中添加如下配置项。

```
< VirtualHost 192.168.100.2:80 >
    DocumentRoot  /root/www/web192.168.100.2/
    < Directory /root/www/web192.168.100.2/>
        Options Indexes FollowSymLinks MultiViews
        AllowOverride None
        Order allow,deny
        Allow from all
    </Directory >
</VirtualHost >
```

③ 对主机配置文件进行解析。

```
root@ubuntu:~ $    a2ensite ip1_vhost
root@ubuntu:~ $    a2ensite ip2_vhost
```

④ 对配置文件进行语法检查。

```
root@ubuntu:~ $    apache2ctl  -S
```

可以看到如图 8-2 所示的提示,说明配置文件创建成功。

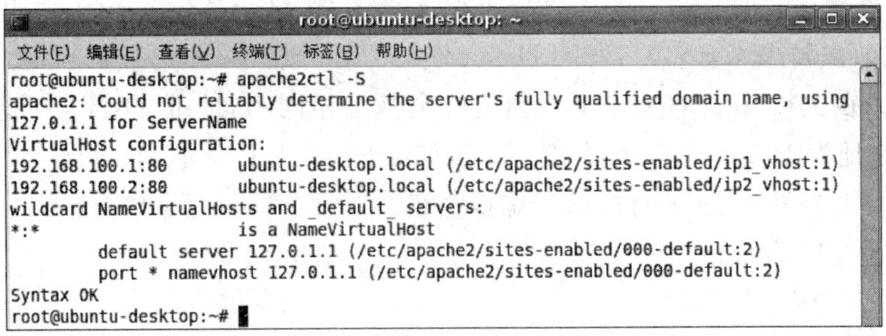

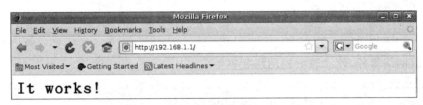

图 8-2 语法检查结果

⑤ 重启 Apache 服务器，使配置文件生效。

```
root@ubuntu:~ $    /etc/init.d/apache2 restart
```

(4) 查看结果。打开 Firefox 浏览器，在地址栏中分别输入 http://192.168.1.1、http://192.168.100.1、http://192.168.100.2，观察默认的虚拟主机和新配置的两个虚拟主机站点的运行情况，如图 8-3 所示。

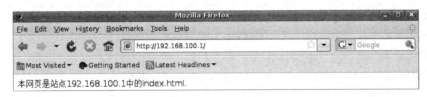

图 8-3 浏览默认的虚拟主机站点

基于 IP 地址的虚拟主机可以使用 IP 地址进行访问，因此，直接在浏览器中输入对应的 IP 地址即可，如图 8-4 和图 8-5 所示。也可以通过对域名的配置使用域名访问。

图 8-4 浏览基于 IP 的虚拟主机站点 Web 192.168.100.1

图 8-5 浏览基于 IP 的虚拟主机站点 Web 192.168.100.2

提示：因为新建的两个虚拟主机并没有配置域名，所以如果输入 http://localhost，实际访问的是默认的虚拟主机。

【例 8-4】 在主机 192.168.0.1 上创建两个基于相同 IP 地址、不同监听端口的虚拟主机。主机 IP 地址为 192.168.1.1，虚拟一个网络接口，并为其分配 IP 地址 192.168.100.3，分别使用端口 8001 和 8002 来对应两个虚拟主机。

(1) 配置虚拟网络接口。

① 执行以下命令。

```
root@ubuntu:~ $   gedit /etc/network/interfaces
```

② 手动修改该文件，在该文件最后添加一个虚拟网络接口配置。

```
auto eth0:3    #添加第3个虚拟网络接口,用来配置基于不同端口的主机
iface eth0:3 inet static
      Address 192.168.100.3
      Netmask 255.255.255.0
      Network 192.168.100.0
      GateWay 192.168.100.1
      Broadcast 192.168.100.255
```

③ 重启网络服务，使修改后的网络配置生效。

```
root@ubuntu:~ $      /etc/init.d/networking restart
```

(2) 分别创建两个站点的文档目录和测试主页。

① 执行以下命令。

```
root@ubuntu:~ $   mkdir -p /root/www/web192.168.100.3_8001
root@ubuntu:~ $   gedit /root/www/web192.168.100.3_8001/index.html
```

② 编辑网页的内容，例如站点 192.168.100.3_8001 的首页是 index.html，使用的端口号为 8001，命令如下。

```
root@ubuntu:~ $   mkdir -p /root/www/web192.168.100.3_8001
root@ubuntu:~ $   gedit /root/www/web192.168.100.3_8001/index.html
```

③ 编辑网页的内容，例如站点 192.168.100.3_8002 的首页是 index.html，其内容自行编辑。

(3) 增加监听端口。Listen 指令允许绑定 Web 服务器到指定的 IP 地址和端口，以取代默认端口，使用如下指令使 Apache 只在指定的 IP 地址上监听。

```
Listen 192.168.1.1:80
```

注意：由于启用的端口号是非标准的 80 端口，所以需要编辑 posts.conf 文件，将端口号 8001、8002 加入监听端口中。在该文件中启用的端口要和虚拟主机的配置文件中指定的端口一致。

简单起见，应把该配置文件修改为如下内容。

```
root@ubuntu:~ $    gedit    /etc/apache2/ports.conf
Listen 80
Listen 8001
Listen 8002
```

（4）配置基于相同 IP 地址、不同端口的两个虚拟主机。

① 在/etc/apache2/sites-available/目录下创建新的文件 ip3_vhost。

```
root@ubuntu:~ $    gedit    /etc/apach2/sites-available/ip3_vhost
```

提示：可将 ip1_vhost 配置文件复制一份，在该文件的基础上进行修改。

② 在/etc/apache2/sites-available/ip3_vhost 文件中添加如下配置项。

```
<VirtualHost 192.168.100.3:8001>
    DocumentRoot   /root/www/web192.168.100.3_8001/
    <Directory /root/www/web192.168.100.3_8001/>
        Options Indexes FollowSymLinks MultiViews
        AllowOverride None
        Order allow,deny
        Allow from all
    </Directory>
</VirtualHost>

<VirtualHost 192.168.100.3:8002>
    DocumentRoot   /root/www/web192.168.100.3_8002/
    <Directory /root/www/web192.168.100.3_8002/>
        Options Indexes FollowSymLinks MultiViews
        AllowOverride None
        Order allow,deny
        Allow from all
    </Directory>
</VirtualHost>
```

③ 对主机配置进行解析和语法检查并重新启动 Apache。

```
root@ubuntu:~ $    a2ensite ip3_vhost
root@ubuntu:~ $    apache2ctl   -S
root@ubuntu:~ $    apache2ctl   restart
```

(5) 查看结果。打开 Mozilla Firefox 浏览器,在地址栏中输入虚拟主机的 IP 地址及端口号,如 http://192.168.100.3:8001、http://192.168.100.3:8002,分别观察两个虚拟主机站点的运行情况。

所看到的界面应为两个网站的首页 index.html 中的内容,如图 8-6 和图 8-7 所示。

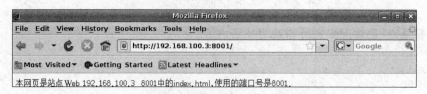

图 8-6 浏览基于端口的虚拟主机站点 Web 192.168.100.3:8001

图 8-7 浏览基于端口的虚拟主机站点 Web 192.168.100.3:8002

8.5.2 创建基于主机名的虚拟主机

基于主机名的虚拟主机是目前比较常用的一种虚拟主机方案。因为它不需要更多的 IP 地址,也不需要特殊的软硬件支持,现在的浏览器大都支持这种虚拟主机的实现方法。基于域名的虚拟主机是根据客户端提交的 HTTP 头中的关于主机名的部分决定的。使用这种技术,很多虚拟主机可以享用同一个 IP 地址。

基于域名的虚拟主机相对比较简单,因为只须配置 DNS 服务器将每个主机名映射(CNAMES)到正确的 IP 地址,然后配置 Apache HTTP 服务器,令其辨识不同的主机名就可以了。

【例 8-5】 在一台主机上创建两个基于主机名的虚拟主机。主机 IP 地址为 192.168.1.1,虚拟一个网络接口,为其分配 IP 地址 192.168.100.40。分别使用域名 www.myweb1.com 和 www.myweb2.com 来对应两个虚拟主机。

(1) 配置域名解析。实现域名解析可以通过以下两种方法。

① 在客户机上通过修改 /etc/hosts 文件,这是一种比较简单的方法,只须修改该文件,在最后加上相应的配置命令即可。

```
root@ubuntu:~$  gedit  /etc/hosts
...
192.168.100.4    www.myweb1.com
192.168.100.4    www.myweb2.com
```

例如,修改 hosts 文件,为本机配置一个域名,可以通过该域名对网站进行访问。用户可以把本机的 IP 地址对应到域名 www.myweb.com 来进行测试,即在 hosts 文件中作如下配置。

```
...
192.168.1.1    www.myweb.com
127.0.0.1      localhost    ubuntu
```

配置完成后,重新启动 Linux 系统,使配置生效。打开 Firefox 浏览器,在地址栏中输入本机 IP 地址如 192.168.1.1、loalhost 或域名 www.myweb.com,分别进行测试,看到的是同一个网站的内容,如图 8-8 所示。

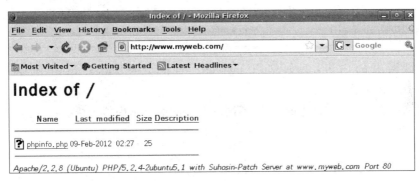

图 8-8　浏览基于域名的虚拟主机站点 www.myweb.com

② 在 DNS 服务器上通过配置 DNS 实现,请参阅相关内容。

(2) 配置虚拟网络接口。

① 执行以下命令。

```
root@ubuntu:~$   gedit  /etc/network/interfaces
```

② 手动修改该文件,在该文件最后添加一个虚拟网络接口配置。

```
...
auto eth0:4    ♯添加第 4 个虚拟网络接口,用来配置基于主机名的虚拟主机
iface eth0:4 inet static
       Address 192.168.100.4
       Netmask 255.255.255.0
       Network 192.168.100.0
       GateWay 192.168.100.1
       Broadcast 192.168.100.255
```

③ 重启网络服务,使修改后的网络配置生效。

```
root@ubuntu:~$    /etc/init.d/networking   restart
```

(3) 分别创建两个站点的文档目录和测试主页。
① 执行以下命令。

```
root@ubuntu:~ $    mkdir -p  /root/www/myweb1
root@ubuntu:~ $    gedit  /root/www/myweb1/index.html
```

② 编辑网页的内容,例如站点 myweb1 的首页是 index.html,可以使用域名 www.myweb1.com 来访问。

```
root@ubuntu:~ $    mkdir -p  /root/www/myweb1
root@ubuntu:~ $    gedit  /root/www/myweb1/index.html
```

③ 编辑网页的内容,例如站点 myweb2 的首页是 index.html,可以使用域名 www.myweb2.com 来访问。

(4) 配置基于同一个 IP 地址、利用不同域名访问的两个虚拟主机。
① 在/etc/apache2/sites-available/目录下创建文件 ip4_vhost。

```
root@ubuntu:~ $    touch  /etc/apach2/sites-available/ip4_vhost
```

② 在/etc/apache2/sites-available/ip4_vhost 文件中添加如下配置项。

```
NameVirtualHost 192.168.100.4      #在这个 IP 地址创建基于主机名的虚拟主机
<VirtualHost 192.168.100.4>
    DocumentRoot   /root/www/myweb1/
    ServerName   www.myweb1.com
    <Directory /root/www/myweb1/>
        Options Indexes FollowSymLinks MultiViews
        AllowOverride None
        Order allow,deny
        Allow from all
    </Directory>
</VirtualHost>

<VirtualHost 192.168.100.4>
    DocumentRoot   /root/www/myweb2/
    ServerName   www.myweb2.com
    <Directory /root/www/myweb2/>
        Options Indexes FollowSymLinks MultiViews
        AllowOverride None
        Order allow,deny
        Allow from all
    </Directory>
</VirtualHost>
```

提示：可将前面的配置文件中复制一份再进行编辑。实质上是在首行指定这个 IP 地址使用基于主机名的虚拟主机，然后修改站点的 IP 地址和目录，并新增了 ServerName 指令。

③ 对虚拟主机配置文件进行解析和语法检查。

```
root@ubuntu:~ $    a2ensite   ip4_vhost
root@ubuntu:~ $    apache2ctl  -S
```

④ 执行结果如图 8-9 所示。基于主机名的虚拟主机只能通过域名来访问，在本例中，如果用 IP 地址 192.168.100.4 来访问，将默认访问该 IP 地址上启用的首个基于主机名的主机。如在地址中输入 http://192.168.100.4，浏览的效果如图 8-10 所示。

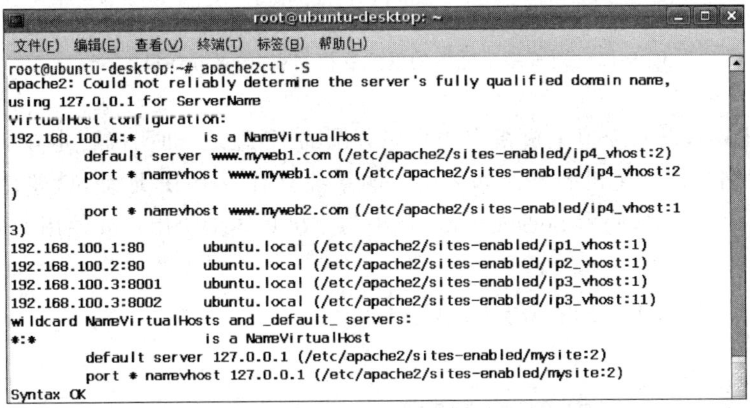

图 8-9 查看虚拟主机站点配置文件解析情况

图 8-10 用 IP 地址浏览基于域名的虚拟主机站点

⑤ 重新启动 Apache 服务器，使所做的配置文件生效。

```
root@ubuntu:~ $    apache2ctl   restart
```

（5）启动 Firefox 浏览器，在地址栏中输入服务器的域名，如 http://www.myweb1.com、http://www.myweb2.com，观察两个虚拟主机站点的运行情况。

所看到的界面应为两个网站的首页 index.html 的内容，如图 8-11 和图 8-12 所示。

对基于域名的虚拟主机，应首先配置 DNS 服务器，让每个虚拟主机的域名都能解析到当前服务器所使用的 IP 地址，使之能分别识别不同的主机名，然后再做 Apache 服务器的其他相关配置。为了实现基于主机名的虚拟主机，必须对每台主机配置 VirtualHost 和

图 8-11　浏览基于域名的虚拟主机站点 www.myweb1.com

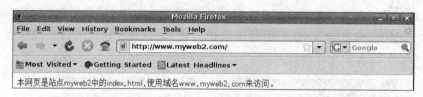

图 8-12　浏览基于域名的虚拟主机站点 www.myweb2.com

NameVirtualHost，以向虚拟主机指定用户想分配的 IP 地址，即明确指定在哪个 IP 地址上启用基于主机名的虚拟主机服务。如果用户的系统只有一个 IP 地址，就要使用这个地址。在 VirtualHost 指令中，使用 ServerName 选项为主机具体指明用户要使用的域名。

任务 8.6　Web 网站的安全性

8.6.1　Apache 的安全访问机制

　　网站建好以后，出于安全性考虑，应该进一步了解 Apache 自带的访问控制机制和验证机制，通过适当的配置使网站的安全性得到提升。在 Apache 中可以对访问者的 IP 地址或域名进行设定，以决定是否向该访问者提供 Web 服务。另一种常用的技术是基于用户名的访问控制，即利用身份验证来加强 Web 网站的安全性。

　　在 apache2.conf 文件中，有很多类似＜Directory "目录"＞…＜/Directory＞的域，在每个域中有 Options、AllowOverride、Limit 等指令。Options 用来设定域的功能；AllowOverride 决定是否废除以前设定的访问规则，重新设定新的访问规则；Limit 包含一组只针对所指定的 HTTP 方式的访问控制指令。合理的设定可有效地增强 Web 服务器的安全性。

　　下面仅从 3 条用于实现基于主机的访问控制的指令来简单说明。这里的主机可以是一个完整的域名，也可以是一个 IP 地址。示例文件参见 /etc/apache2/sites-available/default。

1. Allow

　　该指令可设定一个关于主机的列表，列表中包含一个或多个主机名或 IP 地址，并用空格分开，列表中的主机被允许访问某个特定目录。其常见参数如下。

　　（1）ALL：允许所有主机访问站点，如 Allow from ALL。

　　（2）域名：允许合格的域名访问站点，如 Allow from www.baidu.com。

　　（3）主机 IP 地址：只有该指定的 IP 地址可以访问站点，如 Allor from 192.168.0.100。

(4) 网络：允许指定的网络可以访问站点，如 Allow from 192.168.100.0/255.255.255.0。

2. Deny

该指令与 Allow 的功能正好相反，即该指令可设定一个关于主机的列表，列表中包含一个或多个主机名或 IP 地址，并用空格分开，列表中的主机被拒绝访问某个特定目录。其常见参数与 Allow 相同。

3. Order

该指令可设定执行 Allow 和 Deny 的顺序，其常用参数有 allow 和 deny，以逗号分开。一般的做法是先用 Order 指令设定访问控制的执行顺序，再设定具体的允许或拒绝规则。

下面介绍在/etc/apache2/sites-available/default 文件中常见的访问规则的含义。

该文件中默认设定的访问规则如下。

```
Order allow,deny
Allow form All
```

第一行设定了执行的顺序，第二行设定了允许访问的规则。首先执行允许访问规则，再执行拒绝访问规则，默认情况下将会拒绝所有没有明确被允许的访问。该例中没有设定拒绝访问规则，因此默认允许所有访问。

8.6.2 配置基于主机的访问控制

下面介绍配置基于主机的访问控制，以实现限制指定 IP 地址不能访问特定的虚拟主机。要求设定 Web 服务器拒绝 IP 地址为 192.168.1.1 的主机访问/var/www 目录。

默认情况下，/var/www 是允许任何 IP 地址访问的，当用户在浏览器的地址栏中输入 http://localhost 或 http://127.0.0.1 时，可以看到"It's Work!"的信息。该站点实际使用的是默认配置文件即/etc/apache2/sites-available/default。

（1）打开该文件。

```
user01@ubuntu:~ $  s sudo gedit /etc/apache2/sites-available/default
```

（2）对 Directory 指令作如下修改。

```
...
<Directory "/var/www">
    Options Indexes FollowSymLinks MultiViews
        AllowOverride None
        Order deny,allow              //定义处理顺序
        Deny from 192.168.1.1         //拒绝主机 192.168.1.1 访问/var/www 目录
        Allow from all                //允许其他主机访问
<Directory>
...
```

(3) 重新启动 Apache 服务器后，如果从 IP 为 192.168.1.1 的主机访问站点，就会出现被拒绝访问的提示，如图 8-13 所示。

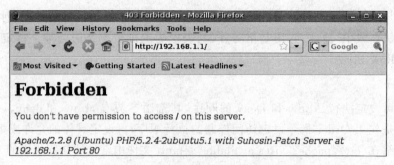

图 8-13 浏览有 IP 限制的虚拟主机

8.6.3 配置基于用户名的访问控制

下面通过例 8-6 介绍配置基于用户名的访问控制的站点的过程。

【例 8-6】 在一台主机 IP 地址为 192.168.1.1 的计算机上配置一个 Web 服务器的虚拟主机，使其带有密码验证功能，要求该站点必须输入特定的用户名和密码以后才能够访问。

操作步骤如下。

(1) 新建一个站点，并建立一个测试用的网页文件，将它放在 /home/user01/www/ 目录下，在该目录下创建一个测试文件，名为 myindex.html。

```
root@ubuntu:~$    mkdir -p /root/www
root@ubuntu:~$    gedit /root/www/myindex.html
```

输入该网页的内容，如"这是一个测试网页，需要输入用户名和密码才能访问"。测试用户名为 user100，密码为 123465。

(2) 通过终端进入 /etc/apache2/sites-available 目录，将 default 文件复制一份，另存为 mysite。

```
root@ubuntu:~$ cd /etc/apache2/sites-available
root@ubuntu:/etc/apache2/sites-available$ sudo cp default mysite
```

(3) 更改 /etc/apache2/sites-available/mysite 文件，修改以下几部分的内容。

① 更改文档路径。将文档主目录（DocumentRoot）（默认为 /var/www）改为自己的目录，这里改为 /root/www。

② 更改网站目录。将 Directory/var/www 修改为 Directory/root/www/。

③ 添加并更改目录索引（DirectoryIndex）。默认情况下是 index.html，这里修改为 index.html、myindex.html、index.php。

④ 设置站点访问加密。通过设置使它只能通过输入用户名和密码才能访问,添加以下内容。

```
#该域的作用是对/root/www目录进行保护
<Directory /root/www/>
Options Indexes FollowSymLinks
DirectoryIndex index.html,myindex.html,index.php
#Authorize for setup
AuthName protected    //验证名称,告诉用户他们必须输入密码
AuthType Basic        //验证类型,Basic表示使用标准的加密方式,还需要使用AuthUserFile文件
```

AuthUserFile /root/www/myweb.httppasswd 指定了验证用户名和密码的密码文件的位置。一般为了安全起见,密码文件应放在文档目录以外。

Require valid-user 指定需要什么条件才能被授权访问。在此行中可直接加入创建的用户名。在本例中,这里合法的用户即为前边在/root/www/myweb.httppasswd 中保存的用户 user100。

在本例中,修改后的/etc/apache2/sites-available/ mysite 文件的主要内容如下。

```
NameVirtualHost *
<VirtualHost *>
    ServerAdmin webmaster@localhost
    DocumentRoor /root/www/web192.168.1.1
    <Directory/>
        Options FollowSymLinks
        LoowOverride None
    </Directory>
    <Directory /root/www/web192.168.1.1>
        Options Indexes FollowSymLinks MultiViews
        AllowOverride authConfig
        Order allow deny
        Loow from all
    </Directory>
    ScriptAlias  /cgi-bin/...      #保持默认,不做更改
    Errorlog  /var/...             #保持默认,不做更改
    Aliad  /doc...                 #保持默认,不做更改
    #以下是为加密站点所做的设置
    <Directory /root/www/web192.168.1.1>
        Options Indexes FollowSymLinks
        DirectoryIndex index.html,myindex.html,index.php
        #Authorize for setup
          AuthName protected
          AuthType Basic
          AuthUserFile  /home/user01/www/myweb.httppasswd
          Require valid-user
```

```
          </Directory>
       </VirtualHost>
```

（4）生成用户及用户密码文件。httpasswd 命令可以帮助用户完成这项任务。使用该命令来添加新用户 user100，并设置密码为 123456。

```
root@ubuntu:~$ sudo  htpasswd -c /root/www/myweb.httppasswd user100
```

其中，myweb.httppasswd 是生成的用户密码文件，user100 是新创建的用户，其密码是 123456。用户添加完成后，可查看一下该用户的信息。

```
root@ubuntu:~$ sudo  cat /root/www/myweb.httppasswd
```

显示 user100:7.qEWwA9hs3aM。

（5）重新启动 Apache 服务器。

```
root@ubuntu:~$       /etc/init.d/apache2 restart
```

重新启动 Web 服务器后，在浏览器的地址栏中输入 http://localhost 来访问新建好的站点，会出现要求用户输入用户名和密码，如图 8-14 所示。

图 8-14　浏览基于用户名和密码访问限制的虚拟主机

输入刚才所建账户的用户名 user100 和密码 123456，就可以进入该站点，并能看到该网站内的文件列表，如图 8-15 所示。

打开 myindex.html 文件，浏览效果如图 8-16 所示。

注意：如果显示的是乱码，可以设置浏览器的字符编码，如选择"简体中文"，再刷新页面即可，如图 8-17 所示。

项目 8 构建网站——Web 服务器

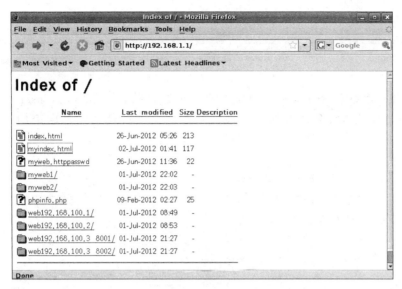

图 8-15 正确输入用户名和密码后显示的内容

图 8-16 访问需要输入用户名和密码，验证正确可正常访问

图 8-17 设置浏览器的字体

任务 8.7 总结项目解决方案的要点

通过对项目的实际配置操作，小张已经对在 Ubuntu 系统下如何利用 Apache 配置 Web 服务器有了相当的把握。针对本项目开始提出的项目问题，小张给出的解决方案基本要点和过程小结如下。

(1) 安装 Apache 服务器软件包,用到如下命令。

```
root@ubuntu:~$   apt-get install apache2
```

(2) 新建一个站点,并建立一个测试用的网页文件,将它放在/home/user01/www/目录下,项目完成后,只须将公司内部的管理网站存放在该目录下即可启用(目前仅限静态站点)。

```
root@ubuntu:~$   mkdir  -p  /root/www
```

使用以下命令创建站点根目录和测试文件。

```
root@ubuntu:~$   gedit /root/www/myindex.html
```

(3) 配置服务器 IP 地址、域名,并创建基于 IP 地址或域名的 Web 站点的相关配置文件。

进入终端,创建并编辑站点的配置文件。

```
root@ubuntu:~$   gedit etc/apache2/sites-available/mysite
```

修改以下几个部分的内容。

① 更改文档路径。将文档主目录(DocumentRoot)(默认为/var/www)改为自己的目录,这里改为/home/user01/www。

② 更改网站目录。将 Directory/var/www 修改为 Directory/root/www/。

③ 设置站点访问加密。通过设置使它只能通过输入用户名和密码才能访问,添加以下内容。

```
<Directory  /root/www/>
    Options Indexes FollowSymLinks
    DirectoryIndex index.html,myindex.html,index.php
    #Authorize for setup
      AuthName protected
      AuthType Basic
      AuthUserFile  /root/www/myweb.httppasswd
      Require valid-user
</Directory>
```

(4) 生成用户及用户密码文件,使用 httpasswd 命令添加用户并设置密码。

```
root@ubuntu:~$   htpasswd -c /root/www/myweb.httppasswd user100
```

（5）启用虚拟主机配置，检查配置解析、语法情况并重新启动 Apache，使配置生效。

```
root@ubuntu:~ $    a2ensite mysite
root@ubuntu:~ $    apache2ctl  -S
root@ubuntu:~ $    apache2ctl  restart
```

（6）测试 Web 服务器。启动 Firefox 浏览器，在地址栏中输入服务器的域名，如 http://www.myweb.com，观察虚拟主机站点的运行情况。

项目小结

Apache 服务器以功能强大、配置简单、使用代价小而博得广大用户的青睐，很快成为使用较广泛的 Web 服务器。对 Apache 服务器进行配置主要是通过 apche2.conf、port.conf、default 等几个重要的配置文件来进行的。Apache 服务器提供了两种类型的虚拟主机：基于 IP 地址的虚拟主机和基于主机名的虚拟主机。通过在配置文件中加入指令来实现诸如设置服务器本身的信息、设定某个目录的功能和访问控制等功能。结合 Aapche 提供的安全访问机制，通过使用 Allow、Deny、Order 指令将站点设定为根据客户主机名或 IP 地址进行访问。随着对 Apache 服务器配置使用的熟练应用，可以进一步体会其更多的功能。

自主实训任务

1. 实训目的

（1）了解 Web 服务器的基本知识。
（2）掌握在 Ubuntu 系统中利用 Apache 配置 Web 服务器的方法。

2. 实训任务

（1）了解并练习安装 Apache 服务器及其主要配置文件中的指令及含义。
（2）配置 Apache 服务器，启动 Apache 服务器，设置 httpd.conf 文件的全局环境，设置 httpd.conf 文件的主服务器环境，并测试从其他主机登录该服务器。
（3）利用 Apache 创建一个虚拟主机站点，主机 IP 地址为 192.168.200.1，站点根目录为/var/www/myhttpd，使用 IP 地址和域名都能访问到该站点。
（4）创建一个带有密码验证的 Web 站点，设定用户名为 user1，密码为 123456，并尝试用该账户登录 Web 站点。

思考与练习

1. 选择题

（1）Apache 服务器是（　　）。
　　A. DNS 服务器　　　　　　　　　　B. Web 服务器

C. FTP 服务器　　　　　　　　　　D. Sendmail 服务器
(2) 用户主页存放的目录由文件 httpd.conf 中的(　　)域来设定。
　　　A. UserDir　　　　　　　　　　　B. Directory
　　　C. public_html　　　　　　　　　D. DirectoryIndex
(3) 在以下文件中,(　　)是 Apache 的主配置文件。
　　　A. /etc/httpd/httpd.conf　　　　B. etc/apache2/apache2.conf
　　　C. etc/apache2/port.conf　　　　D. /etc/apache2/httpd.conf
(4) 设置 Apache 服务器主目录路径的配置项是(　　)。
　　　A. DocentRoot　　　　　　　　　 B. ServerRoot
　　　C. DocumentRoot　　　　　　　　 D. SeverAdmin
(5) 若要设置 Web 站点的默认主页,可在配置文件中通过(　　)配置项来实现。
　　　A. ServerRoot　　　　　　　　　 B. ServerName
　　　C. DocumentRoot　　　　　　　　 D. DirectoryIndex
(6) 在 Apache 基于用户名的访问控制中,生成用户密码文件的命令是(　　)。
　　　A. smbpasswd　　B. httpasswd　　C. passwd　　D. password
(7) 下面的指令中,(　　)不是 Apache 服务器的访问控制指令。
　　　A. Allow　　　　B. Deny　　　　 C. All　　　　D. Order
(8) Apache 服务器默认监听的端口是(　　)。
　　　A. 1024　　　　 B. 8080　　　　 C. 80　　　　 D. 21
(9) 在 Linux 操作系统中,常用的 Web 服务器是(　　)。
　　　A. Apache　　　 B. IIS　　　　　C. Tomcat　　 D. Weblogic
(10) 启动 Apache 服务器的命令是(　　)。
　　　A. service apache start　　　　 B. service http start
　　　C. service httpd start　　　　　D. service httpd reload

2. 填空题

(1) 查看当前 Apache 应用模式的命令是_____。
(2) 确定系统是否安装了 Apache 服务器的命令是_____。
(3) 查看 Apache 服务器运行状态的命令是_____。
(4) Port 参数的含义是_____。
(5) DirectoryRoot 参数的含义是_____。
(6) DirectoryIndex 参数的含义是_____。
(7) Apache 服务器默认使用的端口是_____。

3. 简答题

(1) 简述 Apache 服务器的特点。
(2) 简述利用 Apache 服务器配置基于 IP 主机的步骤。
(3) 简述 Apache 服务器的主要配置文件。
(4) Apache 服务器有关虚拟主机的主要指令有哪些?试举例说明。

项目 9 文件传送服务——FTP 服务器

教学目标

通过本项目的学习,掌握常用 FTP 服务器基础以及 vsftpd 的安装与基本配置。

教学要求

本项目的教学要求见表 9-1。

表 9-1 项目 9 教学要求

知识要点	能力要求	关联知识
FTP 服务器基础	(1) FTP 的概念及工作模式 (2) FTP 的用户类型	Linux 用户类型
vsftpd 的配置与管理	(1) 掌握 vsftpd 的安装方法 (2) 掌握 vsftpd 的配置选项及含义 (3) 掌握匿名服务器的配置 (4) 掌握本地用户服务器的配置 (5) 掌握 change root 的设置 (6) 掌握 FTP 客户端工具的使用	Linux 用户管理 Linux 权限管理 Linux 文件权限 FTP 命令
自主实训	自主完成实训所列任务	FTP 服务器及其相关配置

重点与难点

(1) vsftpd 的配置选项及含义。

(2) 允许匿名用户上传的服务器配置。

(3) 本地用户服务器的配置。

(4) change root 的设置。

(5) FTP 客户端工具的使用。

项目概述

校园网中,学校内部可以自建 FTP 服务器,让学校的老师在校园网的空间里轻松找到自己想要的软件,而不用到互联网上到处找、下载花费很多时间。教师自己个性化的课件和学校各个阶段的标准课件,也能通过该平台方便地存储和传递,学生也可以利用 FTP 提供的空间上传作业或存储一些个人数据。这些资料和信息的及时交换并不是通过邮件附件形式进行的,因为邮件的附件大小是有限制的。选择搭建 FTP 文件服务器,是实施高效便捷管理磁盘空间的首选。

另外,校园网中另一个常见的应用是 Web 服务器,学校里各院系都建立了本部门的网站,都需要各自的管理员对网站进行远程管理,如更新网页、上传资料等。

项目设计

①学校的教师和学生都可以直接浏览学校 FTP 服务器中存储的内容如教学资料、常用

软件等,并可以下载使用,也可以上传一些个人资料;②学校的老师用指定的FTP账户登录时,可以将课件内容等教学资源上传到特定的目录,以对这些教学资源进行及时更新等;③学校中各院系网站的各位管理员,拥有远程登录自己网站空间的所有权限,以方便对网站进行更新管理,但不能允许访问该目录以外的任何目录。

任务9.1 了解FTP服务器

9.1.1 FTP简介

FTP(file transfer protocol,文件传送协议)运行在OSI模型的应用层,并利用传送控制协议TCP在不同的主机之间提供可靠的数据传送。FTP传送的所有文件都是通过"三次握手"来实现的,当数据包有丢失时会重新传送,以保证数据可靠。

FTP同大多数网络服务的模式类似,是C/S(客户/服务器)结构,最主要的功能就是进行服务器端和客户端之间的文件传送。它与服务器端和客户端计算机所处的位置、联系的方式以及使用的操作系统无关。假设两台计算机能通过FTP对话,并且能访问Internet,就可以用FTP软件的命令来传送文件。不同的操作系统在具体操作上可能会有一些差别,但是基本的命令结构是相同的。无论是PC、服务器还是Windows、Linux操作系统,都可以作为FTP的客户端和服务器,即FTP能够独立于平台,不受计算机和操作系统的限制。FTP另一个特点是支持断点续传功能,使用起来方便灵活,用户可以根据不同的网络情况灵活掌握FTP传送的应用。图9-1所示为FTP服务的示意图。

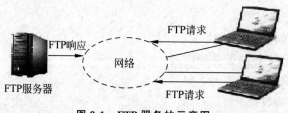

图9-1 FTP服务的示意图

FTP传送文件有两种方式,ASCII传送方式和二进制数据传送方式。以ASCII传送方式传送文件时,FTP通常会对文件做一些自动调整。以二进制数据传送方式传送文件时,则按位复制数据,不对文件进行处理。

FTP服务器端和客户端也都有相应的一些常用的软件。Windows平台下服务器端的软件有Windows自带的IIS与第三方的Serv-U等,客户端的软件有CuteFTP等。目前在Linux系统下,常用的免费FTP服务器软件有vsftpd、proftpd和wu-ftpd,它们都是基于GPL协议开发的,功能十分相似,客户端的软件有gftp等。不管是哪种平台,客户端都可使用FTP工具和浏览器直接访问FTP的服务器。

9.1.2 FTP的两种连接模式

FTP服务的连接模式有主动模式(PORT方式)和被动模式(PASV方式)两种。

FTP 在运行时需要使用两个独立的 TCP 连接,一个是控制连接(control connection),另一个是数据连接(data connection)。控制连接用来在 FTP 客户端和服务器之间传递命令,使用端口 20,用来建立数据传输的通道。数据连接使用端口 21,利用控制连接建立的通道来上传或下载数据。

进行数据传输时,服务器向客户发起一个用于传输的连接,在数据连接存在的时间内,控制连接肯定是存在的;一旦控制连接断开,数据连接会自动关闭。FTP 独特的双端口连接结构的优点在于两个连接可以选择不同的合适的服务质量。

FTP 的两种连接模式的不同在于,FTP 服务器端在接到 FTP 客户端发送过来的连接请求时,根据其命令类型做出不同的反应。如果是 POST,则服务器端会主动建立数据传输通道,如果是 PASV,则会通过 POST 命令通知客户端有数据传送的请求,等待 FTP 客户端连接后再来传送数据,也就是说数据传输是客户发起的,相对服务器来说是被动的。默认一般采用的是 PASV。

提示:被动模式通常用在处于防火墙之后的 FTP 客户端访问外界 FTP 服务器的情况,因为防火墙通常的配置是不允许外界访问防火墙之后的机器,只允许由防火墙之后的主机发起连接请求。

9.1.3 FTP 的应用

FTP 服务器除了有文件传送、管理的功能以外,还具有对访问 FTP 使用者的不同身份进行分类管理、限制或解除使用者主目录(chroot)以及建立系统日志等功能。

根据使用者在 FTP 客户端以什么身份登录,FTP 服务器将服务的对象分为 3 类:本地用户、虚拟用户(guest 用户)和匿名用户(anonymous)。

(1) 本地用户:如果 FTP 的使用者在远程 FTP 服务器上拥有账户,该使用者称为本地用户。本地用户可以通过输入自己的用户名和密码来进行登录。当本地用户登录到 FTP 服务器所在的 Linux 系统以后,其登录目录为用户自己的用户主目录,本地用户既可以下载又可以上传。

(2) 虚拟用户:如果 FTP 的使用者在远程 FTP 服务器上拥有账户,且此账户只能用于文件传送,则该使用者称为虚拟用户或 guest 用户。FTP 服务中的虚拟用户可以通过输入自己的用户名和密码来进行登录。当虚拟用户登录系统后,其登录目录为其用户目录。通常情况下,虚拟用户既可以下载又可以上传。

(3) 匿名用户:如果 FTP 的使用者在远程 FTP 服务器上没有账户,则称该使用者为匿名用户。若 FTP 服务器提供匿名访问功能,则匿名用户可以通过输入用户名(anonymous 或 ftp)和密码(用户自己的 E-mail 地址或 ftp)来进行登录。当匿名用户登录系统后,其登录目录为匿名 FTP 服务器的根目录(Ubuntu 中匿名用户目录为/home/ftp)。一般情况下匿名 FTP 服务器只提供下载功能。用户不需要经过注册就可以与它连接并且进行下载操作,通常这种访问限制在公共目录下。

提示:Linux 系统下用户可以分为超级用户 root、系统用户(也称为虚拟用户)、普通用户 3 类,其中系统用户是管理 Linux 系统自身的内置用户,不能用来登录 Linux,所以只有

root 和普通用户可以成为 FTP 服务器的本地用户。

FTP 服务器中的虚拟用户实质上是 Linux 系统中的用户（在/etc/passwd 文件中有账户的用户）的一个映射，只是该账户被限制为只能用于 FTP 服务器。guest_enble＝YES/NO 语句负责这项工作。当值为 YES 时，任何使用者的身份如果不是匿名用户，都会被设置成 guest（虚拟用户）。FTP 服务器中的本地用户和虚拟用户是不能同时存在的。

匿名用户属于 Linux 系统中的普通用户，它在 Linux 系统的/etc/passwd 文件中没有账户，所以也没有自己的主目录。Ubuntu Linux 系统给予匿名身份登录的用户指定了登录以后的根目录是/home/ftp。

限制或解除使用者主目录（change root，chroot）的目的是避免使用者在 Linux 系统当中随意切换目录，即离开使用者的主目录而进入 Linux 系统的其他目录，所以把使用者的工作范围限制在其主目录下。如果没有限制，用户可以到 FTP 服务器所在主机的系统目录下去查看重要的目录和文件，这是个极大的安全隐患。

9.1.4　FTP 服务器软件 vsftpd

vsftpd 可以运行在 Linux、BSD、Solaris、HP-UNIX 等 UNIX 类系统下，是一个完全免费的、开放源代码的 FTP 服务器软件，具有安全性高、能够进行带宽限制、良好的可伸缩性、可创建虚拟用户、支持 IPv6、速率高等优点。它提供的主要功能包括虚拟 IP 地址设置、虚拟用户、standalone、inetd 操作模式、强大的单用户设置能力及带宽限流等。在安全方面，它使用安全编码技术解决了缓冲溢出问题，并能有效避免 globbing 类型的拒绝服务攻击。

任务 9.2　vsftpd 的安装与启动

9.2.1　安装 vsftpd

在 Ubuntu 系统中，利用新立得安装各类软件比较简单。选择"系统"|"系统管理"命令，可打开"新立得软件包管理器"窗口。再利用搜索功能查找到相应的软件包后，系统会自动选中有依赖关系的包，一起选中，并确认安装即可完成。

下面以命令行方式安装 vsftpd 为例进行介绍。

技巧：如果没有上网条件，可选择离线方式，将从他处下载获得的服务器版的光盘放入光驱，并执行加载光盘命令，运行升级程序，再进行安装。

```
root@ubuntu:~$    apt-cdrom add
root@ubuntu:~$    apt-get update
```

如果有上网条件，可以省略以上步骤，检查并配置软件源进行更新后，再在终端中直接执行安装命令。

```
root@ ubuntu:~:~$    apt-get install vsftpd
```

注意:安装 vsftpd 之前应将主机的 IP 地址设为静态 IP。默认安装完成后,将提示启动成功。但此时无法创建/home/ftp 目录,可在以后手动创建或修改配置。

安装过程如图 9-2 所示。在安装成功后,会自动生成账户 ftp,/home 下也会增加文件夹 ftp,若没有可手动创建该目录。用下面的操作来检验 Proftpd 是否已启动。

```
root@ ubuntu:~:~ $    pstree | grep vsftpd
```

如果显示~-vsftpd,表明已经启动,如果没有启动,可使用下面的命令。

```
root@ ubuntu:~:~ $    /etc/init.d/vsftpd   start
```

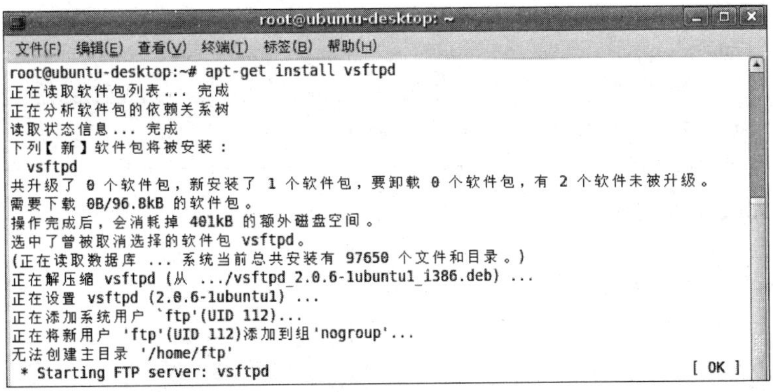

图 9-2 用命令方式安装 vsftpd 服务器软件包

vsftpd 安装完成并启动服务后,用其默认配置就可以正常工作了。vsftpd 默认允许匿名用户登录。

打开浏览器,在地址栏中输入 ftp://localhost 并登录,显示结果如图 9-3 所示。

图 9-3 用浏览器登录 FTP

9.2.2 vsftpd 的运行管理

vsftpd 默认开机时自动启动,服务器运行管理的操作如启动、停止、重新加载配置文件等,可以通过其脚本文件/etc/init.d/vsftpd 来进行。

(1) 启动服务:

```
root@ubuntu:~ $   /etc/init.d/vsftpd  start
```

(2) 停止服务:

```
root@ubuntu:~ $   /etc/init.d/vsftpd  stop
```

(3) 重新启动:

```
root@ubuntu:~ $   /etc/init.d/vsftpd  restart
```

(4) 重新加载配置文件:

```
root@ubuntu:~ $   /etc/init.d/vsftpd  reload
```

任务 9.3 解析 vsftpd.conf 主配置文件

vsftpd 安装完成后就可以运行。如果想让服务器按照指定的要求运行,就需要对 vsftpd 进行相应的配置,所以必须掌握其配置文件的内容。

在 Ubuntu 中,vsftpd 的配置文件存放在/etc 目录下。与 FTP 服务相关的配置文件所在目录和文件的简要说明如下。

(1) /etc/vsftpd.conf:主配置文件。

(2) /etc/vsftpd.user_list:允许或禁止访问 vsftpd 的用户列表文件,是允许还是禁止取决于主配置文件 vsftpd.conf 中的 userlist_deny 选项的设置。

(3) /etc/vsftpd.chroot_list:指定写入的用户能否离开自己的主目录,最终的结果由主配置文件 vsftpd.conf 中的 chroot_list_user、chroot_local_useu 两个选项共同决定。

(4) /etc/logrotate.d/vsftpd.log:vsftpd 的日志文件。

9.3.1 配置 vsftpd.conf 文件

打开主配置文件/etc/vsftpd.conf,查看该文件的内容,如图 9-4 所示。

```
root@ubuntu:~ $   cat /etc/vsftpd.conf
```

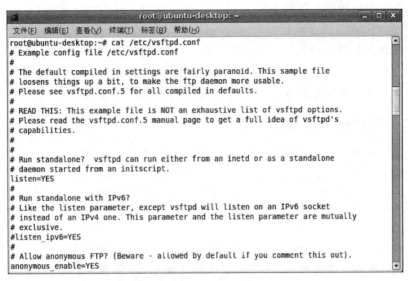

图 9-4 查看 vsftpd 的主配置文件

和 Linux 系统中大多数配置文件一样，vsftpd 的配置文件以 # 开始注释。文件中的设置比较多，但大多都是注释，可以把它分为 4 个部分，即主机的设置、本地用户的设置、匿名用户的设置和系统安全的设置。

默认配置的主要内容及简要说明如图 9-5 所示。

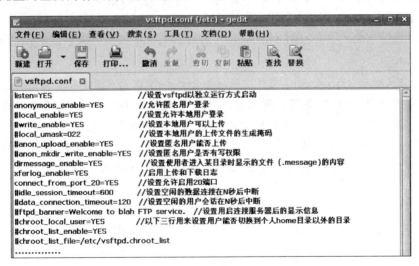

图 9-5 主配置文件的部分内容及说明

默认配置的主要功能如下。
（1）允许匿名用户登录/var/ftp，但不能切换到个人主目录以外的目录。
（2）允许匿名用户下载，但不能上传。
（3）不允许本地用户登录，但可以切换到个人主目录以外的目录。

(4) 不允许本地用户上传和下载。

(5) 设置 vsftpd 以独立运行方式(standalone)启动,连接数和 IP 无限制等。

vsftpd 默认的配置已经符合一般主机的设置,用户可以根据实际需要,再进行更详细的设置,如对本地用户进行设置,允许用户可以切换到个人主目录以外的目录等。

注意:一些设置项已经预设置,需要时将前面的#删掉即可。

9.3.2 本地用户登录的设置

与本地用户登录有关的设置指令如下。

```
local_enable=<YES/NO>      //设置是否支持本地用户账户访问
guest_enable=<YES/NO>      //设置是否支持虚拟用户账户访问
```

注意:当设置 guest_enable=YES 时,任何非 anonymous 登录的账户都会被假定为虚拟用户(guest),所以必须同时把 local_enable 也设置为 YES,在/etc/passwd 内的账户才能以本地用户的方式登录 FTP 主机。虚拟用户实质上是本地用户的一个映射。

(1) local_umask=<nnn>:设置本地用户上传的文件的生成掩码,默认为 077。

(2) local_max_rate=<n>:设置本地用户最大传输速率,单位为 B/s,值为 0 表示不限制。

(3) local_root=<file>:设置本地用户登录后的目录,默认为本地用户的主目录。

(4) userlist_deny=<YES/NO>:此值设置为 YES 时,则当使用者账户被列入某文件时,该文件中的使用者将无法登录。该文件名由 userlist_file 设定。

(5) userlist_file=/etc/vsftpd.user_list:当 userlist_deny=YES 时,该文件中的用户无法登录。

注意:此文件和 vsftpd.conf 文件中的 userlist_deny 配套使用,用来指定哪些用户可以访问或被禁止访问 FTP 服务器。默认情况下这个文件是不存在的,要根据需要自己来创建。该文件在编写格式上要求每个用户单独占一行。例如,当在/etc/vsftpd.conf 中设置 userlist_deny=NO 时,实际结果是仅允许在/etc/vsftpd.user.list 文件中列出的用户可以访问 FTP 服务器。userlist_deny=YES/NO 的设置与 vsftpd.user_list 中用户的设置恰好是相反的,要特别注意。

(6) chroot_local_user=<YES/NO>:是否将所有用户限制在主目录。

(7) chrootchroot_list_enable=<YES/NO>:是否启动限制用户的名单。

(8) chroot_list_file=/etc/vsftpd.chroot_list:当 chroot_local_user = NO 且 chroot_list_enable = YES 时,只有 filename 文件中指定的用户可以执行 chroot。

提示:以上 3 条指令用来设置用户能否切换到个人主目录以外的目录,其中 chroot_list_file 指定的文件即/etc/vsftpd.chroot_lis,必须和 vsftpd.conf 中的 chroot_list_user、chroot_local_user 配套使用。默认情况下这个文件是不存在的,可以自己创建,编写该文件的内容时,要求每个用户单独占一行。

例如,若要将某些 FTP 本地用户限制在其主目录内,须将 chroot_local_user、chroot_list_enable 与文件 vsftpd.chroot_list 结合起来使用,在使用时有以下 4 种情况。

(1) chroot_list_enable=YES 且 chroot_local_user=YES:在 vsftpd.chroot_list 文件中列出的用户可以切换到主目录以外的目录,其他用户不可以。

(2) chroot_list_enable=YES 且 chroot_local_user=NO:在 vsftpd.chroot_list 文件中列出的用户不可以切换到主目录以外的目录,其他用户可以。

(3) chroot_list_enable=NO 且 chroot_local_user=YES:所有用户都不能切换到主目录以外的目录。

(4) chroot_list_enable=NO 且 chroot_local_user=NO:所有用户都能切换到主目录以外的目录,即什么限制也没做,vsftpd.chroot_list 文件也不会起任何作用了。

【例 9-1】 把所有用户都限制在主目录内活动。

```
chroot_local_user = YES
chroot_list_enable = YES
chroot_list_file = /etc/vsftpd.chroot_list
```

以上设置表示写在文件 vsftpd.chroot_list 中的用户都是不受限制的用户,即可以浏览其主目录以外的目录。

【例 9-2】 设置 chroot,使某用户不能浏览其主目录上级目录中的内容。

方法 1:要使用户不能浏览其主目录上级目录中的内容,可先按例 9-1 进行设置,然后在文件 vsftpd.chroot_list 中不添加或删除该用户即可,因为此时该文件中的用户都能浏览其主目录之外的目录。

方法 2:先作如下设置。

```
chroot_local_user = NO
chroot_list_enable = YES          //这行必须有,否则文件 vsftpd.chroot_list 不会起作用了
chroot_list_file = /etc/vsftpd.chroot_list
```

然后把所有不能浏览其主目录之外的各目录权限的用户添加到文件 vsftpd.chroot_list 中,此时该文件中的用户都不能浏览其主目录之外的目录。

9.3.3 匿名用户登录的设置

FTP 服务器的默认配置是匿名用户可以下载文件,但不能上传。在 vsftpd.conf 文件中,如果有 write_enable=YES 语句,可以去掉以下命令行前边的 #,使其生效。

```
anonymous_enable = <YES/NO>          //设置是否支持匿名用户访问
```

注意:以下以 anon 开头的即与匿名用户相关的设置,在 anonymous_enable=YES 时才会生效。

anon_max_rate=<n>：设置匿名用户的最大传送速率,单位为 B/s,值为 0 表示不限制。

anon_world_readable_only=<YES/NO>：设置是否开放匿名用户的浏览权限。
anon_upload_enable=<YES/NO>：设置是否允许匿名用户上传。
anon_mkdir_write_enable=<YES/NO>：设置是否允许匿名用户创建目录。
anon_other_write_enable=<YES/NO>：设置是否允许匿名用户其他的写权限(注意,这个在安全上比较重要,一般不建议开,不过关闭会不支持续传)。
no_anon_password=<YES/NO>：设置匿名用户登录是否询问密码。
anon_umask=<nnn>：设置匿名用户上传的文件的生成掩码,默认为 077。

与 umask 有关的设置是 anon_umask 和 local_umask,它的意思很简单：建立的文件不能拥有的权限。

例如,如果设置 anon_umask=077,则 anonymous 传送过来的文件权限会是-rw------。

默认的文件掩码为 077(即文件所有者 user 的权限是 rw-,组用户 group 权限是---,其他用户 other 的权限是---)。对于虚拟用户来说,用到的权限只与文件所有者的权限有关,也就是第一组的 rwx。虚拟用户要访问另一个虚拟用户的文件,除了需要可以浏览到对方文件外,就需要相应的权限了：能看到文件,就需要有 r 权限；如果要进入目录,就需要 x 权限；要想写入目录,就需要 w 权限。

umask 还是比较重要的,若设置好可以很省事,而且安全。大多数 FTP 服务器的其他用户(other)希望使用的 umask 是 022,可以根据需要更改。虚拟用户和本地用户不可以同时存在,在每个虚拟用户各自的配置文件中更改 anon_umask 可以改变每个用户上传的文件掩码,但必须在主配置文件中注释掉 local_umask。

9.3.4 系统安全的设置

(1) ascii_download_enable=<YES/NO>：一般设为 NO,设置为 YES 可能会导致 DoS 的攻击。

(2) ascii_upload_enable=<YES/NO>：与上一项类似,一般为 NO,设置为 YES 可能会导致 DoS 的攻击。

(3) hide_ids=<YES/NO>：如果设置为 YES,所有文件拥有者与组群都为 ftp,即用 ls -l 之类的命令看到的拥有者和组均为 ftp。

(4) ls_recurse_enable=<YES/NO>：设置为 YES,则允许登录者使用 ls-R 命令,默认为 NO。

(5) tcp_wrappers=<YES/NO>：设置服务器是否支持 tcp_wrappers(就是支持/etc/hosts.allow 和/etc/hosts.deny 这两个文件)。

(6) xferlog_enable=<YES/NO>：设置是否启动 FTP 日志记录。

(7) xferlog_file=/var/log/vsftpd.log：设置日志记录文件的名称。

(8) xferlog_std_format=<YES/NO>：当设置为 YES 时,将使用与 wu-ftpd 相同的日志记录格式。

任务 9.4　创建 FTP 服务器

在 Ubuntu 系统中,使用 vsftpd 来创建 FTP 服务器的主要过程如下。

(1) 对主配置文件/etc/vsftpd.conf 进行修改。

(2) 指定哪些用户可以访问或被禁止访问 FTP 服务器,需要创建文件/etc/vsftpd_user_list,并与主配置文件中的两个选项 userlist_enable、userlist_deny 关联使用。

(3) 设置哪些用户可以 chroot,需要创建文件/etc/chroot_list,并与主配置文件中的两个选项 chroot_list_enable、chroot_local_user 关联使用。

(4) 根据需要修改系统的目录权限。

(5) 重启服务器,使配置生效。

根据本项目目标,分别创建 3 个用户来实现项目中的需求:匿名用户(安装时自动创建,可对其访问权限进行修改),供老师和学生浏览 FTP 服务器中的文件时使用;本地用户 teacher1,供老师上传教学资源使用;用户 webadmin,供各院系的网站管理员使用。

9.4.1　创建匿名用户访问的 FTP 服务器

根据 vsftp 的默认配置,匿名用户可以浏览、下载/home/ftp 目录中的所有文件,但不能上传文件、创建文件夹等。服务器端的操作主要是对匿名用户的访问权限进行设置。

【例 9-3】　架设匿名用户使用的 FTP 服务器,匿名用户可以直接浏览 FTP 中的内容如教学资料、常用软件等,可以下载使用,同时允许上传、修改和删除等操作。

操作步骤如下。

(1) 打开 vsftpd 的主配置文件 vsftpd.conf。

```
root@ubuntu:~$  gedit  /etc/vsftpd.conf
```

(2) 编辑 vsftpd 的主配置文件 vsftpd.conf,如图 9-6 所示。编辑时要去掉注释部分,这些选项都在文件中存在,找到以后删掉前面的 # 即可生效,注意要修改这些配置项的值。

注意:要注意文件夹的属性,匿名账户是其他(other)用户,要开启它的读、写、执行权限——r(读,下载)、w(写,上传)、x(执行)。如果不打开相应权限,FTP 的目录都不可访问。能看到文件,就需要有 r 权限;如果要进入目录,就需要 x 权限;要想写入目录,就需要 w 权限。

(3) 在/root/ftp/public 下创建两个文件夹,准备分别用来存放常用软件 software 和教学资源 resources,并对/home/ftp/public 增加其他用户(other)的写权限,如图 9-7 所示的命令。

注意:如果需要给匿名用户开放其他权限如上传等,这对系统来说有一定的安全风险。vsftpd 中,匿名用户的默认目录/home/ftp 的权限不允许设置为 777,因此只能对该目录下的子目录赋予写权限,否则匿名用户将不能访问 FTP 服务器。如果一定想让匿名用户可以

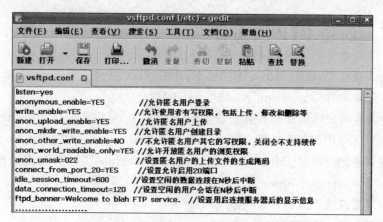

图 9-6 匿名用户服务器主配置文件内容示例

图 9-7 创建匿名用户服务器的用户访问目录

上传,就在/home/ftp下新建一个目录,如/home/ftp/public 目录,对 public 目录把其他用户的写权限打开;只下载,就新建一个/home/ftp/down 目录,不要开放其他用户的写权限。另外,创建多级目录可使用-r 参数。

(4) 重新启动 vsftpd。

```
root@ubuntu:~ $   /etc/init.d/vsftpd    restart
```

(5) 对配置的结果进行测试验证。

配置好以后,可以在 Linux 和 Windows 下分别登录验证测试。如图 9-8 所示,先设置好 IP 地址,再 Ping 一下,看能否 Ping 通,再登录 FTP。

从客户端以匿名用户的身份登录 FTP,登录后只能看到 public 目录,这个目录不能写,进入 public 目录后,就有写操作的权限了。

提示:对匿名用户开放上传、修改等权限,可参考本项目前边对主配置文件中有关匿名用户设置的解释,进行相应的设置与修改即可实现。不建议对匿名用户开放只读和下载以外的权限。

登录成功后,试着上传一些文件,并查看上传后的文件属性,尝试进入 Linux 系统的其他目录如/etc 等,操作如图 9-9 所示。

可以发现,本地用户 teacher1 可以进入系统中的其他目录,上传的文件也都具有执行权限,这对系统来说都是重要的安全隐患。在实际应用中,应该设置 chroot,即将用户锁定在其主目录,同时对上传的文件设置 umask 来解决这些问题。

图 9-8 在 Windows 的命令窗口中登录 FTP 服务器

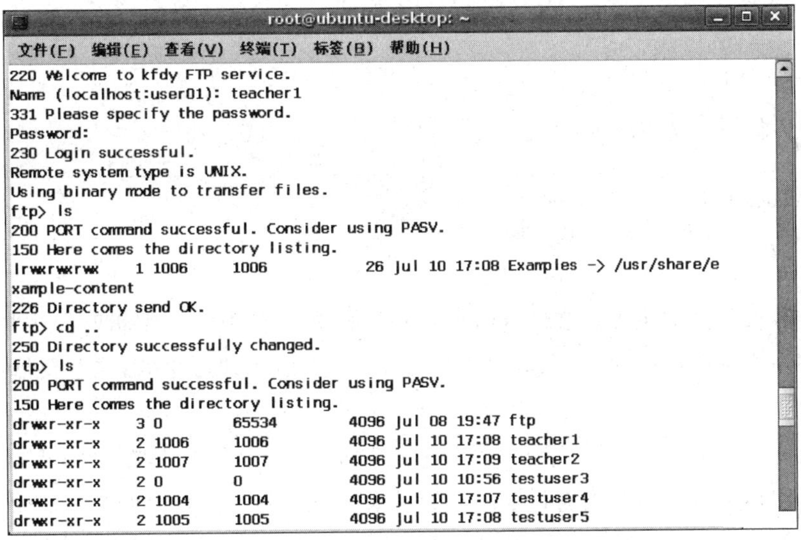

图 9-9 在 Utuntu Linux 系统的终端中登录 FTP 服务器

9.4.2 创建基于本地用户访问的 FTP 服务器

vsftpd 提供的对本地用户的访问控制有两种方法，都是通过修改主配置文件来实现的，其中/etc/vsftpd.user_list 需要自己建立。

(1) 指定的本地用户不能访问，其他用户可以访问。

```
userlist_enable = YES
userlist_deny = YES
userlist_file = /etc/vsftpd.user_list        //在该文件中,添加不能访问的用户名
```

（2）指定的本地用户可以访问,其他用户不可以。

```
userlist_enable = YES
userlist_deny = NO
userlist_file = /etc/vsftpd.user_list        //在该文件中,添加可以访问的用户名
```

注意：如果想让本地用户的访问控制生效,需要使 local_enable＝YES,否则用户不能登录 FTP 服务器。

【例 9-4】 架设本地用户使用的 FTP 服务器。要求：学校的教师除了可以匿名登录以外,还可以用指定的 FTP 账户(如自己的名字)和密码登录；只能访问 FTP 服务器中以自己登录名创建的主目录；可以创建目录,将课件内容等教学资源上传；能把预备公开的教学资源等及时上传或更新修改、删除等；不允许 teacher1 访问自己主目录以外的目录；资料最后公开需要专人审核后,再负责移动到公开的目录/home/ftp/public 中,对全校人员开放。

操作步骤如下。

（1）创建本地账户 teacher1。

```
root@ubuntu:~ $    urseradd  -m  teacher1
root@ubuntu:~ $    passwd  teacher1
```

（2）编辑 vsftpd 的主配置文件 vsftpd.conf,如图 9-10 所示。编辑时要去掉注释部分,这些选项都在文件中存在,找到以后删掉前面的 #,该语句即可生效,注意要修改这些配置项的值。

（3）当 chroot_list_enable＝YES 且 chroot_local_user＝NO 时,在 vsftpd.chroot_list 文件中列出的用户不可以切换到主目录以外的目录,其他用户可以。创建/etc/vsftpd/vsftpd.chroot_list 文件,并将用户 teacher1 加入 vsftpd.chroot_list 文件中,用户列表文件的格式为一个用户占一行。

```
root@ubuntu:~ $    gedit  /etc/vsftpd/vsftpd.chroot_list
```

将本地用户 teacher1 输入并保存。

（4）在/root/teacher1 下面创建两个文件夹,准备分别用来存放自己的 myDocuments 和准备共享的教学资源 toShare。

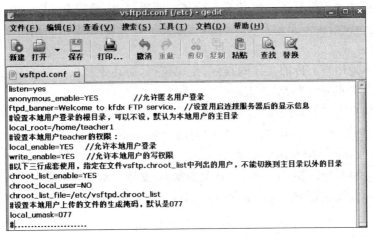

图 9-10 创建基于本地用户访问的 FTP 服务器

```
root@ubuntu:~ $    mkdir  - p  /root/teacher1/myDocuments
root@ubuntu:~ $    mkdir  - p  /root/teacher1/toShare
```

(5) 重新启动 vsftpd。

```
root@ubuntu:~ $    /etc/init.d/vsftpd  restart
```

(6) 在客户端以不同的身份登录 FTP,对配置的结果进行测试验证。

技巧:如果给每一个用户都做这样的设置,那么管理员的工作量可想而知。可以创建一个组,将该组做以上设置,并根据需要将教师加入该组即可。

9.4.3 创建基于维护 Web 网站的 FTP 服务器

【例 9-5】 学校的网络中心有一台基于 Apache 的 Web 服务器,存放着本校各院系的二级网站。为了满足各院系的网站管理员远程维护 Web 网站的需求,需要架设一台 FTP 服务器,希望通过这台 FTP 服务器实现远程上传文件、创建目录、更新网页等操作。给 FTP 服务器设置一个账户 webadmin1,仅允许 webadmin1 账户登录 FTP 服务器,并将该网站管理员的根目录限制为/var/www/web(即各院系自己的站点根目录),不能进入该目录以外的任何目录。

分析:要实现以上需求,需要在配置文件/etc/vsftpd.conf 中做以下设置(其中锁定用户目录切换的操作需要配合/etc/vsftp_user_list 文件来使用)。

(1) 将用户指定为虚拟用户,设定 guest_enable=YES,同时也必须设置 local_enable=YES。

提示:当设置 guest_enable=YES 时,任何非匿名登录的账户都会被假定为虚拟用户(guest),所以必须同时把 local_enable 也设置为 YES。

(2) 将用户登录的根目录指向其管理的站点的根目录,设置 local_root = /var/www/web,其中/var/www/web 是用户 webadmin1 希望远程管理的 Web 站点的根目录。这里设置为/root/www。

(3) 限制本地用户上传的文件的权限,生成掩码,防止上传的文件有执行权限,从而被利用获得其他用户的重要信息,设置 local_mask=077。

(4) 锁定用户在其管理的站点的根目录,不能切换到除此以外的任何目录,需要手动创建或编辑文件/etc/chroot_list,加入要控制的用户如 webadmin1,并在/vsftpd.conf 文件设置 chroot_list_enable=NO,chroot_local_user=YES,chroot_list_file=chroot_list。

(5) 增加一些安全设置,在一些 FTP 服务器中,支持文本模式可能会导致文本模式下的 DoS(拒绝服务)攻击。设置 ascii_upload_enable=NO,设置 xferlog_enable=YES 以开启 FTP 日志记录。

操作步骤如下。

(1) 创建维护网站内容的 FTP 账户 webadmin1。

```
root@ubuntu:~ $    urseradd -m webadmin1
root@ubuntu:~ $    passwd webadmin1
```

(2) 打开 vsftpd 的主配置文件 vsftpd.conf,做以下配置。

```
anonymous_enable = YES                              # 添加匿名用户支持
ftpd_banner = Welcome to kfdx FTP server !!!        # 定义欢迎话语的字符串
# 设置虚拟用户登录的根目录为所管理的站点的根目录,一般是/var/www
local_root = /root/www
# 允许本地用户登录
Local_enable = YES
# 允许虚拟用户登录
guest_enable = YES
# 是否开放本地用户的写权限
write_enable = YES
# 设置本地用户最大的传输速率,单位为 B/s,0 表示不限制
local_max_rate = 0
# 以下三行成套使用,指定在文件 vsftp.chroot_list 中列出的用户
# 不能切换到主目录以外的其他目录
chroot_list_enable = YES
chroot_local_user = NO
chroot_list_file = /etc/vsftpd.chroot_list
# 设置本地用户上传的文件的生成掩码,默认为 077
local_umask = 077
# 增加其他如安全设置
```

```
local_max_rate = 50000(bite)          #本地用户传输速率为50KB/s
anon_max_rate = 30000(bite)           #匿名用户传输速率为30KB/s
max_clients = 200                     #FTP的最大连接数
max_per_ip = 4                        #每IP地址的最大连接数
ascii_download_enable = NO
ascii_upload_enable = NO
#是否启动FTP日志记录
xferlog_enable = YES
xferlog_file = /var/log/vsftpd.log    #设置日志记录文件的名称
```

（3）创建/etc/vsftpd/vsftpd/chroot_list文件（如果该文件已存在，可直接编辑），并将用户webadmin1加入/vsftpd/chroot_list文件中，用户列表文件的格式为一个用户占一行。

```
root@ubuntu:~$   gedit  /etc/vsftpd/vsftpd/chroot_list
```

（4）将本地用户webadmin1输入并保存。
（5）重新启动vsftpd。
（6）修改本地目录权限。

```
root@ubuntu:~$   chmod  -R  o+w  /root/www
```

提示：在Ubuntu中安装Apache后，默认站点的目录是/var/www，这里设置local_root=/root/www，要根据实际进行设定，并修改其权限。

（7）如图9-11所示，可以从客户端以不同的身份登录FTP，对配置的结果进行测试验证，本例验证结果如图9-12所示。

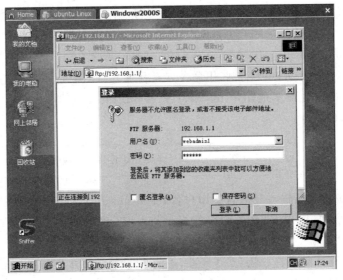

图9-11 FTP登录界面

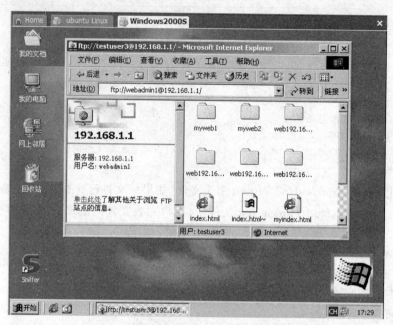

图 9-12 利用 FTP 登录到所管理的 Web 站点

任务 9.5 FTP 客户端的常见操作

9.5.1 访问 FTP 服务器

vsftpd 服务器安装并启动服务后，用其默认配置就可以正常工作了。vsftpd 默认允许匿名用户登录，禁止使用本地用户登录系统。读者可以先尝试以匿名用户登录，这里不再介绍。下面以例 9-4 中创建好的用户 teacher1 登录 Proftpd 服务器为例，以检测该服务器能否正常工作。

【例 9-6】 以用户 teacher1 为例，用命令方式登录 FTP，测试 FTP 的基本操作。

（1）进入终端，首先以本地用户 teacher1 登录 proftpd 服务器，执行以下命令。然后执行如图 9-13 所示的命令。

```
root@ubuntu:~$ ftp 127.0.0.1        //ftp 是用于连接 FTP 服务器的命令
```

（2）在 Name 所在行输入登录者的用户名 teacher1；在 Password 所在行输入用户密码 123456。若登录成功，出现 FTP 的命令行提示符">"，可以使用 ls 命令查看目录或其他操作。

试一试：在 ftp>提示符后执行 cd 命令，看能否进入当前目录的上级目录。如果可以，想一想如何设置服务器端才能限制用户进入上级目录？

项目 9 文件传送服务——FTP 服务器

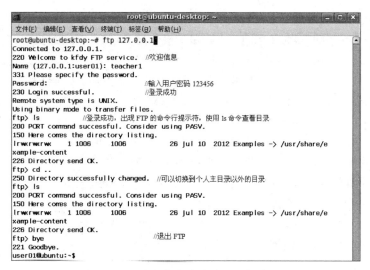

图 9-13 用命令方式访问 FTP 服务器

9.5.2 ftp 命令

ftp 命令的使用格式如下。

```
ftp  服务器 IP 地址
```

连接成功后,可以执行 ? 命令显示可用的 FTP 命令,如图 9-14 所示。

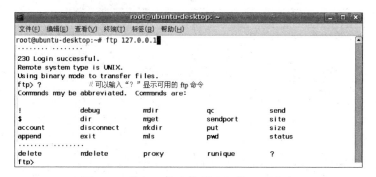

图 9-14 执行 ? 命令查看可用的 FTP 命令

常用的 FTP 命令其基本用法如下。
- bye:终止主机 FTP 进程,并退出 FTP 管理方式。
- cd:切换目录。
- cdup:返回上一级目录。
- close:终止远端的 FTP 进程,返回 FTP 命令状态,所有的宏定义都被删除。
- delete:删除远端主机中的文件。
- dir [remote-directory] [local-file]:列出当前远端主机目录中的文件。如果有本地

文件，就将结果写至本地文件。
- get [remote-file] [local-file]：从远端主机传送文件至本地主机。
- help [command]：输出命令的解释。
- lcd：改变当前本地主机的工作目录，如果省略目录名，就转到当前用户的主目录。
- ls [remote-directory] [local-file]：同 dir 命令。
- mdelete [remote-files]：删除一批文件。
- mget [remote-files]：从远端主机接收一批文件至本地主机。
- mkdir directory-name：在远端主机中创建目录。
- mput local-files：将本地主机中的一批文件传送至远端主机。
- open host [port]：重新建立一个连接。
- put local-file [remote-file]：将一个本地文件传送至远端主机。
- pwd：列出当前远端主机目录。
- quit：同 bye。
- rmdir directory-name：删除远端主机中的目录。
- send local-file [remote-file]：同 put。
- !：从 FTP 子系统退出到 Shell。

9.5.3　ftp 命令的返回值及含义

执行 ftp 命令后，会返回一个数字，该数字可用来判断命令执行情况，如表 9-2 所示。

表 9-2　ftp 命令的返回值及其含义

数字	含义	数字	含义
125	打开数据连接，传送开始	230	用户成功登录
200	命令被接受	331	用户名被接受，需要密码
211	系统状态，或者系统返回的帮助	421	服务不可用
212	目录状态	425	不能打开数据连接
213	文件状态	426	连接关闭，传送失败
214	帮助信息	452	写文件出错
220	服务就绪	500	语法错误，不可识别的命令
221	控制连接关闭	501	命令参数错误
225	打开数据连接，当前没有传送进程	502	命令不能执行
226	关闭数据连接	503	命令顺序错误
227	进入被动传送状态	530	登录不成功

任务 9.6　总结项目解决方案的要点

（1）对主配置文件 /etc/vsftpd.conf 进行配置。

```
root@ubuntu:~$    gedit /etc/vsftpd.conf
```

配置的主要内容如下。

① 将用户指定为虚拟用户,设置 guest_enable=YES,同时设置 local_enable=YES。

② 将用户登录的根目录设置为其管理的站点的根目录,设置 Local_root=/var/www/web,其中/var/www/web 是用户希望远程管理的 Web 站点的根目录。

③ 限制本地用户上传文件的权限,生成掩码,设置 local_mask=077。

④ 锁定用户在其管理的站点的根目录,不能切换到除此以外的任何目录,需要手动创建或编辑文件/etc/chroot_list,加入要控制的用户如 webadmin1,设置 chroot_list_enable=NO,chroot_local_user=YES,chroot_list_file=chroot_list。

⑤ 增加一些安全设置,设置 ascii_upload_enable=NO,设置 xferlog_enable=YES 以开启 FTP 日志记录。

(2) 根据需要修改系统的目录权限。

```
root@ubuntu:~$    chmod -R o+w /var/www/web
```

(3) 重启服务器,使修改后的配置生效。

```
root@ubuntu:~$    /etc/init.d/vsftpd restart
```

项目小结

FTP 服务是网络中用途最广泛的应用服务之一,主要有两种工作模式:主动模式和被动模式。

FTP 服务的使用者有 3 种身份:匿名用户、本地用户和虚拟用户。

vsftpd 的主配置文件是/etc/vsftpd.conf。可以设置匿名用户、本地用户和虚拟用户的权限,以满足不同的需要。应限制 FTP 的用户访问权限,以提高 FTP 服务器的安全性。

自主实训任务

1. 实训目的

(1) 了解 FTP 服务器的基本知识。

(2) 掌握在 Ubuntu 系统中配置 FTP 服务器的方法。

2. 实训任务

根据要求配置一台 FTP 服务器,能够实现以下功能。

(1) 本地用户可以登录 FTP 服务器,匿名用户也可以登录。

(2) 匿名用户可以下载/home/ftp 中的文件,也可以将文件上传到指定的目录,如/home/ftp/incoming。

(3) 本地用户登录时，默认进入的目录是/var/www，可切换到其他有访问权限的目录，还可以上传和下载文件。

(4) 限制最多可同时有 100 个客户端连接到 FTP 服务器。

思考与练习

1. 选择题

(1) 可匿名访问的 FTP 站点的主目录是(　　)。
  A. /ftp　　　　B. /var/ftp　　　　C. /home　　　　D. /etc

(2) vsftpd 软件的启动命令是(　　)。
  A. ftp　　　　B. vsftp　　　　C. vtpd　　　　D. vsftpd

(3) FTP 服务器使用的是(　　)端口。
  A. 21　　　　B. 23　　　　C. 25　　　　D. 53

(4) FTP 中定义的用来判断问题的消息中，200 表示(　　)。
  A. 登录成功　　B. 登录不成功　　C. 命令被接受　　D. 写文件出错

(5) 一次下载多个文件可以用(　　)命令。
  A. get　　　　B. put　　　　C. mput　　　　D. mget

(6) Ubuntu 中 FTP 服务器的匿名用户默认从(　　)目录下载文件。
  A. /var/ftp　　B. /etc/ftp　　C. /var/ftp　　D. /home/ftp

(7) 在 Ubuntu 系统中，默认使用的免费的 FTP 客户端软件是(　　)。
  A. cute-ftp　　B. wu-ftp　　C. vsftpd　　D. pro-ftp

(8) (　　)不是 FTP 用户。
  A. real　　　　B. anonymous　　C. guest　　　　D. users

2. 填空题

(1) FTP 服务器是以它所使用的_____协议来命名的。

(2) FTP 的两种工作方式分别是_____和_____。

(3) FTP 的两种传送模式分别是_____和_____。

(4) FTP 使用两个端口，分别是_____和_____。

(5) FTP 在运行时需要使用两个独立的 TCP 连接，一个被称为控制连接(control connection)，另一个称为_____。

3. 简答题

(1) vsftp 默认配置有哪些？

(2) FTP 中有哪些用户类型？

(3) 用 vsftpd 架设的 FTP 服务中，如何锁定用户不能访问其主目录以外的目录？

项目 10　自动管理 IP 地址——DHCP 服务器

教学目标

通过本项目的学习，掌握 DHCP 服务器的基础知识以及 DHCP 服务器的安装与基本配置方法。

教学要求

本项目的教学要求见表 10-1。

表 10-1　项目 10 教学要求

知识要点	能力要求	关联知识
DHCP 基础知识	(1) 了解 DHCP 服务 (2) 了解 DHCP 服务器工作基本过程	DHCP 的基本概念 DHCP 动态地址分配
dhcp3-server 的安装与配置	(1) 掌握 dhcp3-server 的安装方法 (2) 掌握 dhcp3-server 的基本配置及用法 (3) 掌握 dhcp3-server 的基本管理	dhcp3-server 的安装命令 dhcpd.conf 文件中各字段的含义 dhcp3-server 的启动、停止和重新启动
DHCP 转接代理	(1) 掌握 DHCP 转接代理的安装方法 (2) 掌握 DHCP 转接代理服务器的基本管理	DHCP 转接代理软件包的安装命令 DHCP 转接代理服务器的启动和重新启动
自主实训	自主完成实训所列任务	DHCP 服务器相关内容

重点与难点

(1) DHCP 服务器 IP 地址的分配过程。

(2) DHCP 服务器的安装与配置。

(3) DHCP 服务器的基本应用。

项目概述

某公司下设有行政部、研发部、技术部、销售部等多个部门，各部门有多台主机，存在多种类型的计算机（台式计算机、笔记本电脑），在大多数情况下单台计算机上可能安装多个操作系统。原来公司网络中的 IP 地址配置采用手动配置方式，这样非常耗费管理员小张的时间，而且常常产生 IP 地址冲突问题。因此，公司希望配置一台 DHCP 服务器，实现 IP 地址等网络参数的动态管理。

DHCP 服务器可以很好地解决 IP 地址动态管理的要求，由于该公司具有多个局域网，因此需要在一个局域网中配置一台 DHCP 服务器后，在其他局域网配置 DHCP 转接代理服务器，这样就可以实现公司网络参数动态配置管理的要求。

项目设计

本项目完成 DHCP 服务器的构建，实现公司多个局域网中所有非服务器计算机网络参数动态管理。DHCP 服务器的 IP 地址为 192.168.1.1，专门用于负责客户机 IP 地址的自动分配,要求其提供的地址池为 192.168.1.10～192.168.1.200。

任务 10.1　了解 DHCP 服务器

10.1.1　DHCP 概述

DHCP(dynamic host configuration protocol,动态主机配置协议)是一种简化主机 IP 地址分配管理的 TCP/IP 标准协议,通过服务器集中管理网络上使用的 IP 地址及其他相关配置信息,以减少管理 IP 地址配置的复杂性。

在使用 TCP/IP 的网络中,每一台计算机都拥有唯一的 IP 地址。使用 IP 地址(及其子网掩码)来鉴别它所在的子网。采用静态 IP 地址的分配方法,当计算机从一个子网移动到另一个子网时,必须改变该计算机的 IP 地址,这将增加网络管理员的负担,而 DHCP 服务可以将 DHCP 服务器中的 IP 地址数据库中的 IP 地址动态地分配给局域网中的客户机,从而减轻了网络管理员的负担。

在使用 DHCP 时,网络中至少有一台 DHCP 服务器,其他要使用 DHCP 功能的客户机也必须设置成通过 DHCP 获得 IP 地址。客户机在向服务器请求一个 IP 地址时,如果还有 IP 地址没有被使用,则在数据库中登记该 IP 地址已被该客户机使用,然后回应这个 IP 地址以及相关的参数给客户机。图 10-1 所示是一个拥有 DHCP 服务器的网络示意图。

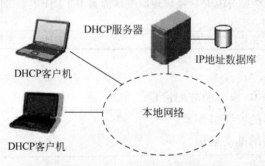

图 10-1　拥有 DHCP 服务器的网络示意图

使用 DHCP 服务器可缩短配置或重新配置网络中客户机所花费的时间,同时通过对 DHCP 服务器的设置可灵活地设置地址的租期。同时,DHCP 地址租约的更新过程有助于确定哪个用户的设置需要经常更新(如经常更换地点的用户),且这些变更由客户机与 DHCP 服务器自动完成,不需要网络管理员干涉。

10.1.2　DHCP 的工作过程

当 DHCP 客户机第一次启动时,它通过一系列步骤获得其 TCP/IP 配置信息,并得到 IP 地址的租期。租期是指 DHCP 客户机从 DHCP 服务器获得完整的 TCP/IP 配置后对该 TCP/IP 配置的保留使用时间。DHCP 客户机从 DHCP 服务器上获得完整的 TCP/IP 配置需要经过以下 4 个过程,如图 10-2 所示。

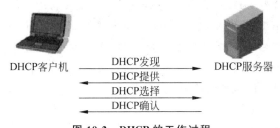

图 10-2 DHCP 的工作过程

1. DHCP 发现

DHCP 工作过程的第一个过程是 DHCP 发现,该过程也称为 IP 发现。

当 DHCP 客户端发出 TCP/IP 配置请求时,DHCP 客户端发送一个广播。该广播信息含有 DHCP 客户端网卡的 MAC 地址和计算机名称。

当第一个 DHCP 广播信息发送出去后,DHCP 客户端将等待 1 秒钟的时间。在此期间,如果没有 DHCP 服务器做出响应,DHCP 客户端将分别在第 9 秒、第 13 秒和第 16 秒重复发送一次 DHCP 广播信息。如果还没有得到 DHCP 服务器的应答,DHCP 客户端将每隔 5 分钟广播一次广播信息,直到得到一个应答为止。

提示:如果一直没有应答,且 DHCP 客户端是 Windows 客户,就自动选一个自认为没有被使用的 IP 地址(从 169.254.×.×地址段中选取)使用。尽管此时客户端已分配了一个静态 IP 地址,DHCP 客户端还要每 5 分钟发送一次 DHCP 广播信息,如果这时有 DHCP 服务器响应,则 DHCP 客户端将从 DHCP 服务器获得 IP 地址及其配置,并以 DHCP 方式工作。

2. DHCP 提供

DHCP 工作的第二个过程是 DHCP 提供,是指当网络中的任何一个 DHCP 服务器(同一个网络中往往存在多个 DHCP 服务器)在收到 DHCP 客户端的 DHCP 发现信息后,该 DHCP 服务器若能够提供 IP 地址,就从该 DHCP 服务器的 IP 地址池中选取一个没有出租的 IP 地址,然后利用广播方式(此时 DHCP 客户端还没有 IP 地址)提供给 DHCP 客户端。在还没有将该 IP 地址正式租用给 DHCP 客户端之前,这个 IP 地址会暂时保留起来,以免再分配给其他的 DHCP 客户端。

如果网络中有多台 DHCP 服务器,且这些 DHCP 服务器都收到了 DHCP 客户端的 DHCP 广播信息,同时这些 DHCP 服务器都广播一个应答信息给该 DHCP 客户端时,则 DHCP 客户端将从收到应答信息的第一台 DHCP 服务器中获得 IP 地址及其配置。

提供应答信息是 DHCP 服务器发给 DHCP 客户端的第一个响应,它包含 IP 地址、子网掩码、租用期(以小时为单位)和提供响应的 DHCP 服务器的 IP 地址。

3. DHCP 选择

DHCP 工作的第三个过程是 DHCP 选择。一旦 DHCP 客户端收到第一个由 DHCP 服务器提供的应答信息,就进入此过程。当 DHCP 客户端收到第一个 DHCP 服务器响应信息后就以广播的方式发送一个 DHCP 选择信息给网络中所有的 DHCP 服务器。在 DHCP 选择信息中包含所有选择的 DHCP 服务器的 IP 地址。

提示：为什么 DHCP 客户端也要使用广播方式发送 DHCP 选择信息呢？这是因为 DHCP 客户端不仅通知它已选择的 DHCP 服务器，还必须通知其他的没有被选中的 DHCP 服务器，以便这些 DHCP 服务器能够将其原本要分配给该 DHCP 客户端的已保留的 IP 地址进行释放，供其他 DHCP 客户端使用。

4. DHCP 确认

DHCP 工作的最后一个过程是 DHCP 确认。一旦被选择的 DHCP 服务器接收到 DHCP 客户端的 DHCP 选择信息后，就将已保留的这个 IP 地址标识为已租用，然后以广播方式（DHCP 客户还没有真正获得 IP 地址）发送一个 DHCP 应答信息给 DHCP 客户端。该 DHCP 客户端在接收 DHCP 应答信息后，就完成了获得 IP 地址的过程，开始利用这个已租到的 IP 地址与网络中的其他计算机进行通信。

任务 10.2　DHCP 服务器安装与运行管理

10.2.1　安装 DHCP 服务器软件

在 Ubuntu 系统中安装 DHCP 服务器比较简单，如果有桌面环境，可以通过"系统"|"系统管理"|"新立得软件包管理器"命令进行安装。

这里以命令方式安装 dhcp3-server 为例进行介绍。

打开终端，执行安装命令，如图 10-3 所示。

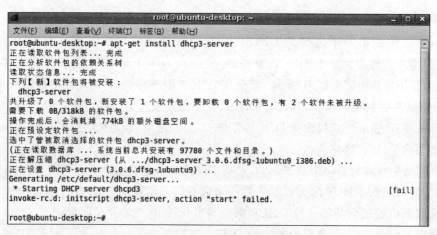

图 10-3　dhcp3-server 的安装

注意：DHCP 软件包默认安装以后，自动启动显示失败，这是由于还没有对服务器进行相关配置。由于 DHCP 要求服务器的 IP 地址为静态的，因此安装 DHCP 服务器之前应该将主机的 IP 地址设为静态 IP。

【**例 10-1**】　在 IP 为 192.168.1.1 的主机上安装 DHCP 服务器，使它能为客户机提供自动分配 IP 地址的服务，DHCP 的客户机将从 192.168.1.10～192.168.1.200 中随机获得一个 IP 地址。

（1）设置 DHCP 服务器所在主机为静态 IP 地址 192.168.1.1。

使用以下命令修改 /etc/network/interfaces 文件，添加虚拟网络接口配置，修改后的文件内容如图 10-4 所示。

```
root@ubuntu:~ $    gedit  /etc/network/interfaces
```

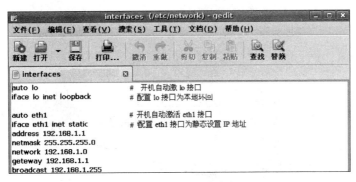

图 10-4　配置网卡参数

重启网络服务，使修改后的网络配置生效。

```
root@ubuntu:~ $ /etc/init.d/networking restart
```

（2）设置 DHCP 服务器，指定 DHCP 服务器监听的网卡为 eth1。

```
root@ubuntu:~ $ gedit   /etc/default/dhcp3 - server
```

将其中的内容改为 INTERFACES = "eth1"。

执行以下命令修改 DHCP 服务器的配置文件。

```
root@ubuntu:~ $ gedit   /etc/dhcp3/dhcpd.conf
```

找到"♯ subnet 10.153.187.0 netmask 255.255.255.0{♯"，并按图 10-5 所示进行修改。其含义是指定 DHCP 服务器提供一个 IP 地址池（192.168.10～192.168.1.200），DHCP 的客户机将从中随机获取一个 IP。

（3）配置完成后重新启动，DHCP 服务器成功启动，如图 10-6 所示。

```
root@ubuntu:~ $ /etc/init.d/ dhcp3 - server restart
```

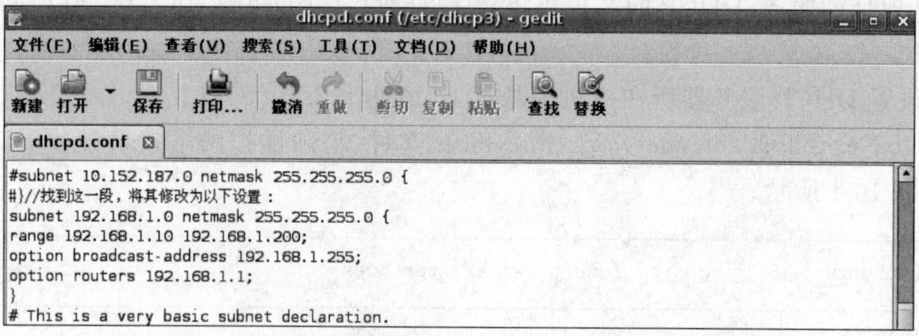

图 10-5 设置 DHCP 主配置文件/etc/dhcp3/dhcpd.conf

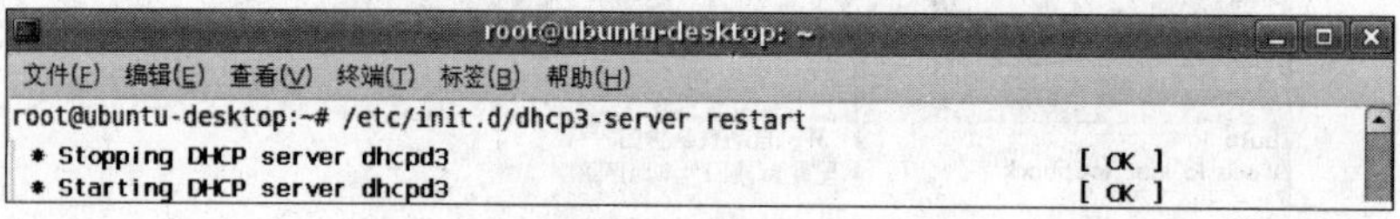

图 10-6 重启 DHCP 服务器成功

10.2.2 DHCP 服务器运行管理

dhcp3-server 软件默认开机时自动启动,服务器运行管理的操作如启动、停止、重新加载配置文件等,可以通过其脚本文件/etc/init.d/dhcp3-server 来进行。

(1) 启动服务器:

```
root@ubuntu:~ $   /etc/init.d/dhcp3-server   start
```

(2) 停止服务器:

```
root@ubuntu:~ $   /etc/init.d/dhcp3-server   stop
```

(3) 重新启动器:

```
root@ubuntu:~ $   /etc/init.d/dhcp3-server   restart
```

(4) 重新加载配置文件:

```
root@ubuntu:~ $   /etc/init.d/dhcp3-server   reload
```

(5) 显示当前运行的 DHCP 服务器的状态:

```
root@ubuntu:~ $   /etc/init.d/dhcp3-server   status
```

任务 10.3 准备 DHCP 运行环境

10.3.1 完成项目前的准备

如果条件有限,为完成本项目的设计要求,可以利用虚拟机软件 VMware 完成。

首先根据项目的实际要求,给出 IP 地址的规划方案,其次利用虚拟机搭建的虚拟网络进行配置,最后对 DHCP 服务器进行相应的配置,完成项目。

IP 地址规划如下。

(1) 为 DHCP 服务器分配固定的 IP 地址,本项目中指定为 192.168.1.1。

(2) 规划 DHCP 服务器的可用 IP 地址。

可用地址范围为 192.168.1.10~192.168.1.200,可以分成两个网段来进行管理。预留出 192.168.1.1.81~192.168.1.100 之间的 20 个地址作为保留地址,用来分配给公司中的特定用户或特定主机(如 Web 服务器、FTP 服务器、Samba 服务器、DHCP 服务器等),这些地址一般应指定为静态 IP 地址。其他 IP 地址用来自动配置给公司中的客户机使用。

提示:公司内部网的特定用户和特定主机如各种服务器等,应设置为静态 IP 地址,以便维护和管理。

10.3.2 建立网络虚拟环境

首先关闭虚拟机电源,选择虚拟机菜单中的"虚拟机"|"设置"命令,打开"虚拟机设置"窗口,给虚拟机添加第二块网卡(以太网 2),选定"网络连接"组中的"自定义",在其下拉列表中选择"VMnet1(仅主机)"。将两块网卡的网络连接做同样的设置,如图 10-7 所示。可根据需要添加更多网卡,完成项目中如特定主机的设置等。

将虚拟网络 VMnet1(仅主机)自带的 DHCP 服务器禁用。选择虚拟机菜单中的"编辑"|"虚拟网络设置"命令,在打开的"虚拟网络编辑器"窗口中,选择 DHCP 选项卡,选择 DHCP 栏中的 VMnet1,将虚拟机自带的虚拟网络中的 VMnet1、VMnet8 都设置为停止,如图 10-8 所示。

10.3.3 网络虚拟环境配置

给主机添加两块网卡,网卡 1 分配给 DHCP 服务器(指定静态 IP 地址为 192.168.1.1),网卡 2 分配给 DHCP 客户机,设置为动态获取 IP 地址。

执行以下命令。

```
root@ubuntu:~ $    gedit /etc/network/interfaces
```

修改 /etc/network/interfaces 文件,添加虚拟网络接口,修改后的文件内容如图 10-9 所示。

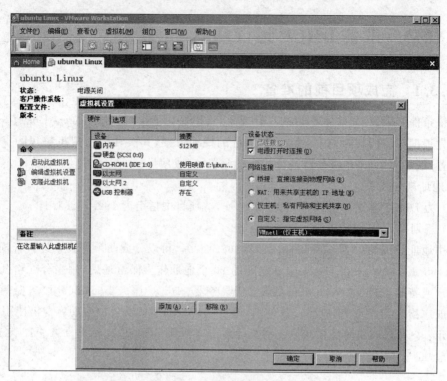

图 10-7　给虚拟机添加网卡

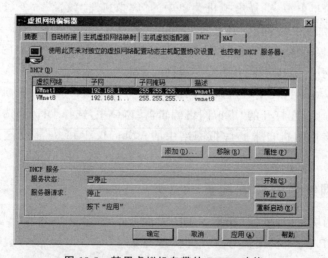

图 10-8　禁用虚拟机自带的 DHCP 功能

重启网络服务,使修改后的网络配置生效,执行以下命令。

```
root@ubuntu:~ $    /etc/init.d/networking restart
```

项目 10　自动管理 IP 地址——DHCP 服务器

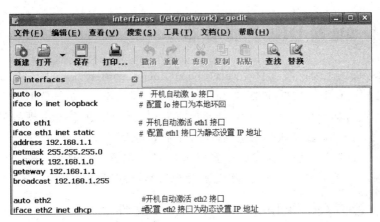

图 10-9　配置网卡参数，增加第二块网卡

配置完成后重新启动，DHCP 服务器成功启动。

```
root@ubuntu:~$    /etc/init.d/ dhcp3 - server restart
```

10.3.4　观察实验环境运行情况

例 10-1 中已经对 DHCP 服务器做了一个最简单的配置，现在可以在 DHCP 客户机中观察 IP 配置情况。客户机的 IP 地址自动配置的情况如图 10-10 所示。

图 10-10　观察网卡的 IP 配置情况

从显示结果可以看到，客户机已得到了 DHCP 服务器指定的 IP 地址，说明 DHCP 服务器端和客户机都可以正常工作。

提示：如果第二块网卡的 IP 地址显示不正确，除了检查 DHCP 的配置文件以外，还要注意检查虚拟机自带的 DHCP 服务器是否已禁用。

任务 10.4 配置 DHCP 服务器

DHCP 服务器的主要配置文件是/etc/dhcp3/dhcpd.conf 与/etc/default/dhcp3-server。与 DHCP 相关的还有租约数据库文件/var/lib/dhcp3/dhcpd.leases。DHCP 服务器为每一客户分配 IP 地址时都会在这个文件中记录相应的租用信息,在系统出现故障或重新启动时,就可以从该文件重新获得租用信息,该文件不需要修改。

配置 DHCP 服务器就是根据实际需要对配置文件 dhcpd.conf 与 dhcp3-server 进行修改。编辑完成以后,重新启动 DHCP 服务器,使修改后的配置生效。

10.4.1 配置/etc/default/dhcp3-server 文件

文件/etc/default/dhcp3-server 主要用于配置 DHCP 监听的网络端口。如果监听的网卡为 eth1,配置过程如下。

```
root@ubuntu:~ $ gedit  /etc/default/dhcp3-server
...
# Separate multiple interfaces with spaces, e.g. "eth0 eth1".
//使用空格分开多个端口
INTERFACES = "eth1"
```

10.4.2 配置/etc/dhcp3/dhcpd.conf 文件

文件/etc/dhcp3/dhcpd.conf 是 DHCP 主配置文件,它包括声明、参数、选项 3 个部分。

(1) 声明:用来描述网络、指定 IP 作用域和客户端分配的 IP 地址池等。例如 subnet、host、range 等都是最常用的声明。可以首先建立全局的设置值,即当 subnet 或 host 声明语句的括号中没有相应参数时,以这些参数设置为准。subnet 用来配置子网,host 配置的是主机,range 用来设置可用的地址池。

(2) 参数:用来设置如 IP 地址租约时间、给客户端分配固定的 IP 地址等服务器和客户端的动作或任务。

格式:

```
option <参数代号>   <设置内容>
```

(3) 选项:以 option 开始,用来配置 DHCP 客户端的 DNS 地址、默认网关等。

【例 10-2】 配置/etc/dhcp3/dhcpd.conf 文件,指定网络动态配置地址的范围,同时设定子网的广播地址和网关地址。

执行以下命令,修改 DHCP 服务器的配置文件。

```
root@ubuntu:~ $    gedit  /etc/dhcp3/dhcpd.conf
```

找到"♯subnet 10.153.187.0 netmask 255.255.255.0{♯",并参照图 10-5 所示内容进行修改。其含义是指定 DHCP 服务器提供一个 IP 地址池,DHCP 的客户机将会从中随机获取一个 IP。例如准备将 192.168.10～192.168.1.200 的 IP 地址分配给客户机,可作如图 10-11 所示的设置。

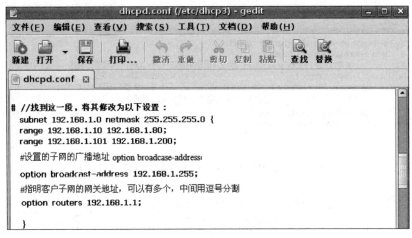

图 10-11　配置 DHCP 服务器,指定客户机可使用的 IP 地址池

提示：用 DHCP 服务器给客户机进行动态 IP 地址分配时,subnet 部分要与 netmask 结合起来,即首先声明配置的子网的网段和子网的掩码,range 表示要分配的子网的 IP 地址范围,对于有多段地址情况,可使用多个 range。

【**例 10-3**】　配置/etc/dhcp3/dhcpd.conf 文件,利用 MAC 绑定客户端使用固定的 IP 地址。

静态 IP 地址的设置和 MAC 有关,所以首先在要使用固定 IP 地址的客户机上查出该客户机的 MAC 地址,然后进行设置。

在 DHCP 客户机上执行以下命令,查看其 MAC 地址。

```
root@ubuntu:~ $ ifconfig
```

执行以下命令,修改 DHCP 服务器的配置文件。

```
root@ubuntu:~ $ gedit /etc/dhcp3/dhcpd.conf
```

找到"♯host　fantasia{",增加如图 10-5 所示的内容。其含义是某 MAC 地址的 DHCP 客户机会从服务器分配到一个固定的 IP 地址。例如准备将 192.168.1.96 指定分配给 MAC 为 00:0c:29:fa:06:46 的 DHCP 客户机使用,可做如图 10-12 所示的设置。

【**例 10-4**】　配置 DHCP 服务器,使其可以完成以下所需的设置。

(1) 公司的内部网段设置为 192.1681.1/24,网关为 192.168.1.1。此外,假定 DNS 主机的 IP 地址为 202.103.224.68 与 202.103.225.68。

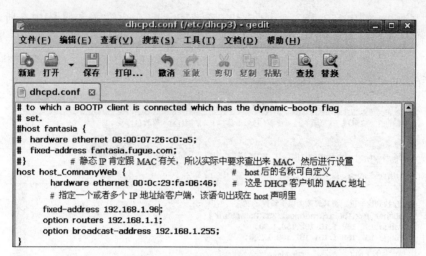

图 10-12　配置 DHCP 服务器,使某客户机使用固定 IP

(2) 拟为每个客户端预设租约为 3 天,最长为 6 天。

(3) 给公司的客户动态分配的 IP 地址为 192.168.1.10～192.168.1.80 及 192.168.1.101～192.168.1.200 这两段,其他的 IP 地址则保留下来。

(4) 拟定有一台主机(假定为 Web 服务器),它的 MAC 地址为 00:0c:29:ff:01:3c,要分配给它的主机名称为 host_ComnanyWeb,其 IP 固定为 192.168.1.99。

配置文件如下。

```
♯设置租约期限
Default-lease-time 259200;            ♯预设租约时间 259200 秒(即 3 天)
Max-lease-time   518400;              ♯最长预设租约时间 518400 秒
♯设置提供给客户机的域名与域名服务器的 IP 地址
option domain-name "comnany.com";     ♯设置提供给客户机的域名
option domain-name-servers  192.168.1.1 202.103.224.68  202.103.225.68
♯上面设置 DNS 服务器的 IP 地址,会自动在客户端修改/etc/resolv.conf 文件
♯若有两个服务器的 IP 地址以上,那么就需要以","符号分隔开
♯最后面还是要加上";"符号
ddns-update-style none;
♯关闭动态 DNS 的更新。默认是关闭,即允许 DNS 服务器允许动态更新
♯动态 IP 地址分配的设置:
subnet 192.168.1.0. netmask 255.255.255.0 {
    range 192.168.1.10    192.168.1.80;
    range 192.168.1.101   192.168.1.200;
    option broadcase-address 192.168.1.255;
    option routers 192.168.1.1;
}
♯以上就已经含有 IP、netmask、broadcast 与 router 的分配
♯这样就可以顺利联网,DNS 则是在全局已经设置
```

```
# 指定 DHCP 客户端使用固定 IP 地址
# 本例卡号为虚拟机的第 2 块网卡地址,根据实际修改设定
host host-ComnanyWeb {
    hardware Ethernet 00:0c:29:ff:01:3c;
    fixed-address 192.168.1.99;
    option broadcast-address 192.168.1.255;
    option routers 192.168.1.1;
}
```

配置完成后,重新启动 DHCP 服务器,再重启网络服务,接下来可以对所做配置进行测试。

```
root@ubuntu:~ $  /etc/init.d/ dhcp3-server restart
root@ubuntu:~ $  /etc/init.d/networking restart
```

任务 10.5 测试 DHCP 服务器

可以通过观察 ech2 网卡的相关信息来了解 DHCP 服务器对其客户机的网络参数的影响,执行以下命令。

```
root@ubuntu:~ $  ifconfig eth2
```

观察客户机 IP 地址的配置结果,如图 10-13 所示,其中用来充当客户机网卡的 eth2 的 IP 地址已更新成了指定的 192.168.1.99。

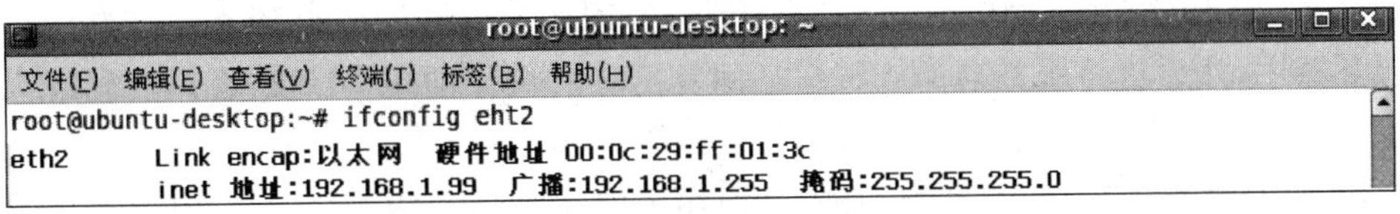

图 10-13 DHCP 客户机的 IP 地址

可以通过查看/var/lib/dhcp3/dhcpd.leases 文件查看每一个 DHCP 客户机如 eth2 的情况,执行以下命令。

```
root@ubuntu:~ $  ls  /var/lib/dhcp3
root@ubuntu:~ $  cat  /var/lib/dhcp3/dhclient.eth2.leases
```

如图 10-14 所示,DHCP 服务器为每一客户分配 IP 地址时都会在这个文件中记录相应的租用信息。

```
root@ubuntu-desktop:~# ls /var/lib/dhcp3
dhclient.eth0.leases      dhclient.eth1.leases    dhclient.eth2.leases~    dhcpd.leases
dhclient.eth1:5.leases    dhclient.eth2.leases    dhclient.leases          dhcpd.leases~
user01@ubuntu:~$ cat /var/lib/dhcp3/dhclient.eth2.leases
lease {
  interface "eth2";
  fixed-address 192.168.1.99;
  option subnet-mask 255.255.255.0;
  option routers 192.168.1.1;
  option dhcp-lease-time 259200;
  option dhcp-message-type 5;
  option domain-name-servers 192.168.1.1,202.103.224.68,202.103.225.68;
  option dhcp-server-identifier 192.168.1.1;
  option broadcast-address 192.168.1.255;
  option domain-name "company.com";
  renew 0 2012/7/8 10:32:52;
  rebind 1 2012/7/9 15:21:18;
  expire 2 2012/7/10 00:21:18;
}
```

图 10-14　DHCP 客户机的租约信息

任务 10.6　配置 DHCP 转接代理

10.6.1　DHCP 转接代理简介

当网络中存在多个子网时,客户计算机智能通过广播发送 DHCP 请求,而这些请求一般不能跨越路由器。为了给 DHCP 服务器所在子网之外的 DHCP 客户分配 IP 地址,可以设置路由器转发 DHCP 请求,即转发相应的 UDP 端口 67 和 68 的广播数据包。但这样设置就增加了网络广播,不利于减少网络流量。

还有另外一种方法来使 DHCP 客户计算机能使用子网之外的 DHCP 服务器来分配 IP 地址,这就是使用 DHCP 中转计算机来转发 DHCP 的请求。DHCP 中转计算机能收听 DHCP 广播,由于它了解 DHCP 服务器的 IP 地址,因此能通过正常的 IP 数据包将原广播包发到服务器中,然后再将服务器的应答信息回复给客户机。这样 DHCP 客户机就以为本子网中也存在一个 DHCP 服务器。

在图 10-15 所示的网络中,DHCP 服务器在子网 2 中,DHCP 转接代理服务器在子网 1 中,且具有固定 IP 地址 192.168.1.6。当 DHCP 转接代理服务器接收到子网 1 的 DHCP 客户端请求时,它将原广播包转发到子网 2 的 DHCP 服务器。

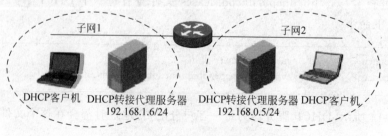

图 10-15　DHCP 转接代理网络

10.6.2 安装 DHCP 转接代理软件

DHCP 中转接代理软件为 dhcp3-relay，安装前需要先将 Ubuntu 服务器版的光盘导入，或直接联网后执行安装程序。

```
root@ubuntu:~$  apt-get install dchp3-relay
```

按 Y 键继续安装。首先配置 DHCP 服务器的 IP 地址，DHCP 服务器 IP 地址可以有多个，中间要求用空格隔开，如图 10-16 所示，这里设置 DHCP 服务器 IP 地址为 192.168.1.1。

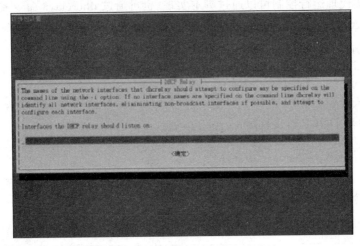

图 10-16　配置 DHCP 服务器 IP 地址

接着要求配置 DHCP 转接代理服务器的监听网络端口，默认为所有端口监听，如图 10-17 所示，单击"确定"按钮。

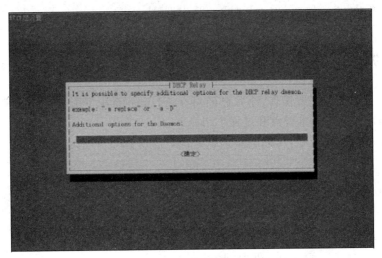

图 10-17　配置 DHCP 转接代理服务器附加参数

DHCP 转接代理服务器安装完成。以后也可以根据需要，通过修改文件/etc/default/dhcp3-relay 进行。以下是完成以上 3 步配置后文件/etc/default/dhcp3-relay 的内容。

```
root@ubuntu:~ $ cat  /etc/default/dhcp3-relay|grep ^[^#]
SERVERS = "192.168.1.1"
INTERFACES = ""
OPTIONS = ""
```

10.6.3　DHCP 转接代理运行控制

DHCP 转接代理运行控制可以通过脚本实现，也可通过 dhcrelay3 命令实现。

1. 使用脚本进行/etc/init.d/dhcp3-relay 运行控制

（1）启动 DHCP 转接代理：

```
root@ubuntu:~ $   /etc/init.d/ dhcp3-relay start
```

（2）重新启动 DHCP 转接代理：

```
root@ubuntu:~ $   /etc/init.d/ dhcp3-relay  restart
```

2. 使用命令进行 dhcrelay3 运行控制

（1）启动 DHCP 转接代理，并指定 DHCP 服务器地址：

```
root@ubuntu:~ $    dhcrelay3 192.168.1.1
```

（2）启动 DHCP 转接代理，并指定 DHCP 服务器转接代理监听端口：

```
root@ubuntu:~ $    dhcrelay3 -I eth1  192.168.1.1
```

任务 10.7　总结项目解决方案的要点

通过对项目的实际配置操作，小张已经对在 Ubuntu 系统下配置 DHCP 服务器有了一定的了解。解决方案的基本要点和过程小结如下。

（1）安装 DHCP 服务器，用到的命令如下。

```
root@ubuntu: ~ $    apt-get install dhcp3-server
```

（2）配置 DHCP 服务器，用到的命令如下。

```
root@ubuntu: ~ $    cat /etc/default/dhcp3-server
root@ubuntu: ~ $    cat /etc/dhcp3/dhcpd.conf
```

（3）重新加载 DHCP 服务器配置文件，用到的命令如下。

```
root@ubuntu:~$    /etc/init.d/dhcp3-server force-reload
```

（4）安装 DHCP 转接代理，用到的命令如下。

```
root@ubuntu:~$    apt-get install dchp3-relay
```

项目小结

本项目介绍 DHCP 服务器的基本概念和工作过程。采用动态 IP 地址方案的优点是减少 IP 地址和 IP 参数管理的工作量，提高 IP 地址的利用率。本项目从实际项目的需要开始，重点讲述了 DHCP 服务器的安装、运行控制、在虚拟网络环境中配置 DHCP 服务器的过程、dhcpd.conf 文件的配置以及 DHCP 转接代理服务器的安装、配置与运行等。

自主实训任务

1. 实训目的

（1）了解 DHCP 服务器的基本知识。
（2）掌握在 Ubuntu 系统中配置 DHCP 服务器的方法。

2. 实训任务

根据要求配置一台 DHCP 服务器，能够实现动态分配网络参数的基本功能。
（1）将服务器版的光盘放入虚拟机中，运行升级。
（2）配置 DHCP 服务器配置文件。
（3）重新启动 DHCP 服务。
（4）测试配置结果。
（5）修改配置文件。
（6）重新测试结果。

说明：注意重新启动网络，注意查看 eth2 的 IP 地址信息是否为通过 DHCP 服务器获取的信息。

思考与练习

1. 填空题

（1）DHCP 服务器的作用是_____。
（2）DHCP 服务器的租约文件是_____。

(3) 控制 DHCP 转接代理服务器运行的命令是_____。

(4) DHCP 服务器安装好后,并不是立即就可以给 DHCP 客户端提供服务,它必须经过_____步骤。

2. 选择题

(1) 使用 DHCP 服务器的优点是(　　)。

　　A. 可降低 TCP/IP 网络的配置工作量

　　B. 可增加系统的安全与依赖性

　　C. 对那些经常变动位置的工作站能迅速更新位置信息

　　D. 以上都是

(2) 要实现动态 IP 地址分配,网络中至少要求有一台计算机中配置为(　　)。

　　A. DNS 服务器　　　　　　　　　　B. DHCP 服务器

　　C. IIS 服务器　　　　　　　　　　D. PDC 主域控制器

3. 简答题

(1) DHCP 服务器的主要用途是什么?

(2) 简述 DHCP 服务器的地址分配过程。

(3) 为什么要使用 DHCP 转接代理服务器?

4. 综合应用

(1) 架设一台 DHCP 服务器,并按照下面的要求进行配置。

① 为子网 192.168.2.0/24 建立一个 IP 作用域,并将在 192.168.2.20~192.168.2.100 范围内的 IP 地址分配给客户机。

② 子网中的 DNS 服务器地址为 192.168.2.2,路由器地址为 192.168.2.1,所在的网域名为 example.com,将这些参数指定给客户机使用。

③ 为该机器保留 192.168.2.88 这个 IP 地址。

(2) 配置一个 DHCP 客户机,试测试 DHCP 服务器的功能。

项目 11　项目实战——构建 LAMP、Java Web 开发环境

教学目标

通过本项目的学习,了解 Linux 操作系统在服务外包企业的基本应用,掌握在 Linux 环境中构建 LAMP、Java Web 开发环境的能力。

教学要求

本项目的教学要求见表 11-1。

表 11-1　项目 11 教学要求

知 识 要 点	能 力 要 求	关 联 知 识
构建 LAMP 开发环境	(1) 了解什么是 LAMP (2) 掌握 LAMP 的安装方法 (3) 了解安装过程中的常见问题及处理方法 (4) 掌握 LAMP 的基本配置方法 (5) 掌握 phpMyAdmin 的安装与配置方法	Linux 的命令操作 PHP 相关知识 MySQL 数据库技术
构建 Java Web 开发环境	(1) 掌握 JDK 的安装和环境变量的设置方法 (2) 掌握 Eclipse 的安装与设置方法 (3) 掌握 Tomcat 的安装与设置方法 (4) 了解 Tomcat 安装过程中的常见问题及处理方法	Java 相关知识 Eclipse 的应用 Tomcat 的应用
对开发环境进行基本测试	(1) 掌握在 Linux 中编写和运行 Java 程序的方法 (2) 掌握在 Linux 中编写和运行 PHP 程序的方法 (3) 掌握在 Linux 中编写和运行 Java Web 程序的方法 (4) 掌握用 phpMyAdmin 操作与管理 MySQL 数据库的方法	PHP、JSP 等动态网页制作技术以及数据库技术
自主实训	自主完成实训所列任务	动态网页及数据库技术

重点与难点

(1) LAMP 的安装方法及过程。

(2) JDK 的安装和环境变量的配置。

(3) Tomcat 的安装与设置方法。

(4) Eclipse 集成开发工具的基本使用。

(5) 用 phpMyAdmin 操作与管理 MySQL 数据库的方法。

项目概述

某软件公司有长期基于 Windows 平台进行软件项目开发的经验。根据开源软件日新月异的飞速发展和业务发展的需要,需尽快将公司开发人员的能力拓展到 Linux 平台上,使公司能同时承接基于 Linux 平台上的 PHP 或 Java Web 的开发项目。小张作为公司中对 Linux 系统有近两年操作经验的技术人员,负责此次开发平台构建的介绍。

在 Ubuntu 系统下，LAMP 的安装相对于初学者来说很简单，总结起来就是对 Apache、MySQL、PHP 等 Windows 下常用的软件换平台安装。但对于 Ubuntu 系统缺少使用经验的人来说，搭建 LAMP 环境可能并不是很容易实现。

项目设计

①通过分步安装各软件，结合软件开发人员的特点，掌握以命令行方式为主配置基于 Linux 系统平台的软件开发环境构建的方法；②通过本项目的学习，逐步积累使用 Linux 网络操作系统的经验；③具备在 Ubuntu 系统平台上构建 PHP 或 Java Web 的开发环境，尽早实现从基于 Windows 系统的开发平台向 Linux 平台的转移，以适应公司业务拓展的需要。

任务 11.1 了解 LAMP

LAMP 是 Linux+Apache+MySQL+PHP 的缩写，它指一组通常一起使用来运行动态网站或者服务器的自由软件：Linux 是服务器操作系统，Apache 是 Web 服务器，MySQL 是数据库管理系统（或者数据库服务器），PHP 是编写网站的语言。LAMP 常用来搭建动态网站或者服务器的开源软件，本身都是各自独立的程序，但是因为常被放在一起使用，拥有了越来越高的兼容度，共同组成了一个强大的 Web 应用开发平台。开放源代码的 LAMP 已经与 J2EE 和.NET 商业软件形成三足鼎立之势，并且该软件开发的项目在软件方面的投资成本较低，因此受到整个 IT 界的关注。

任务 11.2 安装 LAMP

11.2.1 安装 LAMP 前的准备

安装时如果没有上网条件，可以将服务器版的光盘放入光驱，里边含有所需要的软件。有上网条件的，可以直接按以下步骤进行。

如果是新安装的系统，要先执行以下命令。

```
root@ubuntu:~ $    apt-get update
root@ubuntu:~ $    apt-get upgrade
```

以上操作为更新本地软件。

注意：如果之前系统里安装过 LAMP，要保证将系统中的 apache2、php5、mysql 等软件都彻底删除干净后再进行安装。

【例 11-1】 删除已安装过的软件包。

方法 1：在"新立得软件包管理器"中，搜索 php5、apache2、mysql，并选中安装的软件包以及所有的依赖关系包，再彻底删除。

方法 2：用命令行完全删除 LAMP。

```
root@ubuntu:~ $ :   apt-get remove --purge apache2 apache2-mpm-prefork apache2-utils
apache2.2-common libapache2-mod-php5 libapr1 libaprutil1 libdbd-mysql-perl libdbi-
perl libmysqlclient15off libnet-daemon-perl libplrpc-perl libpq5 mysql-client-5.0
mysql-common mysql-server mysql-server-5.0 php5-common php5-mysql
root@ubuntu:~ $ :   rm   -R  /etc/php5
```

11.2.2 在图形界面中安装

【例 11-2】 利用新立得软件包管理器安装 LAMP。

在 Ubuntu 中安装 LAMP 一般比较顺利。操作的方法是：在新立得软件包管理器中选择"编辑"|"使用任务分组标记软件包"命令，在打开的窗口中选中 LAMP server 复选框，单击"确定"按钮，如图 11-1 所示。

图 11-1 选择安装包

接下来的安装过程中会有一次提示输入 MySQL 的 root 用户的密码，把密码设置为 123456，如图 11-2 所示。

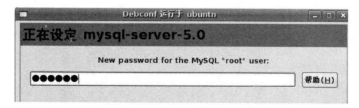

图 11-2 MySQL 安装时设定管理用户名和密码

新立得会自动下载安装完成，一般都没有问题。如果有错误提示，多是因为含有依赖关系的包未能下载等信息，可完全删除后重新进行安装。

11.2.3 命令方式安装

下面采用分步安装的方法来进行介绍。通过分步骤进行的安装配置，可以更好地理解 LAMP 的配置过程及各模块的相关内容，更好地掌握配置基于 Linux 系统平台进行 Web 应用开发环境构建的方法，并通过大量 Linux 操作命令的实用操作，逐步积累使用 Linux 操作系统的经验。

1. 安装 Apahce 2

【例 11-3】 利用命令安装 Apache 2。

进入终端，执行以下命令。

```
root@ubuntu:~ $    apt-get install apache2
```

完成后在浏览器地址栏输入 127.0.0.1 或用 localhost 测试一下，如果网页上显示"It works!"，表示默认安装的 Apache 服务器运行正常，可以进行下一步。

2. 安装 PHP5

执行以下命令。

```
root@ubuntu:~ $    apt-get install php5
```

安装完 PHP5，需要重新启动 Apache。

```
root@ubuntu:~ $    sudo /etc/init.d/apache2 restart
```

【例 11-4】 编写一个 PHP 文件，测试默认安装的 PHP 是否正常。

Apache 的根目录位于/var/www 中，现在在里面添加一个测试文件 phpinfo.php，或者用 gedit 生成。

```
user01@ubuntu:~ $    sudo gedit /var/www/phpinfo.php
```

文件内容如下。

```
<?php
    phpinfo();
?>
```

说明：phpinfo()提供了 PHP 的很多信息。

在浏览器的地址栏中输入 http://localhost/phpinfo.php，如果出现了一个显示 PHP 运行参数的页面，那就说明 PHP 已经正常运行了，如图 11-3 所示。

如果没有显示出以上页面，说明 Apaceh 没有正确加载 PHP 模块，这时解决的方法是

项目 11　项目实战——构建 LAMP、Java Web 开发环境

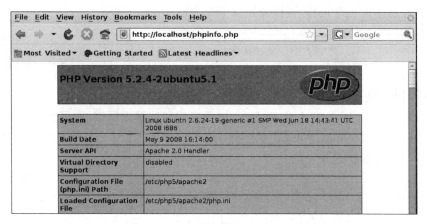

图 11-3　phpinfo()可显示 PHP 运行的参数

在/etc/apache2/apache2.conf 或/etc/apachc2/mods-enabled/php5.conf 文件中加入如下配置项。

```
AddType  application/x-httpd-php  .php  .htm  .php3  .html
```

在加入上面的配置项后,再通过下面的命令重启 Apache,再次测试。

```
root@ubuntu:~$    /etc/init.d/apache2 restart
```

3. 安装 MySQL

执行以下命令。

```
root@ubuntu:~$    apt-get install mysql-server mysql-client
root@ubuntu:~$    apt-get install mysql-server libapache2-mod-auth-mysql php5-mysql
```

先不用创建新用户,安装 phpMyAdmin 后,可在图形界面下创建,先要记下来 root 用户名和密码。一旦安装完成,MySQL 服务器应该自动启动。

【例 11-5】　检查 MySQL 服务器是否正在运行。
执行以下命令。

```
root@ubuntu:~$    netstat -tap|grep mysql
```

执行该命令后,应该可以看到类似下面的信息。

```
tcp 0 0 localhost.localdomain:mysql *:* LISTEN
```

如果服务器不能正常运行,可以通过以下命令启动。

```
root@ubuntu:~$    /etc/init.d/mysql restart
```

4. 安装 phpMyAdmin

phpMyAdmin 以 Web 方式对 MySQL 进行管理和数据库操作,使用非常方便。

【例 11-6】 安装 phpMyAdmin 并检查其是否正常运行。

执行以下安装命令。

```
root@ubuntu:~$    apt-get install phpmyadmin
```

在浏览器中输入 http://localhost/phpmyadmin,可以访问就说明配置好了,如图 11-4 所示。

图 11-4　phpmyadmin 运行界面

注意：这一步是可选操作,由于 phpMyAdmin 默认安装在/usr/share 目录下,只能在本机操作,所以应将它配置到发布的目录/var/www 下。在其配置文件中把虚拟目录改为 /var/www/phpmyadmin。

然后以 root 为用户名,以安装 phpMyAdmin 过程中输入的密码为密码(本例中用户名使用 root,密码为 123456)登录 phpMyAdmin,如图 11-5 所示。

至此,就可以自由创建数据库和数据库用户了。

图 11-5　phpMyAdmin 管理 MySQL 数据库的界面

11.2.4　疑难解决

（1）安装时出现以下提示，该如何处理？

```
apache2: Could not determine the server's fully qualified domain name, using 127.0.0.1 for ServerName
```

【解决方法】　编辑/etc/apache2/conf.d/fqdn 文件。

```
root@ubuntu:~$    gedit /etc/apache2/conf.d/fqdn
```

向这个文件中加入以下配置项。

```
ServerName localhost
```

保存并退出，然后执行以下命令。

```
echo "ServerName localhost" | sudo tee /etc/apache2/conf.d/fqdn
```

若终端显示以下信息，表明设置成功。

```
ServerName localhost
```

(2) 如何修改 Apache 2 默认的目录为/var/www?

【解决方法】 在 Apache 2 中,默认的目录为/var/www,此文件夹为超级用户拥有,普通用户不能写入,可以修改此文件夹的权限。

```
root@ubuntu:~ $    chmod  -R  777  /var/www
```

在浏览器中输入 http://localhost,若出现以下信息,表明问题解决。

```
Wrong permissions on configuration file, should not be world writable!
```

(3) 如果在打开 http://127.0.0.1/phpmyadmin 时出现错误,如何解决?

【解决方法】 这是因为/var/www/phpmyadmin 目录的权限是 777,不安全,需要改为 755。

在终端中执行以下命令。

```
root@ubuntu:~ $    chmod  -R  755  /var/www/phpmyadmin
```

如果在 phpMyAdmin 中无法添加数据库,说明当前用户没在 MySQL 组中,可以选择"系统"|"系统管理"|"用户和组"命令进行变更,输入密码,把当前用户添加到 MySQL 组即可解决问题。

(4) 安装 PHP 以后,无法解析 PHP 文件,浏览器提示下载所要打开的 PHP 文件,该如何处理?

【解决方法】 在终端中执行以下命令。

```
root@ubuntu:~ $    apt-get install libapache2-mod-php5
root@ubuntu:~ $    a2enmod php5
```

如果显示以下信息,那就要彻底删除 libapache2-mod-php5,然后重新安装。

```
This module does not exist!
```

执行以下命令。

```
root@ubuntu:~ $    apt-get remove --purge libapache2-mod-php5
root@ubuntu:~ $    apt-get install libapache2-mod-php5
```

重启 Apache 2：

```
root@ubuntu:~ $    /etc/init.d/apache2 restart
```

清除浏览器缓存，然后输入 http://localhost 检查结果。

安装完成以后再执行以下命令，检查是否安装成功。界面中显示"It's work!"表示安装成功。

```
root@ubuntu:~ $    w3m localhost
```

按 Ctrl+Z 组合键退出。

提示：在终端中执行 man w3m 命令可对其用法进行查阅。

(5) 如何安装 phpMyAdmin 的 php-mcryp 扩展程序？

【解决方法】 执行以下命令。

```
root@ubuntu:~ $    apt-get install phpmyadmin
```

安装时会提示新建一个数据库，可以选择安装，也可以选择不安装，取决于用户自己的意愿。

phpMyAdmin 需要 php-mcrypt 扩展程序，在大部分情况下不需要独立安装，如果登录时在 phpMyAdmin 网页底部显示警告，请按以下步骤解决。

在终端中执行以下命令。

```
root@ubuntu:~ $    apt-get install php5-mcrypt
```

如果提示没有安装则会自动安装；如果提示已经安装，进行下一步。

编辑 PHP 配置文件，在终端中执行以下命令。

```
root@ubuntu:~ $    gedit /etc/php5/apache2/php.ini
```

在文件中找到 extension 的帮助文档和语法，在其后面加上以下配置项。

```
extension = php5 - mcrypt.so
```

(6) 总是出现提示下载 phpinfo.php 文件，该如何处理？

【解决方法】 如果总是出现提示下载 phpinfo.php 文件，不要在浏览器地址栏输入 http://localhost/phpinfo.php，用 IP 地址试一下，即输入 http://127.0.0.1/phpinfo.php。

在配置过程中出现问题时，要对配置的步骤进行认真的分析，排查问题所在，查阅相关资料，针对所出现的问题找到其解决的办法。

任务 11.3　配置 LAMP

11.3.1　LAMP 默认安装的位置

按默认安装完成后,软件所在目录及主配置文件的位置如下。

(1) Apache 默认安装位置为/etc/apache2/apache,它的配置文件为/etc/apache2/apache2.conf,默认网站目录为/var/www。

(2) MySQL 数据库文件默认为/var/lib/mysql,默认的配置文件为/etc/mysql/my.cnf。

(3) PHP 配置文件默认为/etc/php5/apache2/php5.ini。

(4) phpMyAdmin 默认的配置文件为/etc/phpmyadmin/apache.conf。网站根目录默认为/var/www。

网站发布以后,如果要远程通过其他计算机访问或管理,还需要对默认的安装位置、各软件包的配置文件进行相应的修改。

11.3.2　配置 Apache

1. 修改主配置文件

Apache 在安装期间会新建一个目录/var/www,该目录是该服务器中存放文档的根目录。只要在浏览器的地址栏输入 http://localhost/或机器的 IP 地址就能访问放置在此目录中的所有文档。

在终端中执行以下命令。

```
root@ubuntu:~ $    cp   /etc/apache2/apache2.conf   /etc/apache2/apache2_bak.conf
root@ubuntu:~ $    gedit  /etc/apache2/apache2.conf
```

在配置文件的最后加入下面几行配置项。

```
#添加文件类型支持
AddType application/x-httpd-php .php .htm .html
#默认字符集 根据自己需要进行设定
#AddDefaultCharset UTF-8
#服务器地址
ServerName 127.0.0.1
#添加首页文件的顺序可以调换,最前面的优先访问 (当然也可以添加其他,比如 default.php)
DirectoryIndex index.htm index.html index.php
```

2. 创建一个测试用的虚拟主机的名称

执行以下命令。

```
root@ubuntu:~ $    gedit /etc/hosts
```

在文件中添加如下两行。

```
127.0.0.1    test.local
127.0.0.1    www.test.local
```

在浏览器中输入 http://www.test.local/test.php，出现 phpinfo 页面，可以看到 curl、gd、iconv、imagick、mbstring、memcache、mcrypt、mysql、mysqli、pdo mysql、xcache、zip 等扩展和支持都已经完成了。

3. 多站点的配置

Apache 中有多站点的概念，可以配置虚拟主机，同时进行多种不同的站点配置，并在需要时激活它。Apache 将分别读取它们单独的配置文件，这些文件存放在/etc/apache2/sites-available 目录下。默认情况下有一个名为 default 的可用站点，这就是用户在浏览器中输入 http://localhost 或者 http://127.0.0.1 看到的站点。

【例 11-7】 新建一个站点，将新站点的根目录设置为/root/www/，并将它设置为默认站点。

为了达到这个目标，首先必须建立一个新站点，并在 Apache 中激活它。按照以下步骤操作。

（1）新建一个目录，并把它作为新站点的根目录。

```
root@ubuntu:~ $    mkdir /root/www
```

（2）建立新站点中的测试文件，在/root/www/目录下创建一个新的文件 index.html。

```
root@ubuntu:~ $    gedit /root/www/index.html
```

在 index.html 文件中输入以下内容。

```
It's works!   If you can see this page,congratulation!
It is working!  → /root/www/index.html
```

（3）编辑配置文件并将它启用。
首先复制默认的配置文件。

```
root@ubuntu:~ $    cp /etc/apache2/sites-available/default /etc/apache2/sites-available/mysite
```

然后编辑配置文件 mysite。

```
root@ubuntu:~ $    gedit  /etc/apache2/sites-available/mysite
```

把配置文件中的 DocumentRoot 修改为用户需要的新位置,如/root/www/,把 <Directory /var/www/>替换为<Directory /root/www/>,保存文件以后退出。

(4)撤销对旧站点的激活,转而激活新的站点。Ubuntu 提供了两个命令 a2ensite(激活)和 a2dissite(停用)用于停用原默认配置并启用自建的配置,Apache 允许用户使用如下命令来完成上述操作。

```
root@ubuntu:~ $    a2dissite default && sudo a2ensite mysite
Site default is already disabled
Site mysite installed; run  /etc/init.d/apache2 reload to enable.
```

(5)重启 Apache。

```
root@ubuntu:~ $    /etc/init.d/apache2 restart
 * Restarting web server apache2
apache2 : Could not reliably determine the server's fully qualified domain name, using 127.0.1.1 for ServerName
…                                                                                [ok]
```

实际操作如图 11-6 所示。

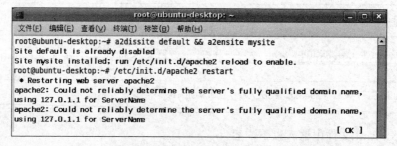

图 11-6　启用新的站点 mysite 并禁用默认站点 default

(6)通过浏览器访问 http://localhost/,观察新配置启用后的效果。

11.3.3　配置 PHP

以下对 php.ini 的配置均为可选,可以先不做修改,在实际做 PHP 项目时再根据需要进行配置。

【例 11-8】　修改 PHP 的配置内容并安装扩展库。

如果需要配置 PHP 的默认时区,可以打开 php.ini 配置文件,然后使用 Ctrl+W 组合键搜索 ate.timezone =,去掉该行前面的";"号,并修改为 date.timezone = PRC。

```
root@ubuntu:~ $    gedit /etc/php5/apache2/php.ini
```

后面加上 PRC,表示中华人民共和国(就是 GMT+8 时区),最后按 Ctrl+O 组合键保存配置。

再如,需要安装 GD 库时,可执行以下命令。

```
root@ubuntu:~ $    apt-get install php5-gd
```

安装完成以后需要重启,使修改后的配置生效。

11.3.4 配置 MySQL

1. 修改 MySQL 配置文件

打开 MySQL 配置文件。

```
root@ubuntu:~ $    gedit /etc/mysql/my.cnf
```

这里要注意,因为默认只允许本地访问数据库,如果需要从其他机器访问该数据库,可以在以下代码前加上"#"注释掉。

```
#bind-address 127.0.0.1
```

去掉以下内容中的"#",开启慢查询日志记录。

```
#log_slow_queries    = /var/log/mysql/mysql-slow.log
#long_query_time = 2
#log-queries-not-using-indexes
```

最后保存配置并退出。

2. 给 MySQL 设置初始密码

如果安装过程中没有给 root 账户设置密码,可以用命令行的方式设置,具体命令如下。

```
mysql -u root
```

进入 MySQL 控制台,然后执行以下命令。

```
mysql> SET PASSWORD FOR 'root'@'localhost' = PASSWORD('yourpassword');
```

如果成功,MySQL 会提示 Query OK, 0 rows affected (0.00 sec)。

提示:对命令行不熟悉的,也可以先不创建新用户,待安装 phpMyAdmin 后,在图形界面下进行创建用户等数据库操作。

3. 重启 MySQL

执行以下命令,重新启动 MySQL,使修改生效。

```
root@ubuntu:~ $    /etc/init.d/mysql  restart
```

11.3.5 配置 phpMyAdmin

通过默认方式安装的 phpMyAdmin 在/usr/share/目录下,要访问 phpMyAdmin,可以通过两种方法:①建立链接文件;②直接把 phpmyadmin 移到/var/www 目录。

```
root@ubuntu:~ $    cp -r /usr/share/phpmyadmin /var/www/
```

复制 phpMyAdmin 到/var/www 目录下,修改/etc/phpmyadmin/apache.conf 文件。
(1) 备份原来的配置文件,执行以下命令。

```
root@ubuntu:~ $    cp /etc/phpmyadmin/apache.conf
/etc/phpmyadmin/apache.conf.bak
```

(2) 编辑配置文件,执行以下命令。

```
user01@ubuntu:~ $    sudo gedit /etc/phpmyadmin/apache.conf
```

(3) 找到以下内容。

```
Alias /phpmyadmin /usr/share/phpmyadmin
<Directory /usr/share/phpmyadmin>
```

(4) 把它修改为以下内容。

```
Alias /phpmyadmin /var/www/phpmyadmin
<Directory /var/www/phpmyadmin>
```

(5) 重新启动 Apache 和 MySQL 服务器。

```
root@ubuntu:~ $    /etc/init.d/mysql    restart    ♯重启 MySQL
root@ubuntu:~ $    /etc/init.d/apache2  restart    ♯重启 Apache
```

完成后在浏览器地址栏中输入 http://localhost/phpmyadmin,按提示输入用户名和密码,因为前面没有创建 MySQL 用户,这里输入 root 及其 MySQL 密码。进入图形管理界面后,可以创建一个用户,并授予全部权限。

最后可以建立一个数据库如留言簿 guessbook,或其他名称的数据库,供用户安装其他 PHP 项目时使用。

至此安装及配置都已完成。建立链接文件的方式请读者作为练习,自行安装并测试验证。

任务 11.4 构建 Java Web 开发环境

11.4.1 Java Web 开发环境简介

要构建一个比较完整的 Java Web 开发平台,需要安装配置 Java 运行环境、开发工具如 Eclipse、Web 应用服务器如 Tomcat,数据库如 MySQL 等。为了方便管理 MySQL,可以再安装可视化的数据库管理工具 phpMyAdmin。

说明:数据库可以用构建 LAMP 时的 MySQL,下面不再赘述。

11.4.2 安装 Java 环境支持

1. 下载 JDK 并安装

到官网下载相关的 JDK,这里下载的是 jdk-6u23-linux-i586.bin。下载地址为 http://www.oracle.com/technetwork/java/javase/downloads/index.html。

进入终端,执行以下命令。

```
root@ubuntu:~$  apt-get install sun-java6-jre sun-java6-jdk
```

也可以使用新立得软件管理器,在其中分别搜索 sun-java6-jre 和 sun-java6-jdk 并安装。

提示:安装过程中需要用户回答是否同意使用协议,此时按 Tab 键使焦点位于 OK 按钮,再按 Enter 键即可正常安装。

2. 设置当前默认的 Java 解释器

执行以下命令。

```
root@ubuntu:~$  update-alternatives --config java
```

如果安装的是新版本的 Ubuntu,那么会出现类似"系统只有一个 Java,不需要做任何配置"的英文提示消息。

```
There is only 1 program which provides java(/usr/lib/jvm/java-6-sun/jre/bin/java). Nothing to configure.
```

3. 设置 Java 环境系统变量

编辑配置文件/etc/environment,执行以下命令。

```
root@ubuntu:~ $    gedit  /etc/environment
```

修改过的文件内容如下。

```
export PATH = "/usr/local/sbin:usr/local/bin:/usr/sbin:/usr/bin:/sbin:/bin:/usr/games"
export CLASSPATH = .:/usr/lib/jvm/java-6-sun/lib
export JAVA_HOME = /usr/lib/jvm/java-6-sun
```

注意：这一部分的修改和配置很容易出错。与 Windows 不同的是，中间是以英文的冒号隔开的，还有要区分大小写以及路径中的"."等。

接下来需要修改 jvm 文件，把 JAVA_HOME 加入。执行以下命令。

```
root@ubuntu:~ $    gedit  /etc/jvm
```

将文件中的/usr/lib/jvm/java-6-sun 添加到配置块的顶部，为了便于比较，把原来的配置信息做了注释，如图 11-7 所示。

```
# This file defines the default system JVM search order. Each
# JVM should list their JAVA_HOME compatible directory in this file.
# The default system JVM is the first one available from top to
# bottom.
# __Origen begin:
#/usr/lib/jvm/java-gcj
#/usr/lib/jvm/ia32-java-1.5.0-sun
#/usr/lib/jvm/java-1.5.0-sun
#/usr
# __Origen end.

/usr/lib/jvm/java-6-sun
/usr/lib/jvm/java-gcj
/usr/lib/jvm/ia32-java-1.5.0-sun
/usr/lib/jvm/java-1.5.0-sun
/usr
```

图 11-7 修改 jvm 文件

Java 具体的路径在安装时都会给予提示和说明，可根据实际情况进行修改，切不可盲目照搬上面的。如在本例中，Java 所在路径为/usr/lib/jvm/java-6-sun，这是系统安装 JRE 和 JDK 时自动建立的链接目录，如图 11-8 所示。

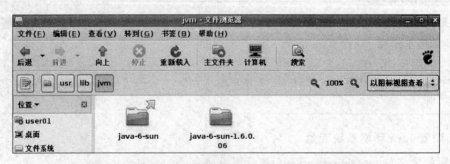

图 11-8 系统安装 JRE 和 JDK 时自动建立的链接目录

4. 修改环境变量配置文件 porfile

检查并修改环境变量配置文件 porfile，执行以下命令。

```
root@ubuntu:~ $    gedit /etc/profile
```

在 umask 022 之后，添加如图 11-9 所示的配置项。

```
umask 022

JAVA_HOME=/usr/lib/jvm/java-6-sun-1.6.0.06
PATH=$JAVA_HOME/bin:$PATH
CLASSPATH=./$JAVA_HOME/lib/dt.jar;./$JAVA_HOME/lib/tools.jar
```

图 11-9   profile 文件的内容

5. 重启使新配置生效

注销用户或重新启动，使新做的配置生效，开启终端，检测 JDK 版本，执行以下命令。

```
root@ubuntu:~ $ java -version
java version 1.6.0_06
java(TM) SE Runtime Environment (build 1.6.0_06_b02)
java HotSpot(TM) Client VM (build 10.0-b22,mixed mode,sharing)
```

11.4.3 安装配置 Eclipse

(1) 到官网下载相关的 Eclipse，下载地址为 http://www.eclipse.org/downloads/。
这里下载的是 eclipse-jee-helios-sr1-linux-gtk.tar.gz(即 Java EE)。

(2) 将下载的 eclipse-jee-helios-sr1-linux-gtk.tar.gz 放在用户主目录下的/root 文件夹中，也可以新建一个文件夹，直接解压。

(3) 在桌面上添加 Eclipse 启动图标。在"应用程序"|"编程"|Eclipse 上右击，选择"将此启动器添加到桌面"命令。

(4) 选择"应用程序"|"编程"|Eclipse 命令，运行解压后的 Eclipse，或者双击桌面上的 Eclipse 图标来运行 Eclipse，其启动界面如图 11-10 所示。

至此整个安装过程结束，Eclipse 应该能正常编译 Java 程序，可以自行编写一个 Java 小程序进行测试。

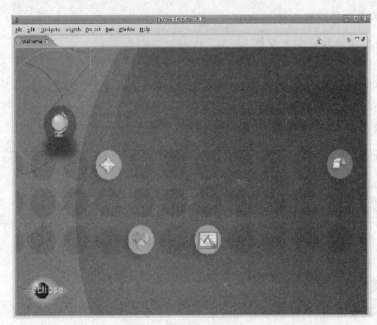

图 11-10　Eclipse 启动界面

11.4.4　安装并配置 Eclipse 的汉化包

要汉化 Eclipse,可以使用在线更新汉化的方法。

选择 Eclipse|Help|Software Updates 命令,在打开的对话框中选择 Available Software 选项。单击 Add Site 按钮,弹出 URL 对话框。在对话框中输入 http://download.eclipse.org/technology/babel/update-site/ganymede,单击 OK 按钮,这时就可以在"更新"对话框中看到添加的地址。展开"语言更新"选项,再单击 Language Packs 前面的下三角按钮展开"语言选择"选项,选中 Eclipse Language Pack for Simplified Chinese。单击对话框右边的 Install 按钮,单击 OK 按钮开始下载并安装中文语言包。安装完成后,单击 OK 按钮,Eclipse 会自动关闭和启动,这时已经是中文版了。

另一个常用的方法是用下载好的汉化包,直接对 Eclipse 进行汉化。

将下载的汉化包解压,将解压后的语言包下的 features 和 plugins 目录下的所有文件和 JAR 包分别复制到 Eclipse 的 features 和 plugins 目录下,这样就汉化成功了。这里不再给出操作步骤,读者自行进行汉化包的下载和安装,完成 Eclipse 的汉化操作。

11.4.5　安装并配置 Tomcat

(1) 到官网下载 Tomcat,这里下载的是 apache-tomcat-7.0.25.tar.gz,下载地址为 http://tomcat.apache.org/。

将下载的 apache-tomcat-7.0.25.tar.gz 复制到用户主目录/root 文件夹中,直接解压;也可以选中该软件包,在右键快捷菜单中选择"直接解压到此处"命令进行解压;也可以打开终端,执行以下命令进行解压。

```
root@ubuntu:~$    tar -zxvf apache-tomcat-7.0.25 .
```

注意后边的".",它代表解压到当前目录中。

(2) 在终端/root 目录中解压 Tomcat 的软件包的命令如下。

```
root@ubuntu:~$    tar -zxvf apache-tomcat-7.0.25.tar.gz
root@ubuntu:~$    /apache-tomcat-7.0.25 $
```

Tomcat 安装包被解压到/home/user01/apache-tomcat-7.0.25 目录下。

(3) 测试 Tomcat 是否安装成功。运行 Tomcat 需要 Java 的运行环境,并修改环境变量文件/etc/environment、/etc/profile,设置 PATH、JAVA_HOME、CLASSPATH,这一步前面已经设置过。测试前退出终端,注销一下,确认所做的修改生效。

(4) 启动 Tomcat,执行以下命令。

```
root@ubuntu:~$    cd /root/apache-tomcat-7-0.25/bin
root@ubuntu: apache-tomcat-7-0.25/bin $ ./startup.sh
Using CATALINA_BASE: /root/apache-tomcat-7-0.25
Using CATALINA_HOME: /root /apache-tomcat-7-0.25
Using CATALINA_TMPDIR: /root /apache-tomcat-7-0.25/temp
Using JRE_HOME: /usr/lib/jvm/java-6-sun-1.6.0.06
Using CLASSPATH: /root /apache-tomcat-7-0.25/bin/bootstarp.jar:
                 /root/apache-tomcat-7-0.25/bin/tomcat-juli.jar
```

打开浏览器,在地址栏中输入 http://localhost:8080,出现如图 11-11 所示的 Tomcat 小猫页面,说明 Tomcat 安装成功。

图 11-11 Apache Tomcat 7.0.25 安装成功

若要关闭 Tomcat,可以执行以下命令。

```
root@ubuntu:/root/apache-tomcat-7-0.25/bin$ ./shutdown.sh
```

如果要查看 Tomcat 的服务器状态等信息,需要添加 Tomcat 管理用户。
打开 Tomcat 安装目录中的 conf/tomcat-users.xml 文件,进行如下配置。

```
<?xml version='1.0' encoding='cp936'?>
<tomcat-users>
<role rolename="tomcat"/>
<role rolename="role1"/>
<role rolename="manager"/>
<role rolename="admin"/>
<role rolename="admin-gui"/>
<role rolename="admin-script"/>
<role rolename="manager-gui"/>
<role rolename="manager-script"/>
<role rolename="manager-jmx"/>
<role rolename="manager-status"/>
<user username="name" password="name"
roles="admin,manager,role1,tomcat,admin-gui,admin-script,manager-gui,manager-script,manager-jmx,manager-status" />

</tomcat-users>
```

重新启动 Tomcat,在浏览器中打开 http://localhost:8080/manage/html 页面,或者单击 Tomcat 欢迎页面中的 Manage App,输入前面配置的用户名和密码,就可以进入 Tomcat 管理页面进行各种管理操作。

总结:配置还是需要一些耐心的。多练习,总会理解。这里给大家介绍了 Ubuntu JDK 的安装和配置,而 Ubuntu JDK 安装和配置是初学者的必由之路。

11.4.6 安装配置 Java Web 开发环境疑难解答

(1) Java 环境变量的问题。

如果用户没有配置 Java 环境变量,或者配置过程中有问题,会看到如下错误信息。

```
Neither the JAVA_HOME nor the JRE_HOME environment variable is defined, At least one of these environment variable is needed to run this program.
```

【解决方法】 参照前面的介绍,再根据自己实际安装的情况,认真地检查和测试,直到通过为止,大多数问题都是因为 Java 环境变量设置不当引起的。

(2) 配置完 Tomcat 以后,再运行 startup.sh 时出现如下提示。

```
touch: 无法 touch "/root/apache-tomcat-7.0.25/logs/catalina.out": Permission denied./
catalina.sh: 535: cannot create /root/apache-tomcat-7.0.25/logs//catalina.out: Permission denied
```

【解决方法】 用 ls -l 查看 ＄CATALINA_HOME，可以发现如下消息。

```
drwxr-xr-x 2 root root  4096 2008-07-22 08:01 logs
```

这些都是 root 用户的权限，普通用户没有写权限，所以要用 chmod 修改，执行以下命令。

```
root@ubuntu:~$    chmod -R 777  /root/apache-tomcat-7.0.25/logs
```

把 logs 的权限改为可写就可以了。

（3）如何更改 Tomcat 服务器默认的端口号 8080？

Tomcat 服务器默认使用端口 8080。用户可以通过修改 Tomcat 安装目录下的 /conf/server.xml 配置文件来更改 Tomcat 服务器默认的端口号，方法如下。

① 用编辑器打开 server.xml 文件。

```
root@ubuntu:~$    gedit  /root/apache-tomcat-7.0.25/conf/server.xml
```

② 找到下列内容，将默认的端口号 8080 改成其他空闲的端口号，保存退出后，再重新启动 Tomcat。

```
<Connector port="8080" protocol="HTTP/1.1"
          connectionTimeout="20000"
          redirectPort="8443" />
```

注意：在浏览器中进行测试时，要用重新设置的端口号。

任务 11.5 测试开发环境

在前面的安装和配置过程中，给出了有关 LAMP 及 Java Web 开发环境中安装单个软件的详细步骤，通过这些练习，可使用户对 Linux 在软件开发方面的应用有更好的理解。

下面对所配置的开发环境进行基本的测试。

11.5.1 用 Eclipse 编写 Java Web 程序

编辑程序时，可以用的编辑器很多，如 gedit，也可以用 Eclipse 编写程序。

下面以创建 Java Project 为例，简要说明 Eclipse 的使用方法。

（1）选择"应用程序"|"编程"|Eclipse 命令，或单击桌面上的 Eclispe 图标，启动 Eclipse。

（2）设置工作空间，如图 11-12 所示，可不做修改。

（3）选择 File|New|Project 命令，先创建一个 Java Project 项目，输入要创建的项目名称如 myFirstProject，其他按默认值不做修改，直到提示完成。

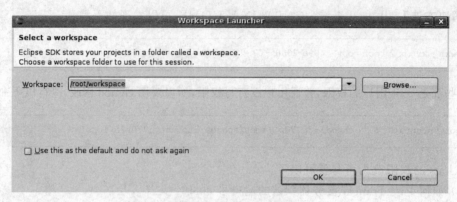

图 11-12　设置工作空间

（4）右击新创建的项目 myFirstProject，选择新建一个 Java 文件，文件名为 myFirstJava.java，即可在编辑区进行该程序的编写，如图 11-13 所示。

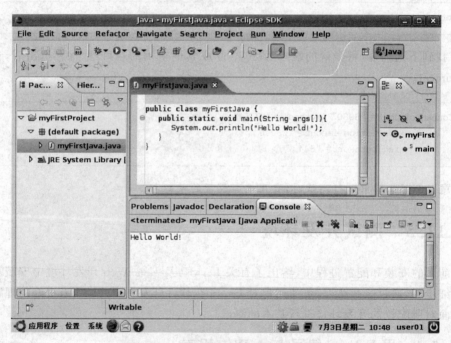

图 11-13　在 Eclipse 中创建 Java 程序

myFirstJava.java 程序清单如下。

```
public class myFirstJava {
    public static main(string args[]) {
        System.out.println("Hello  World!  ");
    }
}
```

提示：Java 对大小写敏感，注意程序中的大小写要书写正确，程序的文件名必须和程序中的类名完全一致。

（5）单击 Run|Run as|Java Application 命令，程序将被编译并执行，如果配置正确无误，在屏幕右下角的 Console 窗口中，应该可以看到输出的结果 Hello World!。

11.5.2 测试 Tomcat 及浏览 JSP 示例程序

JSP(Java server page)是一种动态网页技术标准。它用 JavaScript 语言作为脚本语言，在传统的网页 HTML 文件中加入 JavaScript 程序片段和 JSP 标签，就构成了 JSP 网页（扩展名为.jsp）。

前面已经尝试编写并运行了一个 Java 小程序，下面通过在 Tomcat 中自带的 JSP 示例程序，对其做一个初步的了解。

提示：基于客户端的程序称为 Application，基于服务器端的程序称为 Servlet，如果想了解和掌握更多有关 Java 的技术知识，需要系统学习。

打开浏览器，在地址栏中输入 http://localhost:8080，出现如图 11-14 所示的页面。

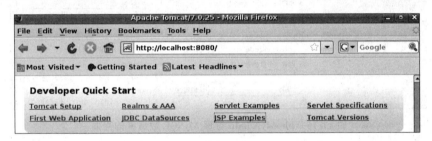

图 11-14　Tomcat 启动后首页的一些链接

单击该页面下部的 JSP Examples，或者直接输入 http://localhost:8080/examples/jsp，可看到大量的 JSP 示例程序，如图 11-15 所示。

图 11-15　Tomcat 中自带的 JSP 示例程序

要浏览其他如 Java Web 程序、Servlet 等，可返回 Tomcat 站点首页，单击相应的链接。

11.5.3 用 phpMyAdmin 管理 MySQL 数据库

与 MySQL 的客户端相比,phpMyAdmin 更容易使用、更自然,只是它的运行需要安装 PHP,并且只能通过浏览器访问。

要使用 phpMyAdmin,先打开浏览器,在地址栏中输入 http://localhost/phpmyadmin,在出现的页面中输入管理用户名 root 和密码 123456,然后单击"执行"按钮,即可进入管理界面,如图 11-16 所示。

图 11-16 phpMyAdmin 管理 MySQL 数据库的界面

界面中左边的菜单显示系统自带的两个数据库,可根据需要选择使用的数据库。如果要新建一个数据库,在"创建新的数据库"下面的空白处输入新数据库的名称即可。按照提示可继续创建表、字段等,以及做其他的一些管理设置等,非常方便。例如,单击浏览器左上角的 SQL 图标将弹出 SQL 选项卡或查询窗口,可运行任何 SQL 命令。

11.5.4 用 PHP 程序连接数据库

PHP(PHP: hypertext Preprocessor)是一种 HTML 内嵌式的语言(类似于 IIS 上的 ASP)。PHP 独特的语法混合了 C、Java、Perl 以及 PHP 式的新语法,可以运行于多种平台。PHP 易学好用,且能与复杂的功能结合起来,所以迅速成为 Web 开发的重要工具。

下面编写一个测试用的程序,文件名为 testphp.php,并把它保存在/var/www 目录下,来快速体验并测试一下用 PHP 程序连接 MySQL 数据库。

测试程序 testphp.php 的清单如图 11-17 所示。

打开浏览器,在地址栏中输入 http://localhost/testphp.php,出现如图 11-18 所示的提示信息,说明用 PHP 成功连接到 MySQL 数据库。

到这里一个适用 Web 应用开发的 LAMP 配置成功了。通过本项目内容的介绍,用户已经在系统中完成了 LAMP 及 Java Web 应用程序开发的安装和配置。

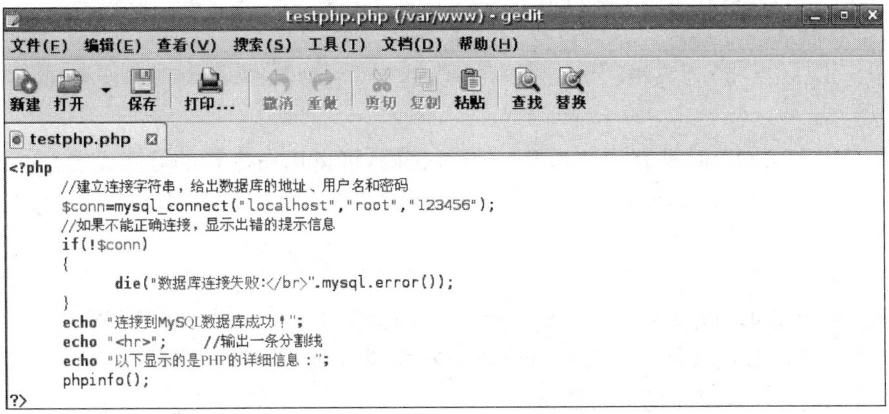

项目 11　项目实战——构建 LAMP、Java Web 开发环境

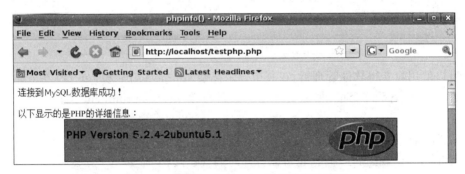

图 11-17　testphp.php 程序清单

图 11-18　浏览 testphp.php 程序的运行情况

任务 11.6　总结项目解决方案的要点

本项目解决方案的基本过程和要点小结如下。

（1）LAMP 按默认安装完成以后，软件所在目录及主要的配置文件如下。

Apache 的默认网站目录为/var/www。

Apache 的默认安装位置为/etc/apache2/apache。

Apache 的主配置文件是/etc/apache2/apache2.conf。

MySQL 数据库文件默认的存放路径为/var/lib/mysql。

PHP 默认的配置文件为/etc/php5/apache2/php5.ini。

MySQL 默认的配置文件为/etc/mysql/my.cnf。

phpMyAdmin 默认的配置文件为/etc/phpmyadmin/apache.conf。

（2）LAMP 的安装及基本配置。网站发布以后，如果要远程通过其他计算机访问或管理该网站，还需要对默认的安装位置、各软件包的配置文件进行相应的修改。

安装并配置 Apache，修改主配置文件，并创建一个测试用的虚拟主机。

打开并修改 MySQL 配置文件的命令如下。

```
root @ubuntu:~ $    gedit /etc/mysql/my.cnf
```

初次安装 MySQL 时没有为 root 账户设置密码,可以用命令行的方式设置。

```
root @ubuntu:~ $    mysql -u root
```

默认方式安装的 phpMyAdmin 在/usr/share/目录下,要访问 phpMyAdmin,可以通过两种方法:①创建链接文件;②把 phpmyadmin 移到/var/www 目录下。

编写小程序,对开发环境进行测试。

(3) Java Web 应用开发环境配置的主要内容如下。

安装 Java 环境支持,在终端执行以下命令。

```
root @ubuntu:~ $    apt-get install sun-java6-jre sun-java6-jdk
```

也可以使用新立得软件管理器,在其中分别搜索 sun-java6-jre 和 sun-java6-jdk 并安装。

设置 Java 环境系统变量,根据实际情况进行修改/etc/environment 文件和/etc/profile 文件。

安装 Elipse 直接解压即可。

安装 Tomcat 直接解压即可,也可以打开终端,执行以下命令。

```
root @ubuntu:~ $    tar -zxvf apache-tomcat-7.0.25
```

进入启动 Tomcat 的命令 startup.sh 所在的目录并执行以下命令。

```
root @ubuntu:~ $    cd /root/apache-tomcat-7-0.25/bin
root @ubuntu:~ $    apache-tomcat-7-0.25/bin $ ./startup.sh
```

进入关闭 Tomcat 的命令 shutdown.sh 所在的目录并执行以下命令。

```
root @ubuntu:~ $ /root/apache-tomcat-7-0.25/bin $   sudo  ./shutdown.sh
```

项目小结

本项目首先从 LAMP 及其应用开始,通过分步骤、以命令方式为主的方式,对 LAMP 和 Java Web 开发平台的一系列软件包或工具如 Apache 服务器及虚拟主机、PHP、MySQL 数据库、基于 Web 的可视化数据库管理工具 phpMyAdmin、JDK、Eclipse、Tomcat 等的安装配置过程进行了详细的说明。并介绍了在安装过程中经常遇到的问题及处理方法。最后简述了在 Linux 中编写和运行 Java 程序、PHP 程序以及用 phpMyAdmin 操作、管理 MySQL 和对一些配置结果进行测试的方法。通过本项目案例中大量 Linux 系统的各种实用操作，希望读者能逐步积累经验，提高综合应用能力。

自主实训任务

1. 实训目的

(1) 掌握在 Ubuntu 系统中构建 LAMP 开发环境的方法。
(2) 掌握在 Ubuntu 系统中构建 Java Web 应用开发环境的方法。

2. 实训任务

(1) 完成 LAMP 的配置。
(2) 完成 Java Web 应用开发环境的配置。
(3) 利用测试程序对开发环境进行测试。

3. 实训任务的内容、要求和评分标准

1) 基本要求(60%)
(1) 项目实践：LAMP 的配置与应用。
(2) 基本要求如下(后面的字母表示自评达到的等级，必做)。
① 安装 Linux 系统：C 级。
② 安装配置 Apache 服务器：C 级。
③ 安装配置 JSP 开发工具、PHP 开发工具：C 级。
④ 安装配置数据库：B 级。
⑤ LAMP 综合测试：B 级。
⑥ 项目报告：C 级。
(3) 高级要求如下。
① 编写 JSP 程序并进行测试：B 级。
② 编写 PHP 程序并进行测试：A 级。
③ 编程进行数据库操作：A 级。
④ 项目综合测试：B 级。
⑤ 项目文档规范、完整：B 级。
2) 提交设计和文档(40%)
提交设计报告，具体包括以下内容和要求。
(1) 需求分析说明书。
(2) 安装配置详细步骤、屏幕截图及参数。
(3) 测试程序代码。
(4) 用户使用简要说明书。
(5) 设计总结。

参 考 文 献

[1] 梁广民,王隆杰.Linux 操作系统实用教程[M].西安:西安电子科技大学出版社,2004.
[2] 李洛,黄达峰.Linux 教程[M].北京:清华大学出版社,2005.
[3] 朱晓伟,杨长进,张桥,等.网络服务配置与应用[M].北京:人民邮电出版社,2007.
[4] 易著梁,邓志龙.Linux 操作系统教程与实训[M].北京:北京大学出版社,2008.
[5] 王永乐.Linux 操作系统基础[M].郑州:河南科学技术出版社,2008.
[6] 王秀平.Linux 系统管理与维护[M].北京:北京大学出版社,2010.